论中国PPP发展生态环境

丁伯康 丁逸 万文清 ◎ 著

中国电力出版社
CHINA ELECTRIC POWER PRESS

内 容 提 要

本书首次系统论述了中国PPP发展生态环境理念以及如何构建良好的PPP发展生态环境，并对影响该生态环境最为直接和重要的5个子环境系统（政策环境、法律环境、金融环境、信用环境和市场环境）进行了深入细致的研究和分析。通过全景展示篇、稳定和谐篇、同舟共济篇、合作共赢篇、以诚为本篇和正本清源篇6个部分，展示了全部的研究成果和结论。

本书适合各级政府机关和研究机构人员、咨询从业人员、法律工作者、金融机构从业者、大专院校学生及社会资本方人员阅读和使用。

图书在版编目（CIP）数据

论中国PPP发展生态环境/丁伯康，丁逸，万文清著. —北京：中国电力出版社，2018.6
ISBN 978-7-5198-2166-1

Ⅰ.① 论… Ⅱ.①丁… ②丁… ③万… Ⅲ.①政府投资－合作－社会资本－应用－生态环境建设－研究－中国 Ⅳ.①X321.2

中国版本图书馆CIP数据核字（2018）第138495号

出版发行：中国电力出版社
地　　址：北京市东城区北京站西街19号（邮政编码100005）
网　　址：http://www.cepp.sgcc.com.cn
责任编辑：李 静　1103194425@qq.com
责任校对：太兴华
装帧设计：九五互通　周 赢
责任印制：杨晓东

印　　刷：北京九天众诚印刷有限公司
版　　次：2018年6月第1版
印　　次：2018年6月北京第1次印刷
开　　本：787毫米×1092毫米　16开本
印　　张：17.75
字　　数：295千字
定　　价：78.00元

撰 稿 人

主要撰稿人：丁伯康　丁 逸　万文清

其他撰稿人（排名不分先后）：

李 鑫　郝中中　李 飞　杨芝星

李淑艳　康 峰　陈超群　王 蓬

陈作娟　乔海超　李启春　范艳萍

王 超　陈海蔚　彭军铖　丁国峰

推荐序一

　　PPP 模式作为一种先进的公共工程项目投融资管理模式，在完善国家治理结构、改善公共服务供给、提高政府投资效率和拓展社会投资空间等方面，可发挥积极的促进与开拓创新作用。现在所称的政府和社会资本合作，国外词意上非常明确地表示为公私合作伙伴关系，实际上中国是在自己的特定发展阶段上，明显有中国特色地把国有企业的积极参与放到了 PPP 框架之下，同时，也并存民营企业参与 PPP 的广阔空间。当然，这里面机制的优化我们还得进一步探索。

　　我感觉这个机制最重要的特点和亮点之一，就是对于与基础设施和公共服务相关的投融资项目，可以扩展到与中国新型城镇化建设相关的如产业新城建设与运营、特色小镇的开发等，形成政府和非政府主体以伙伴关系机制来处理的风险共担（或称风险分担），参与者以自己的相对优势实际上形成强强联合，来共同处置建设项目中不同的风险因素，而风险共担或分担的同时，就能够实现共赢双赢的利益共享。看起来 PPP 直观的形式首先是融资模式创新，即把政府体外的非常雄厚的民间资本、社会资金拉过来一起来做，但其次要强调的是，它绝不限于融资模式的创新，PPP 更是一种公共工程投融资管理模式的创新，是一种"1+1+1>3"的绩效提升机制，使好事做实，实事做好，而且可以做得更快，有更高的绩效。而且在中国，以及以中国本土对接到我们走出去在"一带一路"的全球舞台上星罗棋布、千千万万的 PPP 项目的发展，实际上是与三中全会所给出的一个核心概念——"国家治理体系和治理能力的现代化"来对接，这样它又有了治理模式创新的意义。

　　但是，在看到 PPP 模式取得初步成效的同时，我们也要清醒地认识到，当前 PPP 发展仍然面临观念转变不到位、改革发展不平衡、民营资本参与率不高、部分项目实施不规范、相关法规和政策不健全等亟待解决的问题和挑战。

　　近年来，在 PPP 项目在全国遍地开花的同时，管理部门和越来越多的专家学者、业内人士也注意到上述问题。这一轮的 PPP 兴起在制度框架、立法建设和实务操作等层面，还存在"其兴也勃"，发展不健全、不完善的地方，不及时加以改进和优化，会造成我国 PPP 模式在持续、健康发展方面的障碍。如何构建一个良好的 PPP 发展环境，帮助我国 PPP 实现规范化的可持续发展，更好地助力我国投融资体制改革和新型城镇化建设，也成为摆在中国 PPP 业界所有人面前的一个重大考验。

对于这个问题的研究，国家发展改革委 PPP 专家库和财政部 PPP 专家库双库专家、中国现代集团总裁丁伯康博士走在了前列。《论中国 PPP 发展生态环境》一书，就是他自 2015 年底在国内首次提出 "构建中国 PPP 发展良好生态环境" 理念以来，带领其较为庞大的团队，历时 2 年多时间，潜心研究的知识成果。

《论中国 PPP 发展生态环境》综合运用了经济学、生态系统学、系统工程学、法学和社会学理论，创造性地提出了 "中国 PPP 发展生态环境" 的基本理念和框架体系，并在政策环境、法律环境、金融环境、信用环境和市场环境 5 个细分的子环境基础上，进行系统研究和分析。内容涵盖我国在推广和应用 PPP 模式过程中，所涉及的相关影响因素和作用关系，其视角独特、观点新颖，对实务的指导性强。本书针对我国 PPP 发展生态环境中各子环境的发展现状、特征和存在问题，提出了科学、合理构建我国 PPP 发展良好生态环境的分类建议。这是迄今为止在我国 PPP 研究领域，一项难得的集前瞻性、科学性、创新性和实操性于一体的代表之作，对 PPP 政策和法规的制定者、对政府投融资相关官员和 PPP 从业人员、研究 PPP 的专家学者等，都具有较高的学习和参考价值。我相信这本论著的出版发行，可以给所有关心和研究 PPP 未来发展的人们，以新的思路和启发。

作为长期从事政府财税和金融政策与管理研究的一名学者，我深知中国 PPP 模式的发展前途无量，但中国要实现 PPP 模式的长期健康发展，仍然还面临巨大的困难和挑战，还有很长的路要走，需要行稳致远、砥砺前行。我欣慰地看到，在这个行业中，有许多有思想、有追求、有良知的专家、学者们，在不畏艰难、潜心钻研，为中国 PPP 的健康发展不懈努力。在此，我愿向这些专家学者和朋友们，致以诚挚的敬意。

目前，中央所要求的打好三大攻坚战、加快雄安新区和大湾区、长三角、珠三角的建设以及实施 "一带一路" 倡议等，都对 PPP 的规范发展提出了新要求。借《论中国 PPP 发展生态环境》一书正式出版发行之机，郑重地向大家推荐此书。希望读者能从本书中汲取营养、受到启发，为今后的工作、学习增添新的动力。

贾 康

第十一届、第十二届全国政协委员、政协经济委员会委员

华夏新供给经济学研究院首任院长、首席经济学家

原财政部财政科学研究所所长/博导

2018 年 6 月 6 日

推荐序二

从 1984 年我国第一个 BOT 项目——深圳沙头角 B 电厂的成功签约算起，BOT/TOT 进入中国已经超过 30 年。而 PPP（Public -Private -Partnership）模式被广泛熟知和应用，则是近几年的事。我们把 PPP 的原意由"公私伙伴关系"翻译成"政府和社会资本合作"，可谓是对中国特色 PPP 模式的灵活变通。

2013 年以来，PPP 进入全国推广阶段。各地区、各行业闻风而动，各种所谓的 PPP 创新产品、创新机制、创新工具、创新方法，接二连三，层出不穷。总之，不少机构和人员在 PPP 操作层面，都表现出了极高的热情和创新能力，也表现出了太多的小聪明，在技术操作方面我们肯定能为世界 PPP 做出突出贡献，但问题是太过热衷于小聪明往往就会失去发现大智慧的机会和能力。

中国 PPP，请让理念先行。从根本上说，PPP 概念的产生，完全是基于实现理念创新与解决现实问题的结果，即变过去由政府和公共部门独家提供公共产品和服务为通过公私合作机制来提供，以期同时克服市场失灵与政府失灵的"两失"问题，解决政府缺资金、缺效率的"两缺"问题。为此我们完全能找到 PPP 的理论自信。但是，如果现实理念缺失甚至错误，那么再精彩的操作设计也只能是纸上谈兵，无济于事。就像一场婚姻，如果双方不能情趣相投、志同道合，而是同床异梦、离心离德，那么结婚协议拟得再具体、再严谨、再完美，也无法保证婚姻的长久与美满，充其量也只能使婚离得公平一点、顺利一些（其实也未必）。所以，在中国讨论 PPP，特别需要强调的就是理念先行。因为在中国推广 PPP，我们说缺操作但更缺理念。缺操作的规范与方法，但是更缺理念的提升与固化。操作可以速成，而理念则需要时间与磨炼，需要思考与雕琢。正如 PPP 立法，我们的确需要国家层面的顶层法律规范，但我们的所面临的问题更多的是，执法不严甚至有法不依，上有政策下有对策，这就是理念出了问题。其实有不少国家并没有顶层法规的设计，但 PPP 照样实施得挺好，这其中的原因是非常值得我们去深入思考的。

中国 PPP，请量力而行。PPP 模式涉及政府与企业之间长达二三十年长期稳定的合作，是权力与资本的对话，是公众利益与企业效益的博弈，从项目识别、立项、可研、测算，到招标、协议、实施等，涉及很多机构、很多环节和很多工作，迫切需要从政企两个主体同时加强能力建设，增强能力自信。从政府方面，需要提升项目识别能力、模式设计能力、伙伴选择能力、财政支付能力、项目监管能力等；从企业方面，需要提升投资与融资能力、技术与管理能力，还有长期坚守高效优质服务基础上满足合理回报的定力。

中国 PPP，请简单易行。中国 PPP 模式应用在规模急速扩张的同时，呈现出日趋复杂化的走向，表现在立法规制的复杂化，投融资模式的复杂化以及过程管理的复杂化等。这种复杂化的趋势，已经对地方政府应用 PPP 模式产生消极影响。因为地方政府面临和解决的是实际问题，惯常思路是强调有效性，把复杂问题简单化。PPP 模式如果设计得过于复杂，一定会挫伤地方政府的耐心与热情，其结果要么知难而退，要么另辟蹊径。无论是从经济学、管理学还是法学的角度，PPP 都难以占据"高、大、上"的学术顶端地位，但这并不损害它的实用价值。作为政府引入社会资本来解决政府在提供公共产品和服务过程面临的缺资金、缺效率"两缺"困境的实用工具，操作上也应尽可能在规范基础上简单易行。联合国欧洲经济委员会（UNECE）早在 2008 年发布的 PPP 善治准则中就提出 PPP 立法与管制应该"fewer, simpler and better"。

因此，我们所说的中国 PPP，应该让理念先行，量力而行，简单易行，就是不能只顾埋头赶路、拼命拉车，也需要时不时审视一下 PPP 发展的大环境。PPP 模式确实是政府投融资管理模式的一种，但它又不仅仅是投融资方面的问题。许多人做着做着就忘了 PPP 模式的初衷。PPP 模式是政府和社会资本合作，这合作不仅仅是指资本上的，应该还包括运营、管理和服务等多方面。放眼望去，PPP 模式作为提供公共产品和公共服务的一项重要手段，其重利轻质的现象屡见不鲜，它严重危害了公众的利益，也损害了政府的形象。

作为一名资深的 PPP 人，丁伯康博士及其带领的现代咨询专家团队，敏锐发现并深入探究了在中国 PPP 推广过程中出现的问题和存在根源，开创性地提出构建中国 PPP 发展生态环境的理念。这个理念的框架就是，影响中国 PPP 发展的整体环境构成了一个完整的生态系统，这个生态系统包括与之相关的政策环境、法律环境、金融环境、信用环境和市场环境 5 个子系统，它们既相互独立又相互影响。该系统综合作用所产生的结果，将决定中国 PPP 发展的方向。这一理念的提出，非常超前，视角也很独特。

我们知道，PPP 模式有其存在的必要性和必然性，未来很长一段时间内，PPP 模式仍将在中国基础设施和公共服务领域扮演着重要角色。2018 年，在坚持新发展理念，遵循可持续高质量发展的要求下，PPP 提质增效的脚步将愈加坚定。适逢改革开放 40 周年之际，PPP 模式也由"大干快上"向规范发展转变。在此大背景下，《论中国 PPP 发展生态环境》这本书面世，实乃应时之作。我也非常感谢丁伯康博士，让我有幸成为这本书的第一批读者。

丁伯康博士是国家发改委 PPP 专家库和财政部 PPP 专家库的专家、住建部中国建设会计学会 PPP 研究中心副主任，在多个地方政府和融资平台公司担任顾问。由他创办的中国现代集团，在政府投融资咨询领域深耕二十多年，塑造了不少经典的 PPP 项目，例如山西运城市民服务中心、南京长江二桥、南京长江三桥、镇江市金港产业园东片区、徐州骆马湖第二水源地、襄樊市垃圾焚烧发电等。不少项目入选了国家发改委和财政部甚至联合国的典型示范项目和案例，其中完成于 2004 年的南京长江第三大桥 BOT 项目，就是中国入选联合国欧经会 PPP 国际论坛可持续发展 PPP 项目案例的六个案例之一。他们不仅在 PPP 咨询方面有着丰富的经验，近几年来在政府投融资平台转型和 PPP 方面也是著作颇丰。

《论中国 PPP 发展生态环境》一书，不同于以往的相关论著，它不单纯是教会读者 PPP 模式的基本理论和方法，也不单纯是案例展示，而是让读者从一个全新视角来认知 PPP。与 PPP 结缘的各界人士，不管你来自政府机关还是企业、咨询公司，抑或大学、研究院，你已不只是这本书的读者，同时也是构建中国 PPP 发展生态环境的一员。我相信，《论中国 PPP 发展生态环境》这本书的出版，必然会引发 PPP 业界从业人员深度思考，让大家从一个全新的视角审视自己、审视项目、审视从事的工作，这必将为营造一个健康、可持续发展的 PPP 生态环境带来无穷的益处。

习近平总书记在 2018 年全国生态环保大会讲话中指出：要充分运用市场化手段，采取多种方式支持政府和社会资本合作项目。希望我们大家能够不忘初心，砥砺前行，努力开创中国 PPP 行稳致远的新局面！也很期待大家能够发表更多新观点，为我们提供更多、更好的论著，来共同研究学习和推广运用 PPP 模式。

王天义

联合国欧洲经济委员会 PPP 专家委员会委员

中国环境与发展国际合作委员会委员

清华大学 PPP 研究中心主任、教授

中国光大国际有限公司总裁

2018 年 6 月 6 日

推荐序三

党的十八大以来，PPP 模式获得国家层面的推广，中央和地方推广和实施 PPP 的积极性都很高，推进的速度和成效也比较显著。PPP 项目落地加快，市场环境不断优化。越来越多的市场主体、社会机构参与到 PPP 的改革当中，取得了不少的经验和成绩，也造就了诸多经典的 PPP 项目。在看到 PPP 改革取得明显进展的同时，我们也要清醒意识到 PPP 改革已进入"深水区"，目前仍面临着观念转变不到位、发展不平衡、部分项目实施不规范、法律保障和政策衔接不健全等亟待解决的问题和挑战。因此，需要从根本上解决好 PPP 在中国的长期、健康发展问题。

建立中国 PPP 发展的良好体制机制，本身就是一个不断创新的过程，包括理论创新、治理创新、制度创新、模式创新等，当务之急是要发挥好 PPP 对全面深化改革的综合牵引作用，促进 PPP 规范有序发展，最终建立完善的 PPP 治理体系。

完善中国 PPP 的治理体系，需要全面了解和把握我国 PPP 的发展历程和现实问题，同时绕开现有的体制束缚，以 PPP 倒逼政府投融资体制的改革。通过政策、法律、金融、信用及市场环境等全新的角度来分析和改进 PPP 发展中的问题。但是现有对 PPP 的研究体系中，有关 PPP 的书籍，基本都是专注于研究 PPP 对实际操作中的指导问题，还没有任何一本书可以涵盖这些方面的内容。《论中国 PPP 发展生态环境》就是这样一本可以全面、立体和系统研究上述问题的新书。这本书创造性地将 PPP 在中国的发展历史与所需的客观环境结合，重点分析了"中国 PPP 发展生态环境"中的"影响因素"，包括政策环境、法律环境、金融环境、信用环境和市场环境 5 个子环境中的诸多因素，这几乎囊括了 PPP 治理体系中所有的方面，非常有利于广大 PPP 专家学者和实操人员全面了解和把握我国 PPP 模式的发展历程和现实问题，特别是解决这些问题提供了难得的深入研究和参考价值。

本人二十多年来一直专注于 PPP 教研推广一件事，一直认为 PPP 是公共产品和服务交付与管理方面的制度创新，是非常重要但又相对小众的领域，但却是需要系统设计和统筹推进的。可是这几年 PPP 在中国的发展情况，出人所料。一方面，大家对

PPP 的利用极为关注；另一方面，对 PPP 可持续发展问题却有所忽略。令人欣慰的是，有丁伯康博士这样长期从事政府投融资体制改革和 PPP 咨询的实务型专家，以及他带领的现代咨询顾问团队，长期以来一边坚持做好 PPP 咨询，一边系统研究中国 PPP 事业健康发展问题，才有了《论中国 PPP 发展生态环境》这本书的出版。

《论中国 PPP 发展生态环境》的出版，是丁伯康博士及其团队多年来潜心研究的结果，也是他们二十多年来辛勤汗水的结晶。认真通读此书，不仅可以了解中国 PPP 发展的来龙去脉，还可以深层次发现当前 PPP 发展的焦点问题和解决思路与方法，激发更多的思考，书中还对中国 PPP 的未来发展，提出了预判和建议。所有这些，对从事与 PPP 相关的各界人员，包括从事 PPP 研究和教学的人员，都是大有裨益的。

祝贺《论中国 PPP 发展生态环境》的出版，祝愿读者开卷有益，祝愿我国 PPP 行稳致远！

清华大学建设管理系教授/博导

清华大学 PPP 研究中心首席专家

2018 年 6 月 6 日

前言

　　中国这轮政府和社会资本合作（Public-Private Partnership，又称"PPP"）模式的兴起，产生于 2013 年底召开的全国财政工作会议以后。经过几年的发展，在全国范围内掀起了一股前所未有的热潮。各级政府部门和相关机构围绕推广和运用 PPP 模式，做了大量的宣传、推广和普及工作。社会各界广泛参与，在 PPP 项目的推进和落地方面，积极地发挥作用。一时间，PPP 模式在各行各业被广泛熟知，在中国大地遍地开花。PPP 模式俨然已成为当前经济和金融界最火、最热的使用名词，受到普遍关注和利用。

　　PPP 模式作为一种先进的政府项目融资管理模式，它在完善国家治理结构、改善公共服务供给、提高政府投资效率和拓展社会投资空间等方面，确实存在积极的促进作用。与此同时，中国的 PPP 市场在投资规模、入库数量、覆盖范围等方面，也是后来居上，大大超过了世界上任何一个发达国家的水平，而一举成为全球最大的 PPP 市场。这从财政部 PPP 中心发布的最新数据就可以看出。截至 2017 年 12 月末，全国 PPP 综合信息平台收录管理库和储备清单 PPP 项目共 14424 个，总投资额 18.2 万亿元，同比 2016 年度末分别增加 3164 个、4.7 万亿元，增幅分别为 28.1%、34.8%。可以说，几年来 PPP 模式在中国发展的过程和结果，都已经超出了人们的预期。这不仅包含 PPP 项目涉及的范围、规模和数量，而且还包括 PPP 推进的速度、质量和问题。正如 2017 年底财政部金融司司长、财政部 PPP 工作领导小组办公室主任王毅在出席第三届中国 PPP 融资论坛时所说的那样：一个广阔的市场，一个好的机制，关键在于把机制用好，实现规范发展。王毅司长指出，在看到成绩的同时，我们也清醒地看到，当前存在一些不规范的现象，需要给予足够重视。他说，地方政府方面，过于重视融资对经济增长的拉动，而轻视长效机制的塑造；过于重视短期投资效果，而轻视长期风险防范。有些地区出现了一哄而上、大干快上的苗头。同时，相关人员的操作经验和实践能力还有待提高，"两个论证"没有扎扎实实地开展，项目实施不够规范。社会资本方面，注重短期利益而轻视长期运营，"项目建好就拿钱、项目落地就走人"。

有的社会资本通过虚增工程造价赚取短期暴利。不少社会资本自有资金实力不足,"穿透"看资本金都是借款,"小马拉大车"。这种情况下,社会资本难以分担长期的风险,PPP 这个好的机制难以发挥应有作用。中介组织方面,PPP 刚刚起步,中介组织经验不足,对 PPP 相关法律、制度、税收政策等还在逐步熟悉的过程当中,"在干中学、边干边学"。中介市场缺乏行业自律和政府有效监管,服务水平还有待提高。配套政策方面,上位法仍然缺失,社会资本方的选择方式、免于二次招标的前置程序等,目前还没有形成统一认识,缺乏更高层面法律法规依据。财政支出责任监测体系仍不健全,10%红线硬性约束有待强化。如何完善税收政策避免重复征税,土地是实行"招拍挂"还是划拨,价格调整机制如何完善等问题,都有待在实践中进一步规范。

中国现代集团(其核心企业为现代咨询)现代研究院,最早思考和研究中国 PPP 发展的生态环境问题是在 2015 年。当时,在全国推广 PPP 模式的过程中,PPP 市场上已出现了不少混乱现象,如变相和过度包装,使得各类伪 PPP 项目甚至明股实债的假 PPP 项目充斥市场;如在政府采购招标社会资本时,变相抬高准入注册资本金和总资产规模等的隐形门槛,有意阻击民营资本的进入;也有的地方出于地方保护主义、滥用权力,不惜浪费行政资源和资金,重复建立名目繁多的 PPP 咨询服务机构库和 PPP 专家库;还有的地方漠视《中华人民共和国政府采购法》和《中华人民共和国招标投标法》等法规及制度,进行政企勾兑,躲避正常的公开竞争和招投标程序,目的就是让意向者中标;此外,由于政府采购方案的设计缺乏合理性,导致社会资本无序竞争和恶意低价中标,为后续政府和社会资本合作留下了隐患,也扰乱了正常的 PPP 市场;还有的新闻、宣传部门,由于本身对 PPP 的深刻内涵和作用认识不足,甚至有时为了吸引眼球、博出位,过度神化和泛化对 PPP 模式的宣传,也难免出现一些误导性的舆论宣传;加上目前国家对 PPP 行业的从业者和机构的管理还不成熟、不完善,造成社会对 PPP 咨询专家和合格机构真假难辨,也让这些假冒的 PPP 咨询专家和咨询机构钻了空子。他们违背职业道德,甚至有时为了一己私利,出卖政府利益,诱导和误导地方政府做出不正确的决策,也加重了地方政府的融资成本和财政负担。还有的机构,借地方政府和社会各界对 PPP 知识缺乏根本了解,就以各种名目的资格评比、行业名次评比和培训发资格证书等不正当手段,变相捞钱,严重影响了中国 PPP 发展的健康环境。

当时正值国务院发展研究中心受国务院委托,对地方落实节能减排及 PPP 工作等方面的政策落实情况,进行调研和评估。在 2015 年 7 月 23 日江苏省人民政府组织的"国务院发展研究中心调研组座谈会"上,中国现代集团总裁兼现代研究院院长丁伯康博士，代表 PPP 服务中介组织，对当时我国推广和运用 PPP 模式出现问题，提出了一些看法和建议。他指出，在当前我国 PPP 市场上出现的"三高三低"现象，应当引起各级政府领导的高度重视。所谓"三高三低"现象，一是地方政府对推广和运用 PPP 模式的工作热情高，但是对 PPP 本质内涵的认知和实际把控能力低；二是央企、国有企业参与 PPP 项目的兴趣和参与程度高，而民营企业、外资企业参与 PPP 项目的兴趣和投资占比低；三是政府领导和社会资本对 PPP 的期望值过高，认为通过 PPP 可以解决不少问题，而可能产生的实际效果，以及项目的落地率都偏低。这些现象如果不能尽快解决，都将直接影响后续我国 PPP 模式的健康发展。同时，丁伯康博士还结合当时的市场现状提出了具体改进 PPP 工作的建议。具体包括，一是高度重视 PPP 顶层设计，从解决城镇化建设投融资体制与深化财税体制改革、盘活国有资产和城市资源、实现政府平台转型及大力推进 PPP 模式吸引社会资本投资等方面，共同发力，相互促进，做好 PPP 的顶层设计。二是统筹和协调好各利益相关方的关系。包括 PPP 立法、相关政策制定和各部门意见的协调、管理方面，要在中央及地方层面切实做好统筹和协调工作。协同配合做好 PPP 的操作和实施。三是建立和完善推广实施 PPP 模式的长效机制，防止一哄而上，搞运动式的推进。并建议以国务院的名义出台《政府和社会资本合作项目管理条例》，以国务院行政法规方式更好地统筹各职能部门间的协作，提高执行力。四是对有可能加大政府财政负担和融资成本的项目，应该禁用 PPP 模式。五是要尽快探索实现新型的政府和社会资本合作项目的管理运作机制，如政府部门主导、持续责任追究、民间组织和中介机构参与、市场化机制运行等，以促进 PPP 项目的落地。上述问题和观点的提出，也是最终形成研究中国 PPP 发展生态环境的起因。

从 2015 年起，中国现代集团现代研究院的专家们，就开始对此进行长期、深入的研究。他们认为，要真正发挥好 PPP 模式在促进中国政府投融资体制的深化改革，促进政府投融资机制的创新，促进政府投资项目的效率提升的巨大作用，营造一个健康、有序的 PPP 发展生态环境，是十分重要也是非常急迫的。对于如何才能实现 PPP 模式在中国的健康、可持续发展，如何避免中国 PPP 模式走弯路、行稳致远呢？2015 年 12 月 8 日，中国现代集团现代研究院首次向外界提出了"构建中国 PPP 发展良好生态环境"的基本理念和设想。

2016 年 1 月 10 日，在国家发改委培训中心于厦门举办的"地方政府债务融资培训班"上，丁伯康博士向外界公布了《关于中国 PPP 发展生态环境建设的理念体系和架构》。这也是中国历史上首次公开披露关于 PPP 发展生态环境研究方面的信息。

在这项成果中，中国现代集团现代研究院的专家，经过分析和论证，对中国 PPP 发展生态环境的定义做出了以下描述：PPP 发展的生态环境是作用于 PPP 模式推广和运用的相关因素及其相互关系影响的复合系统（也称"大环境"）的总称。这个复合系统包含了政策环境、法律环境、金融环境、信用环境及市场环境 5 个子系统（小环境）。其核心内容涉及理念建立、政策制定与调整、立法与监督、金融工具与产品支持、信用体系建设与绩效评价、能力建设与专业服务等诸多方面。

成果提出，对 PPP 发展生态环境的作用研究和分析，更多的是体现在维护和促进 PPP 模式运用和健康发展的长期性、系统性、复杂性和关联性上。PPP 生态环境理念研究，关注以促进 PPP 模式可持续发展为核心的外部环境的建立，以及为 PPP 模式可持续健康发展提供一个广泛和充裕的空间和资源条件。这个理念强调，要建立一个良好的 PPP 生态环境，就必须是一个具有有序性、有效性、稳定性和正反馈效应的有机系统，并且它的建立是一个循序渐进、动态调整的过程。要实现中国 PPP 模式长期、可持续健康发展，就不可避免地涉及与 PPP 模式的推广和运用相关的政策环境、法律环境、金融环境、信用环境及市场环境 5 个方面微环境的营造和重新构建。因此，这个理念一经提出，就引起了 PPP 业界的普遍关注。

同时，针对新常态下 PPP 模式在中国的发展，中国现代集团现代研究院的成果提出，要坚持以 PPP 可持续健康发展为核心，构建起 PPP 发展的生态环境和评价体系；要坚持发挥政府部门在 PPP 发展生态环境建设中的主导作用，强化政策和法律在营造良好生态环境中的保障功能；要坚持规范有序、均衡发展的原则，维护好参与 PPP 的各相关利益主体之间的生态平衡，促进 PPP 健康、良性发展；要坚持实事求是的态度，客观看待和冷静处理好快与慢、利与害、优与劣的关系，加快标准化建设，排除运动式弊端，使 PPP 在中国的新型城镇化建设过程中，持续发挥应有的作用。

在随后的两年多时间里，中国现代集团现代研究院的专家们，一方面持续关注国家政策和立法方面的变化情况，另一方面，也不断结合在 PPP 咨询工作中遇到的实际问题进行深入研究，才取得今天这样的成果。

本书的编撰，先后经历了理念提出、结构优化、大纲拟定、研究和写作、专家修订、终稿统筹和修改完善等阶段，凝聚了中国现代集团专家们的大量心血。同时，为了增强在中国 PPP 发展生态环境研究方面的全面性和权威性，我们还专门征求了在我国 PPP 业界具有广泛影响和高深造诣的不同领域、不同专业的知名专家，包括王守清、李开孟、孙洁、吴亚平、诸大建、曹富国、薛涛等 43 位专家（其他名单见后记）的意见。他们从不同的专业视角，对本书内容提出了修改建议，使得这项成果更趋成熟和完善。

本书主要分为 6 个部分：第 1 部分为全景展示篇，主要介绍了此次研究的背景、相关的研究理论与主要成果；第 2 部分为稳定和谐篇——论构建中国 PPP 发展良好政策环境；第 3 部分为同舟共济篇——论构建中国 PPP 发展良好法律环境；第 4 部分为合作共赢篇——论构建中国 PPP 发展良好金融环境；第 5 部分为以诚为本篇——论构建中国 PPP 发展良好信用环境；第 6 部分为正本清源篇——论构建中国 PPP 发展良好市场环境。尽管各部分的内容各有侧重，但每个篇章之间，正如整个 PPP 发展生态环境与子环境之间，都有着千丝万缕的必然联系和影响一样，既独立成章又融合交叉。需要独立分析和判断，也需要关联理解和学习。通篇凝聚了研究专家的心血和他们丰富的实际工作经验。

我们有理由相信，该书的出版发行，对所有 PPP 战线的各级政府机关和研究机构人员、咨询从业人员、法律工作者、金融机构从业者、大专院校学生及社会资本方人员来说，系统、全面地了解当前中国 PPP 的发展现状及问题，研究和把握中国 PPP 发展方向，一定大有裨益。特别是对未来影响 PPP 健康、持续发展的相关因素和现象，能够从理论和实践相结合的角度，透过现象看本质，达到追根溯源、分析问题和解决问题的目的。

我们也知道，研究中国 PPP 发展生态环境问题极其复杂。它涉及经济学理论、生态系统理论、系统工程理论、法学理论、社会学理论等一系列理论和实际问题，这项研究的难度之大、要求之高，是众所周知的。此外，该项研究还需要跨学科组织和具有前瞻性、创新性的研究。因此其难度可想而知，存在问题和不足，也在所难免。我们真心希望诸位专家、读者，在浏览之余对该书的不足之处给予批评指正，以便我们加以改进。

目录

第 6 部分　正本清源篇——论中国 PPP 发展的市场环境

第 1 部分

全景展示篇
——从理念到行动

摘要：首先，论述了中国在全面推广 PPP 过程中的复杂性及其原因，同时对 2013 年起这轮 PPP 取得的成就和问题进行了总结。重大成就包括市场发展、行业覆盖、"五位一体"的制度建立、综合牵引作用。存在的问题有 PPP 异化及"伪 PPP"现象、明股实债、重建设轻运营、项目优先级失控、法律法规建设不完善等。其次，对 PPP 发展生态环境的相关理论进行了介绍，并完整阐释了 PPP 发展生态环境的内涵、特征、内容和框架。最后，分别从政策、法律、金融、信用和市场 5 个子环境角度，概括性提出了构建中国 PPP 发展生态环境的建议。

关键词：复杂性；五位一体；PPP 发展生态环境

第1章

中国 PPP 发展生态环境概述

第1节　中国在推广 PPP 过程中的复杂性

一、中国特色四大国情使 PPP 推广变得错综复杂

中国推广和运用 PPP 模式的过程是一个不断发展的过程，也是一个充满曲折和复杂历史的过程。在中国发展 PPP 的过程中，具有中国特色的四大国情直接影响着 PPP 的发展。这四大国情分别为：所有制、分税制、城镇化目标和央企超强的竞争力。它们从不同角度影响着中国 PPP 的发展。

1. 公有制为基础的所有制关系决定了 PPP 在中国更具复杂性

这里所说的所有制关系是生产资料所有制这个层面的含义，反映生产过程中人与人在生产资料占有方面的经济关系。中国特色社会主义的所有制关系在根本上决定了 PPP 在中国的发展，更加具有复杂性。

第一，从所有制结构上来说，我国现阶段的一项基本经济制度是以公有制为主体，多种所有制经济成分并存和共同发展。该项制度决定了稳定国家经济发展的金融系统目前仍然是以公有制为主，这也客观上造成金融系统对央企、国企这类具有国资背景的企业融资的偏好。虽然从政策层面上讲民营企业是应该受到平等对待的市场主体，但是由于他们自身资金实力和资产规模的限制，他们正常的融资需求往往难以及时得到金融系统的支持。同时 PPP 项目一般也因为投资额比较大，融资问题也成为民营企业一个不可回避的大问题。而我国发展 PPP 的初衷之一，就在于充分利用社会资本尤其是民营企业的运营管理和创新能力。所以在我国 PPP 发展过程中，在 PPP 项目融资的政策和操作方面，出现一定的反复也在所难免。

第二，从 PPP 模式运用本身来说，它也是政府性投资项目中采取混合所有制的实现形式之一。而混合所有制就是所有制的一种，其生产资料所有权不单一归属于特定个人或群体，其最基本特征在于"公"与"私"、"国有""国"与"非国有""非国"并存于一个市场主体内，通过 PPP 实现政府和社会资本的优势互补和合作共赢。我国大规模的混合所有制改革从近两年才开始，所以 PPP 从大力推进开始便由于体制经济关系的原因，导致地方为了迎合公有制经济的需要或避免不必要的合作风险，不得不改变其合作形式，将 PPP 变成了"公—公合作"。这在一定程度上造成了 PPP 发展的曲折性和复杂性，甚至还会因为近亲繁殖，导致出现很多异化和畸形的状态。

第三，从我国当前企业的所有制结构来说，本身也存在国有企业、集体企业、民营企业、混合所有制企业、外商投资企业等不同形式的市场主体。在此轮中国 PPP 的大潮中，作为社会资本而言，这些市场主体虽然都存在参与 PPP 项目投资和运营、管理的机会，但是由于它们受到自身企业的性质影响，在实际参与 PPP 项目时，往往会受信用问题的影响。而国有性质的企业特别是央企因为具有强大的融资能力和雄厚的政府信用背景，带来融资方面诸多的便利。而往往在运营和管理方面具有优势，但是在资金、信用方面不占优势的民营企业则会受到限制甚至排斥。这种由于所有制关系而导致的社会资本进入 PPP 项目的问题，也在一定程度上加大了中国在发展 PPP 过程方面的复杂性。

2. 财权与事权的不匹配造成 PPP 推广过程的利益冲突

分税制是市场经济国家普遍实行的一种财政体制，也是符合市场经济原则和公共财政管理要求的一种国家和地方财权与事权合理划分的体制。对于建设中国特色的社会主义市场经济而言，市场竞争要求财力相对分散，而宏观调控又要求财力相对集中，这种集中与分散的关系，反映到我国财政管理体制上，就是中央政府与地方政府之间的集权与分权关系的平衡问题。我国自 1994 年开始实施分税制财政管理体制的改革，实行分税制较好地解决了中央集权管理与地方分权管理的问题。对于理顺中央与地方的财力分配关系，调动中央、地方两个积极性，加强税收征管，保证财政收入和增强宏观调控能力，都发挥了积极作用。二十多年来，中央政府通过分税制管理体制，以财力援助，调动地方政府的积极性和主动性。同时对地方政府的经济和财力发展也有一定的调控功能，控制地方政府的投资和消费规模，在保证中央财政收入的基础上，把地方财政和中央财政联结为一个统一的整体，有效实现整个国家各类经济和产业政策的实施。

我国的分税制与西方的联邦制不同，我国地方政府与中央政府更像是一种父子关系，中央政府对地方政府不仅有着很强的控制力，同时大部分的财政收入上缴中央后，地方政府的可支配财力也是明显减少，投资能力明显不足。地方政府要大力发展经济和进行基础设施建设，在政府通过财政赤字进行举债受限的情况下，只有通过预算外资金或其他变通的方式，绕道解决投入资金的来源问题。这实际上是造成地方政府违法和违规举债融资的土壤和温床。其中 PPP 也是因为有较强的融资功能，而被地方政府所钟爱。这些问题在财政部印发的《政府和社会资本合作项目财政承受能力论证指引》中，就有明确的防范措施、要求，"每一年度全部 PPP 项目需要从预算中安排的支出责任，占一般公共预算支出比例应当不超过 10%"。它是为保障政府切实履行合同义务，有效防范和控制财政风险而提出的。然而，这条红线往往被地方政府所突破或迂回地绕过去。

由于 PPP 模式自有的中长期融资建设和运营管理模式，不仅解决了地方当期财政资金投入的压力，同时因为税制改革还处于进行时，对于地方政府虽然承担了 PPP 项目全生命周期（短则 10 年，长则 30 年）的财政支付责任，但是由于责任的分担和债务的偿还，还有很长一段时间，并且也存在较大的变动性。因此，这一方面为政府和社会资本在进行 PPP 项目合作时，留下了想象的空间，同时也为现任地方政府领导想通过 PPP 项目大量融资，解决资金问题找到了出路。

分税制改革的不彻底和不完善，也造就了地方土地财政盛行，从根本上影响着我国 PPP 的健康发展，也使辨别真伪 PPP 项目更加困难。在这轮 PPP 兴起之时，由于是中央部委力推所致，初期对于财政可承受能力的预估可能不太正确。但随着 PPP 的不断深入，由于受地方财力的影响，其出现的问题也是花样百出。其中地方政府利用土地问题做足 PPP 的文章，就是最有效地规避地方财政承受能力限制的方式之一，同时也严重损害了地方的长期利益。由于分税制改革的原因，地方政府所拥有的土地和农田，在符合规划的前提下改变用途后从事房地产开发，产生的土地增值税和房地产税均属于地方。再加上可在短期内增加的土地出让收入。于是，以各种名目将多个项目进行捆绑，以不同形式对房地产开发项目进行包装，或者以未来土地开发的收益作为 PPP 项目的还款来源，土地开发收入俨然成为实施各类 PPP 项目（如场馆建设、旅游、园区、医养和产业新城、特色小镇等）的合法外衣。地方政府把土地财政当作完成基础设施和公共服务 PPP 项目的救命稻草。随着上述问题的不断凸显，中央又出台各类政策抑制地方政府违规包装各类 PPP 项目，这一行为才得到遏制。

土地财政在地方政府看来最大的好处在于其强大的融资职能，而中央一直要控制地方政府的融资冲动，包括对房地产进行调控，这决定了中央与地方在后期对待 PPP

模式运用中，截然不同的两种态度，也在一定范围内影响了 PPP 发展过程中的相互关系和权责冲突。

3. 城镇化建设目标挑战了地方在 PPP 方面的运作能力

市场化本身就是一个资源优化配置和动态调整的过程，需要在发展中适应。PPP 作为市场化融资的一种形式，已成为解决城镇化建设巨大资金缺口的有效途径。早在 2014 年 3 月，财政部领导就曾表示，预计 2020 年我国的城镇化率达到 60%，由此带来的投资需求约为 42 万亿元人民币。也就是说平均每年的投资约为 7 万亿元，假定每个城镇化建设项目资本金按 30% 的标准计算，70% 须通过市场融资来完成。那么除每年地方政府将投入约 2 万亿元作为项目资本金用于城镇化建设，剩下的约 5 万亿元资金均将通过市场融资来实现，完全依靠政府融资解决显然是不现实的。这也意味着要实现城镇化建设的目标，无论是中央还是地方政府，如果仅仅依靠财政收入进行投资和补贴，也是远远无法满足建设需要的，也需要地方想方设法解决投入资金问题。对于以往传统的信贷融资而言，地方政府通过发行债券、信托产品和基金等方式，筹集建设资金，收到了一定的成效。而 PPP 作为一种市场化程度相对较高的项目融资方式，自然也受到地方政府的青睐。

由于 PPP 模式与地方政府自身的财政实力联系紧密，财政承受能力越弱的地区对城镇化建设 PPP 项目需求越大。随着国家大力推进 PPP，地方政府认识到 PPP 模式不仅有利于减轻政府部门的短期融资压力，而且有利于吸引社会资本推进基础设施建设，在这其中政府只需要做好监督管理职能，不需要投入过多的精力，片面的认识导致各地不顾财力一哄而上。但不可否认的是，随着 PPP 模式助力城镇化建设的同时，很多难题也随之出现。城镇化基础设施建设的回报率不高，回报周期较长，国家政策变动等因素，都影响着 PPP 行稳致远。特别是中国有些省份城镇化水平低、经济总量不高的地区，恰恰城镇基础设施建设历史欠账较大、城市承载能力低、地方财力匮乏等，对于财政补贴的需求就更加强烈。显然其 PPP 项目的融资是受到了地方可支配财力的限制的。历史欠账越多，需要建设的项目也越多，其财政可承受能力也越弱。这种现象难免影响 PPP 模式在这些地区的长期发展。要解决好这个问题，需要有效利用和配置好地方的财政资源、城市资源和国有资产，这对地方政府领导能力是一个考验和挑战。

诺贝尔经济学奖得主斯蒂格利茨曾预言，21 世纪对世界经济影响大的两件事，一是美国高科技产业的发展，二是中国的城镇化。中国城镇化发展的重要性正在日益凸显，解决好中国的城镇基础设施建设投资问题，PPP 是一个可行的渠道和方式。但是在此过程中，如何统筹和协调好地方政府的财政资源和能力，特别是欠发达地区的财政能力问题，这不仅涉及我国城镇化目标的实现，也关系到城乡统筹和一体化发展的大问题。如果相对欠发达地区不加选择地把项目都包装成 PPP 来操作，不仅会分散他们的有限资金、资源包括精力，导致 PPP 不能真正地发挥出其固有的特色和优势，还有可能给这些地区发展背上新的包袱。

4. 央企的比较优势直接或间接影响到 PPP 的发展走向

在中国，央企有着与一般性市场化企业不可比拟的优势。他们资金实力雄厚且具有深厚的国资背景和政府人脉，因此在一般的民营企业与央企竞争 PPP 项目时，地方政府往往更加倾向于选择央企作为社会资本。这也就是当前我国在推行 PPP 中普遍存在的隐形门槛，直接影响着 PPP 模式在实际运用中的走向。

地方政府在对 PPP 项目进行采购之前，尽管都会强调投资、建设、运营全生命周期的服务能力，但是对社会资本的融资能力则更为看重，对它们的背景考察也颇为关注，这就使得整体能力偏弱的民营企业在竞争初期已经输在了起跑线上。

首先，央企具有一流的融资和建设能力。在中国 PPP 兴起的初期，大量以融资为目的的 PPP 项目出现时，央企获得了其他企业特别是民营企业望尘莫及的优势。依靠雄厚的注册资金和母公司的融资担保，它们以融资迅速和建设速度，变相排除了不少社会资本方参与竞争，因而成为这一轮 PPP 投资的主力。根据官方资料统计，截至 2017 年底，央企中标 PPP 项目的总投资金额就达到 2.12 万亿元，占全部中标 PPP 项目总规模的 45.11%。

其次，央企有强大的政府信用背书。这使得他们在与地方政府洽谈合作的过程中，很容易达成彼此信任，规避 PPP 项目可能给双方带来的决策风险和政治风险。当有央企参与 PPP 项目投标时，双方会比较容易在利益上达成共识，形成合作。特别是在央企参与政府付费类的 PPP 项目时，地方政府往往要求的是建设速度，因此"明股实债"、劣后分配、提供担保、承诺股东回报等形式，也就应运而生。这一系列的违规操作虽然在项目前期可以顺利保证 PPP 项目的落地，但是却严重背离了推广 PPP 应用的本质和初心。

最后，央企一般都有广泛的社会人脉，这使得央企能够很快地接触到项目资源和相关的工作人员，成就了央企在参与地方 PPP 项目投资竞争中的软实力。但是由于大量央企的参与，使得中国的 PPP 发展也呈现出近亲繁殖和体制内运行的不良状况，非常不利于高效率的配置市场资源和吸引民营资本、外资参与政府项目的投资。

因此，2017 年 11 月，国务院国有资产监督管理委员会发布《关于加强中央企业

PPP 业务风险管控的通知》（国资发财管〔2017〕192 号），通知要求落实股权投资资金来源，严格遵守国家重大项目资本金制度，合理控制杠杆比例，做好拟开展 PPP 项目的自有资金安排，可根据项目需要引入优势互补、协同度高的其他非金融投资方和吸引各类股权类受托管理资金、保险资金、基本养老保险基金等参与投资，多措并举加大资本金投入，但不得通过引入"明股实债"类股权资金或者购买劣后级份额等方式承担应由其他方承担的风险。还明令要求央企在项目选择、资产负债控制等方面，做好风险把控。上述政策从根本上采取了防范措施，严格限制和管理了央企无序参与 PPP 项目的投资行为。这也必然带来我国 PPP 市场总体投资能力的变化和发展情况的改变。

二、现有的工作推动方式造成 PPP 发展曲折前行

我国在实践和运用 PPP 模式方面，已经有 30 多年的经验。从最早的国家计委选择来宾 B 电厂等基础设施项目进行 BOT 试点，到 2000 年前后原建设部力推公用事业市场化改革和特许经营，经历了由部门试点到行业推进的不同阶段。我国这一轮 PPP 模式的兴起，则是从 2013 年底全国财政工作会议上提出后开始的。这也使得我国的 PPP 模式运用（包括过去曾经试点和推广过的特许经营，如 BOT、TOT 等）从过去单一的部门推动演变成国务院多部门推进。但就其现有的工作推动方式而言，虽较以往发生了根本性的变化，但是由于从国家层面来说，还缺乏对 PPP 模式推广、运用的统一组织和协调、指挥，这也造成了我国 PPP 模式推广和运用，在工作开展上变得异常艰难。

1. 就一国而言由单一部门推动 PPP 基本无望

PPP 由单一部门推动还是从原建设部开始的。在国家进行了部分项目的 BOT 试点取得一定经验的基础上，原建设部于 2002 年底出台了《大力推进市政公用市场化指导意见》。这可以认为是中央政府单一部门推动行业 PPP 发展的标志性行动。

2004 年随着《市政公用事业特许经营管理办法》的出台，在全国市政公用事业领域兴起了一股引进社会资本参与公用事业项目投资的浪潮。当时全国有不少地方政府把大量的水务（包括供水和污水处理厂）、燃气、垃圾处理等公用事业项目，通过采取特许经营方式和社会资本进行合作。但是由于其他的政府部门并没有参与进来，因而在立法、政策、产品定价、政府采购、税收支持等诸多方面，也遇到了不少问题。加上由于部分地区在特许经营权授予和转让过程中，也出现了一些不规范和不完善的地方。于是这次的推广和运用遇到了暂时的停滞。

回过头看,由于 PPP 的运作本身也是一个牵涉面很广、运作相对复杂的实施过程,需要完善的配套政策和制度去规范和管理。这也是直到现在从立法到政策和制度也还没有完善的原因。因此,过去由原建设部单独推动行业 PPP 的发展会遇到许多的问题,以及现在很多 PPP 项目由于缺乏政策文件的支撑而中途夭折,就不足为奇了。我们现有的工作方式大都是摸着石头地过河,这也不可避免地走了很多弯路,造成了人力、物力和财力的浪费,也让 PPP 的发展方向举棋不定。显然由原建设部单一推动 PPP,无论是在自身行业的发展,还是以 PPP 推动整个中国城镇化建设,都是不现实的。只有群策群力、共同参与和推动,才可能实现 PPP 模式的长期、健康发展。

2. 多部门交叉推动也使 PPP 发展遇到无形障碍

从 2008 年国家实施"四万亿"经济刺激计划开始,部门的多头运作就使得对政府项目的投融资管理变得复杂起来,也成为后来 PPP 发展中存在的最大难题。从中央层面来说,对 PPP 模式的推广和运用,出现了不同部门、不同政策体系的状况。例如,在 PPP 的立法、指导意见、操作指南和项目推介等方面,不同部门基本是各有侧重。同时,在 PPP 模式的政府推动体系中,由于缺乏集中统一和灵活高效的沟通协调机制,在不少的重大问题上,也使得相关牵头部门悬而不决,贻误了较好的决策和管理时机。如此中央不同部门、多头管理 PPP 的工作机制,已成为推动我国 PPP 健康发展的无形障碍。

3. 亟待建立统一决策和行业主管部门参与的 PPP 协同推进机制

无论对于国家层面还是地方政府,对于 PPP 工作的组织领导和统筹协调都是非常重要的。如果没有一个明确的、权威机构牵头,形成一个稳定和常态的协调工作机制,那么一定会造成部门出台的政策和管理制度之间不衔接和政出多门,也会造成协调推进说易行难、出现问题多而解决问题难等情况。

此外,各地实施的 PPP 项目由于涉及领域众多、范围也很广,无论是由地方成立的 PPP 工作组织牵头,还是由发改、财政部门来牵头,都需要及时将行业主管部门的决策和监管作用发挥出来。那么如何结合行业特点,做好 PPP 项目全生命周期的绩效评估和行业监管呢?就要从源头开始抓起,积极吸收行业主管部门参与到 PPP 的工作推进机制中来,从而有利于发挥好相关行业主管部门的管理作用,这一点是不可忽视的却也是当前极为欠缺的。

三、政企关系的复杂性影响了 PPP 的发展

按照企业的所有制属性,我国参与 PPP 项目的社会资本可分为央企、地方国企、民营企业、外资企业、有限合伙企业等。考虑到 2014 年以来外资企业、有限合伙企业中标的 PPP 项目规模和个数占 PPP 项目总规模和个数的比重均很小，本报告重点分析 PPP 模式中，中央及地方政府与央企、地方国企以及民营企业的关系带来的中国 PPP 发展的复杂性。

1. 央企参与 PPP 已有规范性要求

央企由于资本实力雄厚、建设运营经验丰富、履约能力强等特点，在 PPP 社会资本方选择中一直受到地方政府的青睐。自 2014 年，我国 PPP 发展进入推广阶段以来，央企一直是社会资本方中最重要的参与主体。根据相关机构数据统计，2017 年，央企及其下属企业中标 PPP 项目总投资额达到 2.12 万亿元，约占全年成交 PPP 项目总规模的 45.11%。从规模和中标数量来看，央企毫无疑问是我国 PPP 市场社会资本方中的主力军。实践中，部分央企参与的 PPP 项目存在投资金额大、回报期长等特点，还有少部分项目存在操作不规范、大量资产负债表外运行等情况。2017 年 11 月 10 日，被称为史上最严的 PPP 规范文件出台——财政部印发的《关于规范政府和社会资本合作（PPP）综合信息平台项目库管理的通知》（财办金〔2017〕92 号）。这意味着一直以来在 PPP 融资实操中常见的"明股实债""小股大债"等现象将被严厉约束，并且直击部分央企杠杆过高且没有财务并表导致的债务隐形化风险。因此，在中央政府整治 PPP 实施过程中的不规范现象时，央企自然首当其冲。

2017 年 11 月 26 日，国资委印发《关于加强中央企业 PPP 业务风险管控的通知》，要求严控中央企业参与 PPP 业务。可见，相较于地方政府所持的欢迎态度，中央政府正在严格管制央企参与 PPP 项目的投资，这无疑给央企参与 PPP 项目带来了一次大面积的降温，使得当前我国 PPP 模式的推广受到了一定的影响。

2. 地方国企挤占了民营企业部分 PPP 市场

除了央企，PPP 市场上表现最为瞩目的社会资本方代表无疑是地方国企了。同央企的原因类似，地方国企在 PPP 社会资本方选择中也受到地方政府的欢迎，包括某些地区的政府融资平台在转型为市场化经营的地方国企后，通过参与本级政府、跨层级政府、跨区域政府等方式大规模参与 PPP 项目。2016 年以来，地方国企在 PPP 项目总规模所占的比重呈快速增长趋势。据相关数据统计，地方国企中标 PPP 项目规模占 2017 年 PPP 总投资规模的 32.64%，较 2016 年增长近 10 个百分点。然而大多数地方国企参与 PPP 项目时过于依赖于与本省范围内较低层次的地方政府合作。上级地方国企凭借其在当地的资源优势和影响力，往往会影响下级地方政府的选择，造成其他竞争者特别是民营企业在 PPP 市场上的空间被挤占。这种结构性失衡的合作方式往往会违背 PPP 市场透明性和公平公正性。

此外，针对央企的 192 号文可以看出，中央政府既然着手控制央企参与 PPP 项目的投资了，那么地方政府对国有企业参与 PPP 项目的投资状况，也一定会有所改变。

3. 民营企参与 PPP 的观望态度

与央企、地方国企相比，政府与民营企业的关系最为复杂。一方面，中央政府大力支持民营企业参与 PPP 项目。发改委出台《关于鼓励民间资本参与政府和社会资本合作（PPP）项目的指导意见》（发改投资〔2017〕2059 号），提出创造民间资本参与 PPP 良好环境、分类施策支持民间资本参与 PPP 项目、加大民间资本 PPP 项目融资支持力度等措施，与国资委控制央企参与 PPP 项目的态度形成鲜明对比。这一政策出台以来，虽然唤起了一定数量民营企业参与 PPP 项目的投资兴趣，但是由于 PPP 项目投资额较大且涉及公共服务领域，出于担心民营企业能力或者信用等问题，地方政府在选择 PPP 社会资本方时往往主观忽略民营企业，偏好央企和地方国企。民营企业则考虑到 PPP 投资回报率低、周期长等因素，担心地方政府不履约，顾虑重重，对很多 PPP 项目持观望态度。政府和民营企业这种复杂的关系造成民间资本参与 PPP 程度不高，从而也成为造成我国 PPP 发展的复杂性的一个重要因素。

四、PPP 模式本身复杂性的影响

PPP 模式由于具有建设运营周期时间长、参与主体众多、涉及多种运作方式等特点，本身就非常复杂，加上操作规程相对复杂，令许多地方政府和社会资本望而却步，这也给 PPP 模式的推广和运用带来了一定阻力。

1. PPP 融资机制的复杂性

虽然在国家大力支持鼓励下，为了支持 PPP 项目落地，金融机构大胆探索、积极创新，不断丰富 PPP 融资工具，拓展 PPP 融资渠道。然而就现状而言，PPP 融资机制并非完全适应 PPP 项目的特殊需要。

首先，虽然当前 PPP 融资渠道理论上有银行贷款、基金、保险、债券、信托等多种，然而实际操作中 PPP 项目融资还是偏向于银行贷款，其他方式运用的并不多。单一的贷款融资方式无疑不利于风险的分担，并且银行贷款期限较短，往往难以满足 PPP 的中长期资金需求，也会造成项目资金期限错配等风险。

其次，PPP 的融资存在一定缺陷。例如，银行体系对 PPP 模式不够熟悉，缺乏针对 PPP 特点的信贷管理制度，导致 PPP 项目获取银行贷款具有一定难度。并且，银

行针对 PPP 项目而言，还没有推出无追索权项目融资的产品，这必然加大了 PPP 项目融资的难度。还有，当前我国 PPP 信用体系还不健全，导致 PPP 融资和担保需要支付较高的费用，从而推高整个 PPP 项目融资成本。

最后，PPP 资金退出机制不够健全。现有 PPP 的退出渠道如股权回购、IPO 上市、资产证券化等各有利弊，并且都存在着许多亟待解决的问题。PPP 市场中期流转、后期退出机制的不完善导致许多投资者顾虑颇多，影响了 PPP 项目的融资效率。此外，PPP 项目参与主体众多，且合作周期较长，导致 PPP 合作关系也非常复杂。PPP 项目参与主体除了政府方和社会资本，还包括融资方、保险方、中介机构、工程承包商、运营商等。参与主体的多元化，导致 PPP 项目民事和行政关系复杂，仅合同关系就包含近 10 种类型。PPP 项目中同一主体也可能有多重身份。例如，某城市综合开发项目中，施工企业与基金公司组成联合体中标，随后与政府出资代表共同设立项目公司。其中基金公司系代表私募股权投资基金作为项目公司的大股东，施工企业和政府出资代表则在私募股权投资基金中作为劣后级基金份额持有人。这种情况下，施工企业在 PPP 项目中具有项目股东、基金份额持有人、施工企业等多元身份，具有复杂的法律关系，造成与 PPP 其他参与主体之间的合作关系复杂化。这种政府与社会资本之间复杂的合作关系，也来自 PPP 项目中，特别是地方政府和民营企业的合作中，加剧了合作伙伴间互不信任的矛盾。

2. PPP 收益模式的复杂性

获得投资收益是社会资本参与 PPP 项目的最大动力，政府部门一般以让渡收费权、支付可行性缺口补助或政府付费的方式给予社会资本一定的回报。然而 PPP 收益模式也具有一定的复杂性。

首先，目标收益率的设计存在复杂性。过低的目标收益率不利于吸引社会资本的介入，过高的收益率则将会给政府带来沉重的财政负担。PPP 项目的公私双方过度关注"投资—回报"，甚至会在确定目标收益率上产生争执，影响双方的合作。

其次，PPP 收益具有不确定性风险。PPP 模式强调收益共享、风险自担，这也意味着 PPP 项目的收益，本身具有不确定性。PPP 全生命周期往往超过 10 年，最长达到 30 年。这期间存在着的大量政策风险、汇率风险、技术风险、营运风险、财务风险等，都会对 PPP 项目的目标收益产生影响，导致收益达不到预期。

3. PPP 操作程序的复杂性

财政部发布的《政府和社会资本合作模式操作指南（试行）》（财金〔2014〕113 号）将 PPP 模式的操作程序分为 5 个阶段：项目识别、项目准备、项目采购、项目执行和项目移交。这 5 个阶段按照 PPP 项目操作时间顺序形成一个完整的 PPP 项目操作流程，同时每个阶段都包含许多子环节，而这当中每个环节出现问题，都会导致 PPP 项目失败。操作指南的第一个步骤项目识别就包括项目发起、项目筛选、物有所值评价和财政承受能力论证 4 个步骤，而项目识别的这 4 个步骤都是由政府负责，且涉及几个方面的难点，如项目筛选的责任主体、项目筛选的标准、PPP 政策操作细则的缺乏、社会资本方的界定与遴选、公共产品的范围界定等。项目准备阶段的项目风险分配、项目运作和采购方式选择、交易结构设置和回报机制设计都存在着前所未有的复杂性。项目采购阶段的难点在于市场测试是否充分、资格预审条件和边界条件是否合理等。项目执行阶段主要涉及履约管理能力和绩效考核机制两个方面的完善问题。最后，项目移交阶段还涉及移交准备、性能测试、资产交割和绩效评价，其中最关键的环节是性能测试。这 5 个阶段无一不体现着 PPP 项目本身的操作程序是复杂的。

第 2 节　中国在推广 PPP 过程中取得的成果

一、我国已成为全球最大 PPP 市场

自 2014 年中国 PPP 发展进入全国推广阶段，经过 4 年多的努力，我国已成为全球最大、最具影响力的 PPP 市场。

根据财政部 PPP 中心的数据，2015 年，各地推出进入全国 PPP 综合信息平台项目库的 PPP 项目 6550 个，计划总投资额 8.7 万亿元。2016 年，各地入库项目和计划投资额增长至 11260 个和 13.5 万亿元。截至 2017 年 12 月底，项目库（管理库加储备清单项目数）合计 14424 个，计划投资额高达 18.2 万亿元。全国 PPP 项目入库情况如图 1-1-1 所示。

据权威数据显示，2014 年至 2017 年底，全国 PPP 项目累计成交 6120 个，总投资规模 9.08 万亿，其中 2017 年成交项目 3269 个，规模 4.7 万亿，成交规模和数量呈现持续增长趋势。特别是 2015 年 9 月，PPP 项目月度成交额首次突破 1000 亿元后，我国 PPP 发展进入快速增长状态。2016 年 12 月 PPP 项目月度成交额更是突破 5000 亿元。2017 年 12 月 PPP 项目月度成交额已达到 7132.09 亿元。

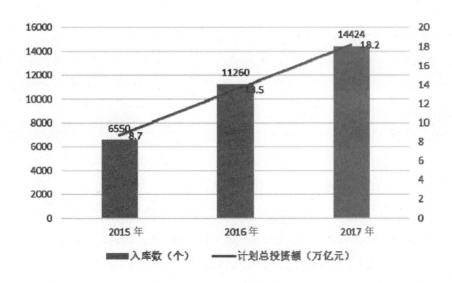

图 1-1-1　我国 PPP 项目入库情况

从社会资本参与主体角度看，国有企业是中国 PPP 社会资本的主力军。截至 2017 年 12 月底，国有企业（央企、央企下属企业、地方国企及其他国企）中标项目规模达到 3.6 万亿，占总成交项目规模的 77.1%，占总成交项目数量的 55.8%。民营企业作为 PPP 市场的重要参与方，共成交 PPP 项目 1435 个，约 1.1 万亿，规模和数量分别占比 22.6% 和 43.8%，外资企业成交项目数量和规模均较小。2017 年我国 PPP 市场中标社会资本性质和规模如图 1-1-2 所示。

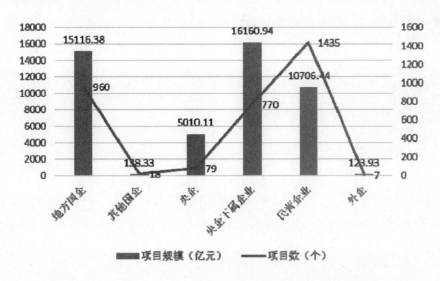

图 1-1-2　2017 年我国 PPP 市场中标社会资本性质和规模

二、PPP 已实现在不同地区不同行业的全覆盖

2014 年以来，财政部会同相关部委一直致力于市场统一化、标准化、透明化建设，改革整体系统规模化效应逐步凸显，全国统一规范、透明高效的 PPP 大市场格局已初步形成。当前，我国 PPP 已在各行业领域内广泛运用，已覆盖能源、交通、水利、环保、市政、农业、旅游、医疗卫生、教育、文化、体育等 19 个国民经济领域；PPP 模式在全国各地受到推广重视，中西部地区 PPP 模式推广进一步加速，截至 2017 年末，就管理库交通运输领域项目数而言，西部地区位列四大区域之首，为 449 个项目，占比 44.5%，中部地区、东部地区、东北地区分别为 276 个、244 个、39 个。就投资额而言，西部地区以 19647 亿元位列第一，占比 61.7%，东部地区、中部地区、东北地区分别为 6137 亿元、5128 亿元、912 亿元，地区间 PPP 发展不平衡的问题呈逐步缩小趋势；绿色低碳 PPP 项目受到重视，从 PPP 项目库情况来看，绿色发展理念得到了很好的贯彻执行，截至 2017 年底，全国入库项目中污染防治与绿色低碳项目 3979 个、投资额 4.1 万亿元，占同口径全国总数的比重分别为 55.8%、38.0%。

PPP 改革作为一项积极的财政政策，政策效应明显，促进了政府专项资金整合和使用绩效，初步实现了花钱促改革、创机制、高绩效的目的；PPP 提升了公共服务的有效供给质量和效率，根据财政部全国 PPP 综合信息平台统计，已通过物有所值定量评价的 335 个 PPP 示范项目，比传统投融资方式减少投资 1267 亿元，平均每个项目减少 3.8 亿元，PPP 模式与传统投融资模式相比，在节省政府投入，提升公共服务供给效率方面的优势明显；项目落地速度加快，民营资本参与率进一步上升，截至 2017 年 12 月末，597 个落地示范项目的签约社会资本信息已入库，签约社会资本共 981 家，包括民营 340 家、港澳台 27 家、外商 16 家、国有 569 家，另外还有类型不易辨别的其他 29 家，民营企业占比达到 34.7%。未来在更多政策支持下，民营企业参与率会有更大改观；PPP 催生了公共服务供给新业态，以结果为导向的 PPP 模式促进了公共服务供给集约化、规模化整合，有效解决了过去"条块分割、分散推进"成本高、效率低、不协调等问题，催生出一些新的商业模式；财政部目前已公布了四批 PPP 示范项目，将通过 PPP 综合信息平台加强对示范项目实施进度的动态跟踪，适时对外公布示范项目相关材料和信息，为全国各地 PPP 项目的开展起到"灯塔"指引作用。

三、"五位一体"的制度体系初步建立

当前，中国 PPP 发展已建立了"五位一体"制度体系，包括以下几个方面。

一是 PPP 法律方面。除了较早通用的《中华人民共和国政府采购法》《中华人民

共和国招标投标法》、住建部《市政公用事业特许经营管理办法》之外，2010 年之后国家连续颁布了数十部法规及规范性文件。2018 年 3 月，中国政府网公布《国务院2018 年立法工作计划》，由国务院法制办、发改委、财政部起草的《基础设施和公共服务领域政府和社会资本合作条例》列入立法工作计划。

二是 PPP 政策方面。财政部和发改委自 2013 年以来，出台了一系列有关 PPP 方面的政策文件，以保证 PPP 健康有序的发展。特别是 2017 年 11 月，财政部《关于规范政府和社会资本合作（PPP）综合信息平台项目库管理的通知》发布后，PPP 项目集中清理工作在全国展开。根据财政部 PPP 中心公布的各地落实 PPP 项目库集中清理工作的汇总情况，截至 2018 年 4 月 23 日，各地累计清理退库项目 1695 个，涉及投资额 1.8 万亿元；上报整改项目 2005 个，涉及投资额 3.1 万亿元。退库与整改的PPP 项目投资额共计 4.9 万亿元。

三是 PPP 指南方面。以 2014 年财政部发行的《政府和社会资本合作模式操作指南（试行）》为典型代表，与此同时，部分省份和职能部门也制定了自己管理领域的操作指南，例如交通部印发《收费公路政府和社会资本合作操作指南》，吉林、河南等不少省份都印发了《政府和社会资本合作模式操作指南》《财政厅 PPP 项目库入库指南》等文件。这一系列操作指南和文件都为 PPP 规范发展指引了方向。

四是 PPP 合同方面。财政部发布了《PPP 项目合同指南（试行）》，发改委下发PPP 项目引导意见和通用合同指南，以及后续的一些关于合同方面的文件都在督促政府和社会资本之间要遵循契约精神。

五是 PPP 标准方面。2017 年 11 月，财政部发布《关于规范政府和社会资本合作（PPP）综合信息平台项目库管理的通知》，针对累计投资额近 18 万亿元的 PPP 入库项目开展大清理，要求各省级财政部门应于 2018 年 3 月 31 日前完成本地区项目管理库集中清理工作，并将清理工作完成情况报财政部金融司备案，不符合标准、前期准备工作不到位等 PPP 项目将被清退出库，以保证真正符合标准的 PPP 项目能够顺利落地。

四、PPP 综合牵引作用得到充分发挥

随着国家相关政策的陆续出台和大力推广，作为我国重要的供给侧结构性改革措施之一，PPP 在各项配套政策不能完全支撑的情况下，只能按照问题导向和结果导向先行先试，直接、间接地促进了政府行政体制、财政体制和投融资体制等的改革。在我国调结构、去杠杆和去产能等方面无疑发挥了积极的改革牵引作用。

目前，PPP 已成为各地稳增长、调结构、促改革、惠民生、防风险的重要抓手。比如：PPP 推动了"放管服"改革落地生根；通过建立政府和社会资本合作的新机制，凡是市场机制能发挥作用的都尽量采用 PPP 来吸引社会资本投资与管理，将激发释放社会资本的潜能；把政府在 PPP 合同中的支出责任纳入年度预算和中期财政规划，与预算管理衔接，防止"新官不理旧账"，打消社会资本对政府换人换届的顾虑，在机制上让社会资本有信心进行长期投资；PPP 全生命周期标准化和公开透明管理，让普通老百姓在公共服务领域有渠道和手段行使参与权、监督权和发言权，推动形成了政府、市场和社会公众三方共商共建共赢的局面；基于结果导向的绩效付费机制，促进了区域、流域集约化项目创新和企业一体化战略转型，催生了新模式、新业态的诞生。

第 3 节　中国在推广 PPP 过程中暴露的问题

一、PPP 异化以及"伪 PPP"现象数见不鲜

近年来，无论是财政部还是发改委，对于 PPP 的推广和运用工作都给予了高度的重视和大量的政策优惠，包括给予 PPP 项目一定量的财政资金奖励。而地方政府在巨大的财政压力下都不遗余力的推行 PPP，一些地区甚至将 PPP 当成"万能钥匙"，存在"一哄而上""一 P 就灵"的误区，往往把涉及政府性投资项目、地方财政没能力投资的项目都往 PPP 的大筐里装。还有部分市县通过保底承诺、回购安排、明股实债等一系列方式将 PPP 项目债务化，并利用基金进行"优先劣后"分配，变相扩大地方政府债务。这些方式隐蔽性强，加大了中央对地方债务的监管难度，同时产生一定的挤出效应，影响了 PPP 模式的规范推广。此外，一些社会资本参与 PPP 项目合作，也热衷通过政府关系先拿项目，短期内收回投资和收益，对长期运营、维护等阶段缺乏足够的考虑和投入。

二、PPP 项目暴露出明股实债的问题

PPP 通过明股实债等方式进行融资建设，早已成为市场通病。以往，地方政府受地方财力、资源状况和发展地方经济等条件限制，不得不采取明股实债这种方式进行融资。包括比较常见的 PPP 项目支持基金，也是明股实债，以政府财政资金进行风险兜底的劣后资金，其本质上也是地方政府进行变相举债的一种方式。而这种明股实债的现象不断上升，增加了地方债务风险。地方政府为了防止区域性系统性风险的发生，也出台了很多政策限制这类行为，但是很多 PPP 大省并非是一个财力雄厚的省份，如果

取消政府兜底的明股实债方式，未来财政收入会出现下滑，所以地方政府虽然会出台政策限制这类行为，但是本质上也不会彻底限制这类行为。这从根本上造就了 PPP 明股实债方式的愈演愈烈。

三、PPP 项目重视前期建设忽视后期运营

财政部 PPP 数据统计中心显示，截至 2017 年 12 月末，全国政府和社会资本合作（PPP）综合信息平台收录管理库和储备清单 PPP 项目共 14424 个，总投资额 18.2 万亿元，同比上年度末分别增加 3164 个、4.7 万亿元，增幅分别为 28.1%、34.8%；其中，管理库项目 7137 个，储备清单项目 7287 个，这其中还不包括发改委和未入库的项目。种种迹象表明，中国已经成为世界上最大的 PPP 市场。但是另一组数据显示 2017 年上半年新入库项目 2632 个，退库 338 个。造成这一现状的重要原因是参与 PPP 项目的主体主要是工程建设方，他们并不具备相关的经营能力，这种模式的隐患逐渐凸显。经济学家管清友指出，过去 4 年 PPP 发展喜忧参半，其中"重建设、轻运营"便是突出的一项。PPP 从某种意义上来说，是一种集融资模式、综合管理模式、规划、建设和运营维护等众多环节与一体的模式。就 PPP 项目而言，它的合作周期是 10~30 年，而建设期只占其中的两三年，运营期占据了项目整个生命周期的大部分比例，是 PPP 项目持续运营、质量保障的关键性因素。但是运营环节在中国却是被忽视最多的环节。

四、PPP 项目优先级失控

国家设立 PPP 项目是希望其在稳增长、惠民生和防风险等方面积极发挥作用。因此，财政部在项目申报和筛选时，注重激发市场活力，激励先进地区带头示范，发挥引领带头作用，以三个优先为原则：①优先支持民营企业参与 PPP 项目；②优先支持国务院确定推广 PPP 模式成效明显市县的项目；③优先支持环境保护、农业、水利、消费安全、智慧城市、文化旅游和健康养老等幸福产业的项目。鼓励规范运用 PPP 模式盘活存量，吸引社会资本参与运营，以提高公共服务质量和效率。但是，目前的状况是 PPP 项目统筹不是很科学，项目档次和优先级失控。受到一般公共性财政支出 10%的限制，多地 PPP 项目往往是按照先到先得的原则，后期更为重要实施的项目反而没有可利用和操作的空间。同时，优先级项目还会受到政绩工程，社会资本偏好等方面的影响，而失去可供操作的空间。

五、PPP 缺乏成熟的法律体系和完善的法规

从公共部门的角度看,目前 PPP 项目运作缺乏法律法规层面支持;社会资本进入基建投资面临法律保障不完善导致的 PPP 吸引力、可行性不足的问题。虽然目前发布的《基础设施和公共服务领域政府和社会资本合作条例(征求意见稿)》,体现了 PPP 立法条例具有工作的包容性、管理的创新性、操作的指导性和发展的前瞻性,但是 PPP 立法条例既没有达到业界所期望的应有的高度,也没有达到通过立法规范合作项目运作的应有深度。如果不进行大力度的修改和完善,那么对当前比较混乱的 PPP 市场而言,其作用和价值将大打折扣,也会使得目前就比较混乱的 PPP 市场继续混乱下去。所以 PPP 立法工作还需要在以下三个方面做好修改和完善:一是做好顶层设计,建立完善政府和社会资本合作工作协调管理机构;二是区别 PPP 项目的行业特点,细化综合性管理措施的制定实施;三是加强金融支持,培育政府和社会资本合作项目运营管理主体。

第 2 章

PPP 发展生态环境相关理论与理念

第 1 节　生态系统理论

一、生态系统理论概述

生态系统理论是构建 PPP 发展生态环境理论分析框架最重要的理论基础之一。

生态系统（Ecosystem）是源于生态学中的概念，它是生态学研究的最高层次。生态系统的概念最早是在 1935 年由英国生态学家亚瑟·乔治·坦斯利爵士（Sir Arthur George Tansley）提出的，至今发展的历史不到百年，是一个很"年轻"的研究领域。生态系统的定义是，在自然界的一定空间内，生物与环境共同构成的统一整体。在这个统一整体中，生物与环境之间相互影响、相互制约，并在一定时期内处于相对稳定的动态平衡状态。物质循环、能量流动、信息传递是生态系统的主要功能。生态系统有自我调节、自我修复的能力，一般来说，构成元素越多样、结构层次越复杂的生态系统自我调节能力越强；反之，构成元素越单一、物质循环和能量流动途径越简单的生态系统就越脆弱。生态系统同时具有控制系统和开放系统的两大特征[①]。

生态系统理论（Ecological Systems Theory）这个概念最早是在发展心理学领域提出的。著名心理学家布朗芬布伦纳（Urie Bronfenbrenner）提出了个体发展模型（见图 1-2-1）。他强调，发展个体是嵌套在相互影响的一系列环境系统之中的，在这些系统中，系统与个体之间相互作用并影响着个体的发展。一个生态系统是由很多个子系统组成的，每个子系统又是由很多种元素所构成的。布朗芬布伦纳的这个理论已经把生态学的理论延伸到了社会学中的心理学，将生物与环境的关系延伸到人物个体与社

---

① 陈德辉、姚祚训、刘永定：《从生态系统理论探析生态环境的内涵》，载《上海环境科学》2000 年第 19 卷第 12 期，第 547 页。

会环境的关系，是对生态系统理论继承发扬的伟大学术创新。他认为，发展的个体处在从直接环境到间接环境的几个环境系统的中间或嵌套于其中，就像俄罗斯套娃一样。每个系统都与个体及其他系统有交互作用，影响着发展的许多重要方面。

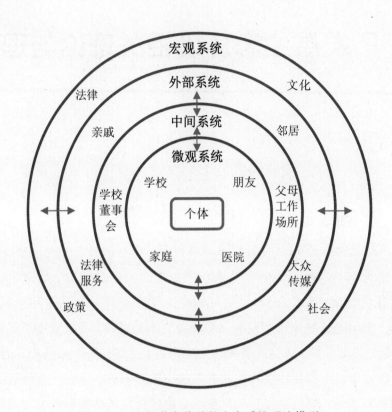

图 1-2-1　布朗芬布伦纳的生态系统理论模型

二、生态系统理论对 PPP 生态环境研究的价值

近年来，已经有越来越多的专家学者将生态系统理论运用到不同的专业研究领域，除了社会心理学，还有经济学、教育学、信息管理学等，生态系统理论为社会科学的理论研究提供了极大的借鉴价值。20 世纪 80 年代，就开始有学者用生物隐喻经济。1986 年，美国管理学家摩尔（James F.Moore）正式将生态系统理论应用于商业研究领域，并首次提出了商业生态系统（Business Ecosystem）的概念，这对 PPP 生态环境的研究具有重要参考意义。在商业生态系统理论中，提出企业不再是孤立的经营实体，而是生态系统中的成员之一，并将商业生态环境分为自然环境、政策环境、市场环境、科技环境等子环境系统，供应商、制造商、竞争者、中介服务商、客户、政府、标准制定机构、相关协会等都是构成这个环境的主要要素。

PPP 生态环境研究是一项创新性的跨学科理论研究，这项研究同时借鉴了生态学、心理学和工程学的理论，是生态学、系统论和经济学相互渗透、相互碰撞下产生的概念。PPP 生态环境研究的是，在一定时空范围内 PPP 生态系统中各要素的总和，以及 PPP 和生态环境系统之间的相互作用和联系。

在生态系统理论的指导下，我们可以将 PPP 这个主体类比为生物和人物个体，探讨 PPP 存在和发展的一系列环境系统。同时，可以将 PPP 赖以生存的政策环境、法律环境、金融环境、信用环境、市场环境，类比为生物生存的水环境、土壤环境、大气环境等，从而通过水环境、土壤环境、大气环境等的变化及其对生物的作用和影响，来研究政策环境、法律环境、金融环境、信用环境、市场环境本身的发展和变化，以及它们对 PPP 的作用和影响。运用生态系统理论的整体性思维，我们追求的就不单纯是政府、社会资本或金融机构某一方的利益，也不仅仅是看重单个 PPP 项目的成果和影响，而是 PPP 所处的整个生态系统的共同演化和进化。

三、生态系统理论对 PPP 生态环境研究的不足

生态系统理论的研究还存在一些不足。第一，对于系统的理解比较笼统，未能充分地解释系统到底是通过什么机制影响个体的，以及不同系统之间又是如何相互影响的。第二，在生态系统理论中，没有足够重视个体的主体性、能动性和反思性，个体更多地处于被动地位，对个体如何改善环境没有提出路径和策略。第三，虽然生态系统理论能较好地解释社会稳定，但未能充分解释社会变迁以及变迁的发生机制。第四，生态系统理论与很多理论存在关联，但是仅仅把这些理论机械地整合到自己的理论体系中，没有将它们进行有机整合。

生态系统理论也有一些不适用于 PPP 生态环境研究的地方。首先，在生态系统理论下，个体是具有很强的主观能动性和自我调节性的，但 PPP 具有高度的人为控制性，不具备主观能动性。从而由于主体特征的不同，必然导致其发挥的作用不同。其次，生态系统理论中因为研究的是人物个体，所以其环境层次非常丰富，分为微观系统、中间系统、外层系统和宏观系统 4 个维度。而在 PPP 生态环境研究中，研究对象是 PPP，其本身就不是微观层次的，所以 PPP 生态环境的维度也相对简单。因此，PPP 生态环境与传统的生态环境相比，还是存在一定差异的，不能完全套用生态系统理论。

第 2 节　系统工程理论

一、系统工程理论概述

系统是指由两个以上的组成要素之间相互关联、相互作用，所形成的具有特定功能和结构的有机整体。关于系统的认识，来源于人们在长期的社会实践中逐渐形成的把事物的各个组成部分联系起来整体考虑和分析的思想。"管理学之父"泰勒于 1922 年在《科学管理原理》中，就最早提出了系统的概念。

系统工程是工程技术和科学技术相结合的产物，应用领域极为广泛，不仅包括工程技术领域，还适用于社会系统、经济系统、区域规划系统、环境生态系统、农业和航天等领域。它强调运用系统的思想，以系统的组成要素、组成结构、控制机制等为研究对象，把自然科学和社会科学的某些理论、方法、策略有机地联系起来，采用定性分析和定量分析相结合的方法和计算机等技术，实现系统整体与局部之间互相协调配合，实现总体的最优运行。

系统工程理论则是指用于解决系统问题、具有普遍意义的科学方法[1]。在当前经济全球化、市场动态化和信息化加速发展的时代中，系统工程理论为解决一系列社会问题的提供了强大的理论基础。其理论体系主要包括一般系统论、控制论、信息论、自组织理论等，如图 1-2-2 所示。

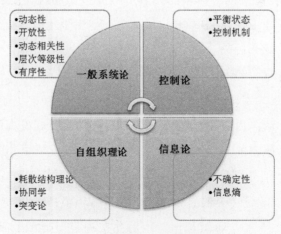

图 1-2-2　系统工程理论体系

---

[1] 罗本成、原魁、睦凌等：《基于灰关联度评价的投资决策模型及应用》，载《系统工程理论与实践》2002 年第 22 卷第 9 期，第 133 页。

1. 一般系统论

一般系统论的研究开始于 20 世纪 20 年代，美籍奥地利生物学家路德维希·冯·贝塔朗菲（Ludwig Von Bertalanffy）在对生物学的研究中发现，把生物分解得越多，生物反而失去全貌，人们对生命的理解和认识反而越来越少。因此，他开始了理论生物学研究。冯·贝塔朗菲从理论生物学的角度总结了人类的系统思想，运用类比和同构的方法，建立开放系统的一般系统理论。1945 年《关于一般系统论》的发表，成为该理论形成的标志。一般系统论包含系统的整体性、开放性、动态相关性、层次等级性、有序性五大内容。

2. 控制论

控制论是研究动态系统在变的环境条件下，如何保持平衡状态或稳定状态的科学。1948 年，诺伯特·维纳（Norbert Wiener）出版《控制论——关于在动物和机器中控制和通信的科学》标志着控制论的诞生，如今该理论已经深入到几乎所有的自然学科和社会科学领域。维纳把控制论定义为关于动物和机器中控制和通信的科学，并同时适用于生命现象和非生命现象。他在书中提出一切有生命、无生命的系统，都既是信息系统，又是控制系统，一方面能够进行信息接收、存储和加工，另一方面具备特定的输出功能和一套相应的控制机制。

3. 信息论

信息论产生于 20 世纪 40 年代，贝尔研究所的香农（Shannon）在题为"通信的数学理论"的论文中系统地提出了关于信息的论述，创立了信息论。他在论文中指出信息可被看作消除不确定性所需信息的度量，并提出了"信息熵"的概念来解决信息的度量问题。

4. 自组织理论

自组织理论形成和发展于 20 世纪 60 年代末期，是一般系统理论和控制论的新发展，主要研究复杂自组织系统的形成和发展机制问题，其基本观点是：系统存在和生存有赖于系统本身相互默契的某种原则，协调自动地形成某种组织的能力，主要包括耗散结构理论、协同学、突变论三方面内容。自组织理论强调系统在内在机制的驱动下，自行从简单向复杂、从粗糙向细致的方向发展。从热力学的角度来说，自组织是一个开放的系统，在远离平衡状态下通过与外界交换物质、能量和信息，促进自身组织和行为的创新。

二、系统工程理论对 PPP 生态环境研究的价值

系统工程是一门新兴的、多学科高度综合的学科，其思想和方法来自各行各业，又吸收了相关学科的理论与工具，能有效处理实践中的各项复杂问题。随着我国经济的快速发展，系统工程理论对指导各项社会问题，发挥着不可替代的作用。

系统工程理论对 PPP 发展生态环境研究同样具有重要的指导意义。首先，系统工程理论提出要用"整体"的观点去看待问题。PPP 生态环境是一个复杂的综合体，包括了各项具有独立功能的系统要素，这些要素独立存在于系统之中又相互联系，仅解决脱离了整体的单一要素影响，便失去了意义。任何一个要素都不能离开整体去研究。因而在 PPP 发展生态环境研究中始终注意从 PPP 发展的全局出发，全面把握 PPP 生态环境的建设。其次，PPP 生态环境具有层次性特征，PPP 生态环境可分为五大子环境，各子环境又可以再划分为不同的层次。在 PPP 生态环境研究中，要注意层层深入，通过不同层次的划分，在深度剖析的基础上，寻求优化构建的方法和路径。最后，PPP 生态环境是一个开放的系统，系统内的各子环境、各组成要素与外界环境之间有物质、能力和信息的交换。在研究 PPP 生态环境时，要用联系的观点来研究，时刻关注 PPP 生态环境与子环境之间、生态环境各子环境之间，以及 PPP 生态环境与外界环境之间的相互作用与联系。离开了关联性，就无法揭示 PPP 发展生态环境的内在规律和本质问题。

三、系统工程理论对 PPP 生态环境研究的不足

随着我国 PPP 发展进入了快车道，暴露出来的问题也越来越多，如对 PPP 模式内涵理解不深刻、PPP 操作中公平性和规范性不够，对 PPP 模式可能存在的问题和风险披露不足等，严重制约了 PPP 模式的规范化发展。

系统工程理论提出系统能够自行进行数据的获取、传达、加工、处理等过程，在远离平衡状态下通过与外界交换物质、能量和信息，最终达到平衡状态。同样的，PPP 生态环境是一个复杂的综合系统，在 PPP 运作过程中存在大量的信息要进行加工、处理、传递，然而 PPP 生态环境内部的信息传递很难处于自动运转的状态，政府与社会资本方参与 PPP 模式所追求的目标明显不同，政府追求项目的社会效益最大化，社会资本方追求的是经济效益最大化，因而信息在传导过程中，必然会出现站在自身利益的角度出发，对信息进行包装再传递，甚至不传递或隐瞒等现象，这与系统工程理论的观点存在一定的冲突。因此，如何建立 PPP 生态环境的信息有效传导机制，构成了 PPP 生态系统建设的一大考验。

第 3 节　PPP 发展生态环境理念

一、PPP 发展生态环境理念的内涵

2015 年下半年，中国城投网首席经济学家、发改委和财政部 PPP 专家库双库专家、中国现代集团总裁兼现代研究院院长丁伯康博士，首次在国内提出 PPP 发展生态环境理念，创新性地阐释了对"构建中国 PPP 发展良好生态环境"的基本看法。2016 年 1 月，丁伯康博士第一次公开关于 PPP 发展生态环境建设的理念和体系架构，开辟了中国 PPP 发展生态环境研究的先河。

基于中国 PPP 的发展过程与特点，结合生态环境理论、系统工程理论的基本原理，在经过缜密思考和反复论证后，丁伯康博士对中国 PPP 发展生态环境的定义做出了如下解释：它是作用于 PPP 模式推广和运用的相关因素及其相互关系影响的复合系统（也称"大环境"）的总称。这个复合系统（大环境），包含政策环境、法律环境、金融环境、信用环境和市场环境 5 个子系统（小环境）。研究 PPP 发展生态环境的目的在于，揭示 PPP 生态环境的存在条件和运行规律，促进 PPP 与复合系统（大、小环境）之间的协调发展，保持 PPP 生态环境的稳定平衡，促进环境系统发挥更加优良的系统功能，从而保障 PPP 的健康可持续发展。

由于 PPP 发展生态环境建构所涉及的要素很多，要素之间的相互影响也在不断地发生变化，所以对这个生态环境的规律探索过程，本身就是一个系统、持久和复杂的研究过程，是需要不断进步和完善的。

二、PPP 发展生态环境理念的特征

研究分析 PPP 发展生态环境的作用，更多地体现在维护和促进 PPP 模式运用和健康发展的长期性、系统性、复杂性和关联性上。这个理念关注以促进 PPP 模式可持续发展为核心的外部环境的建立，以及为 PPP 模式可持续健康发展提供一个广泛和充裕的空间及资源条件。要实现中国 PPP 模式长期、可持续、健康发展，就不可避免地涉及与 PPP 模式的推广和运用相关的政策环境、法律环境、金融环境、信用环境和市场环境 5 个方面子环境系统的积极营造和重新构建。

由于 PPP 发展生态环境是基于生态系统理论和系统工程理论建立起来的，因此存在着生态系统和系统工程的某些特征，即整体性、适应性、动态性、共同进化性、开放性、反馈调节性和自适用性。整体性是指整体大于部分之和，即各个子系统共生在

同一时间和空间下，能够产生加倍的效应。PPP 生态系统中的每一方都有自己的生态位，系统成员之间既有共生关系又有竞争关系，在他们的合作下能够创造出单个成员无法独立创造的价值。适应性和动态性体现在，一个良好的 PPP 生态环境，必须是一个有序的、有效的、稳定的和具有反馈效应的有机系统，并且它的建立和运作是一个循序渐进、动态调整的过程。共同进化性就体现在，在 PPP 生态环境不断调整的过程中，整个系统是在不断上升和进步的，系统中各要素协同进化。开放性是指依赖于提供输入和接受输出的外界环境。反馈调节性，即系统可以检测到自身产生的某种信号，并做出相应的反馈和应答，使得整个 PPP 生态环境可以在动态中保持良好状态。但这种自发的反馈调节不是无限度的，如果超出了环境系统的运行极限，PPP 发展的生态环境就会失控甚至崩溃。自适用性是指，在 PPP 生态环境不断变化的过程中，出现于大环境、小环境及不同因素的问题时，为努力修复自身状态、自动调节以排斥或适应外部影响，优化其功能作用的能力。也可以看作任何一个 PPP 的参与主体，都能够根据外在环境变化，灵活调节所处状态，以使自身能够按照设定的标准要求进行工作的情况。

PPP 发展生态环境的特征如图 1-2-3 所示。

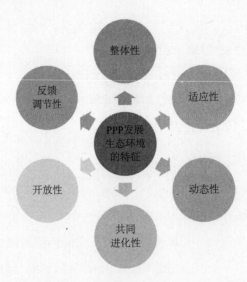

图 1-2-3　PPP 发展生态环境的特征

三、PPP 发展生态环境理念包含的内容

这一轮 PPP 在中国的发展，可以说其速度、力度、广度，都是绝无仅有的。我国各级政府和社会机构自 2013 年以来，在 PPP 推动和实施上做了不少工作，也取得了

不少成绩。但是，在各地具体实施 PPP 项目的过程中，也出现了大量的问题，不断引起中央政府和社会各界的重视。由此，研究 PPP 模式的相关影响因素，营造一个健康、有序的 PPP 发展生态环境，推动 PPP 模式在我国的可持续发展，对促进 PPP 长期健康发展，对深化政府投融资体制改革都具有重要意义。

PPP 生态环境的研究包括政策制定与调整、立法与监督、金融工具与产品支持、信用体系建设与评价、市场要素与能力建设等诸多方面。

自 20 世纪 80 年代至今，我国 PPP 政策制定与调整可分为选择试点阶段、行业推进阶段、短暂停滞阶段、全国推广阶段 4 个演进阶段。各项政策出台在 PPP 制度衔接、关系构造等方面存在一定的问题。

首先，PPP 发展的生态环境需要从政策引发的问题入手，建立与 PPP 发展模式相适应的政策环境，是 PPP 模式实现可持续发展的首要问题。另外，我国 PPP 立法进展缓慢，现有法律框架和文件制定不协调、不完善等问题，对 PPP 项目的运作造成了一定的困扰。加快 PPP 立法，建立完善的监督机制，是 PPP 生态环境理念得以实现的重要前提。

其次，金融工具和金融产品对拓宽 PPP 融资渠道、降低融资成本具有重要作用，面对我国 PPP 发展面临的金融问题，亟须构建 PPP 发展的金融环境，以促进 PPP 的健康快速发展。

再次，信用是经济社会良性运转的"基石"，更是 PPP 模式运用的基础。契约双方都应具备良好的信用水平，才能保障 PPP 项目得以顺利进行。建立诚实可信的 PPP 发展信用体系，提升 PPP 各参与方的信用水平，是优化 PPP 发展生态环境的必要条件。

最后，PPP 的外部市场因素也能够对 PPP 模式的健康发展起到重要的影响和制约作用。针对目前我国 PPP 市场秩序不尽良好、退出机制不够完善、市场监管力度不强等问题，如何建立规范的 PPP 市场环境，也是促进 PPP 健康发展的又一重要内容。

四、PPP 发展生态环境建设的框架

PPP 发展生态环境的建设，要始终坚持以 PPP 可持续健康发展为核心，以规范有序、均衡发展为原则，充分发挥政府部门在 PPP 生态环境建设中的主导作用和各个参与方的主体作用，强化政策和法律在营造良好生态环境中的保障功能，加强 PPP 各参与方信用建设，优化市场环境和金融环境，维护好参与 PPP 的各相关利益主体之间的生态平衡，促进 PPP 健康、良性发展，使 PPP 真正的在中国的新型城镇化建设过程

中，发挥好应有的作用。

　　PPP 发展生态环境建设的框架如图 1-2-4 所示。它是一个复杂的综合系统。PPP 发展生态环境建设分为政策环境、法律环境、金融环境、信用环境及市场环境五大子系统建设，各子系统之间相互联系、相互制约，并形成有效、稳定的反馈机制，以保障 PPP 模式的可持续发展。政策环境是指通过构建具有前瞻性、稳定性、系统性的政策体系，来保障 PPP 模式的发展；法律环境是指通过立法与执法监督，对 PPP 操作形成良好的指引和规范，促进 PPP 模式的健康发展；金融环境不仅涉及金融工具的应用，还涉及金融机构、金融市场、金融制度、监管政策、价格机制、融资渠道等众多方面因素；信用环境则包括道德和政策法规条件、信息共享条件、信用评级情况等内容；市场环境则包含市场准入门槛、市场退出机制、市场监管情况、市场竞争情况、制度建设情况、市场舆论与观念、市场中介服务等情况。

图 1-2-4　PPP 发展生态环境建设的框架

第 3 章

如何构建中国 PPP 发展生态环境

第 1 节　稳定和谐构建中国 PPP 发展良好政策环境

本书通过研究我国 PPP 发展历程中政策颁布情况，总结出我国 PPP 在不同发展阶段的政策演进情况和变化特点，系统梳理了我国 PPP 的制度框架和政策体系，并指出我国 PPP 发展过程中存在以下政策问题。

1. 政策出台的频率过高

国务院在大力倡导推行 PPP 模式后，明确发改委和财政部分别作为基础设施领域和公共服务领域 PPP 模式推进的牵头单位。发改委和财政部也先后出台了不少关于 PPP 的政策性文件。两个部委、两套政策体系推进同一件事情的状况，一直延续至今。由于不同部门出台政策频率过高，不仅使得地方政府和各级行政主管部门难以及时学习和理解，同时也会对政策如何执行造成困扰。

2. 政策出台的部门过多且权责不明确

中国在这一轮的 PPP 模式推广中，政策出台涉及的部门众多，由于对 PPP 的组织和协调推进机构的责任没有明确界定，尤其是财政和发改部门之间存在一定的权责重叠，职能界限划分不清晰，难免会出现部门重复指导、行政资源浪费甚至工作冲突的情形，导致地方政府无所适从。

3. 配套政策不够细化

PPP 项目的顺利实施，与配套政策是否健全密切相关。虽然 PPP 政策出台的频率较高，但是大多局限于 PPP 模式在不同领域的应用。而没有与现行投融资政策、税收政策、会计政策、财政补贴机制等形成配套合力，PPP 配套政策不够细化。

4. PPP 政策不够连续

现行的政府官员政绩观和考察任用制度还不完善，同时缺乏一定的外部约束条件，造成地方政府领导在推进 PPP 过程中，往往缺乏长期性和连续性。而 PPP 投资大、周期长、操作复杂等原因，政策的连续性非常重要，但是地方政府还存在着一种现象是"新官不理旧官事"。因此，在现有的体制下，我国 PPP 政策出现了一些与 PPP 模式不相适应的现象。

针对上述问题，为构建稳定和谐的 PPP 发展政策环境，本书提出以下建议。

1. 完善 PPP 政策制定的体制机制

（1）解决政出多门、多头管理的体制性问题。按照集中统一的组织和协调管理推进的思路，调整不同政府部门的职责分工，特别是发改委和财政部在 PPP 推进中的分工问题。

（2）健全 PPP 政策制定与执行监督机制。按照"决策、执行、监督"相互协调、相互制约的改革思路，重构中国 PPP 政策的制定、执行和监督机制。

（3）建立有效的 PPP 协调推进机构。通过跨部门的组织建立，在发改委和财政部等更高的层面上，成立一个日常议事机构以及一个高层次的专家委员会。

（4）发挥行业主管部门对 PPP 的支撑作用。将行业主管部门的作用发挥好，使得行业主管部门参与到 PPP 项目的政策制定、决策支持与监管中来，快速建立起 PPP 的运营监管体系，包括建立一个独立的专业性的运营监管机构。

2. 完善 PPP 政策的"三性"特征建设

（1）完善 PPP 政策的前瞻性。政府决策部门预先对影响 PPP 发展的因素进行识别、分类，做好风险规避或方向引导，提前制定相应的政策。

（2）完善 PPP 政策的稳定性。在政策条款中明确规定 PPP 事务的有效期限，在这个有效期限内，政府各部委应采取各种手段来维护已出台的 PPP 政策的有效性和权威性。

（3）完善 PPP 政策的系统性。相关的政策性保障需要进一步提升，完善 PPP 政策涉及面和系统性，消除 PPP 项目在不同地区和行业的用地政策差异。

3. 完善 PPP 配套政策

（1）完善 PPP 相关会计政策。对现有的 PPP 政策涉及财务管理的部分进行补充、完善、修订，加快推进专门针对 PPP 项目财务管理政策法规的制定。

（2）完善 PPP 税收优惠政策。完善现有与 PPP 模式相关的税收优惠政策，建立与 PPP 模式发展相适应的税收优惠政策体系，出台针对 PPP 项目移交阶段的税收优惠政策。

（3）完善 PPP 金融支持政策。监管部门加强政策支持，明确金融支持 PPP 的条件和方式，金融机构完善服务政策，创新金融产品和服务方式。

4. 完善 PPP 土地政策

（1）协调解决 PPP 项目用地与现行土地政策之间的矛盾，避免 PPP 项目通过打包土地违规取得未供应的土地使用权、变相取得土地收益、借未供应的土地进行融资等问题，保障市政道路、公园、轨道交通、城际铁路等宜采用土地资源补偿模式或综合开发的非经营类及准经营类 PPP 项目的合法性。

（2）进一步出台针对不同类型 PPP 项目的特定土地政策细则。探索采用土地资源补偿的公益性、准经营性 PPP 项目以及适合沿线土地综合开发的交通基础设施项目排除出禁止土地捆绑之列，避免"一刀切"的问题。

5. 完善 PPP 财政补贴政策

（1）规范 PPP 项目的补贴制度，保障补贴投放到位。

（2）提高 PPP 信息公开程度，控制财政补贴强度。

（3）建立 PPP 项目补贴分级机制，控制财政补贴范围。

第 2 节　同舟共济构建中国 PPP 发展良好法律环境

本书通过介绍中国 PPP 发展中法律环境建设的内涵和主要内容以及法律环境建设对中国 PPP 发展的作用与意义、国内、国外及我国台湾地区 PPP 立法状况，指出中国 PPP 立法存在以下争议。

1. 关于 PPP 合同性质的争议

当前关于 PPP 合同性质存在着诸多争议，主要有以下几个观点：有学者认为 PPP 合同应定性为民事合同，还有一部分学者认为 PPP 合同是行政合同，也有学者认为 PPP 合同虽兼具两种合同的特征，但本质属性是经济行政合同。

2. PPP 与特许经营之间的关系

《基础设施和公用事业特许经营管理办法》（简称《办法》）的出台虽然解决了 PPP 发展的某些问题，但也有不利的一面。原本 PPP 与特许经营之间就存在着争议，然而《办法》却采用了特许经营理念，这样不仅模糊了两者的界限，而且 PPP 定性困惑也增多不少，给 PPP 相关方也带来了很多困难。

3.《中华人民共和国政府采购法》和《中华人民共和国招标投标法》之争

《中华人民共和国政府采购法》和《中华人民共和国招标投标法》二者的立法主体均为全国人大常务委员会，法律效力一致。但这两部法在立法目的、使用范围、规范主体、监管主体方面都有所差别，二者之间存有一定的交叉与冲突，这让 PPP 项目参与方无所适从。

针对上述 PPP 立法争议，为构建中国 PPP 发展的良好法律环境，本书提出以下建议。

1. 进一步加快 PPP 法律环境建设进程

（1）解决法律法规不健全、相互冲突的问题。急需出台 PPP 法律发挥引领作用，对现有的冲突、矛盾和不明确问题进行清晰界定，从而在 PPP 立法的基础上建立完善的法律规范系统。

（2）在当前发改部门和财政部门权责不明晰的情况下，需要明确一个主导的部门很有必要。

（3）从 PPP 立法、司法、执法、守法视角出发，建设客观的 PPP 立法、司法、执法、守法环境。

（4）加快建设 PPP 法律实施的良好监督环境，"完善的 PPP 法律法规——PPP 法的良好实施——对 PPP 法的有效监督"是 PPP 成功发展的最佳运行环境。

2. 尽快明晰政府部门在 PPP 中的角色定位

（1）政府部门应明晰自己作为法律、规则制定支持者的角色。

（2）作为顶层设计者，政府要事先制定出相应的发展战略，再将战略落实到项目中去，根据发展战略对 PPP 项目进行科学筛选和合理排序。

（3）政府应积极探寻 PPP 最佳运营管理模式，借鉴国外标准，总结我国成功 PPP 项目经验，制定我国 PPP 项目发展的标准。

3. 有序推进 PPP 运作的立法进程

（1）必须要在条例或者将来的立法中明确 PPP 合同性质争议问题的定性。

（2）明确 PPP 与特许经营之间的界定问题。需要在立法和条例中明确这两个用词的内涵和原则。

（3）切合实际、博采众长，保护公众、社会资本、政府的合法权益。立法首先要应把保护公众合法权利放在首位，充分体现出 PPP 的目标，在社会资本和公众利益发生冲突时，首先要考虑的是全社会的公共利益。

4. 明确政府部门之间合理职能分工

（1）借鉴国外在政府部门职责分工上的经验。加拿大和澳大利亚政府都设置了专门的、统一的、高效率的 PPP 主管机构，并且政府部门之间合理分工。

（2）应结合自身实际，在 PPP 立法中明确构建主次分明、各司其职、各尽其责的政府职能体系。首先以国务院名义出台正式的《政府和社会资本合作项目管理条例》，以国务院行政法规方式更好地统筹各职能部门间的协作，从而构建一个有主导、有参与、有责任的职能体系。

5. 建立适应中国 PPP 发展的法规体系

最重要的是要加快 PPP 立法进程，然后在 PPP 法的基础上，建立健全适应中国 PPP 发展的法规体系，使其形成一个完善的法律规范系统。在 PPP 立法的基础上，国务院、国务院有关部委、地方人大及其常委会、地方政府根据需要可以做出一定的调整，形成多位阶、多层次、效力不同的有机统一的 PPP 法律体系。

6. 健全 PPP 发展良好的法律解决机制

（1）健全 PPP 纠纷解决机制。在今后出台的 PPP 立法中必须要对纠纷解决途径做出具体、明确、清晰、统一的界定。为了使各方能够顺利开展合作、减少成本、争取物有所值，在各方合同中设立争议解决升级条款十分必要。

（2）完善风险分担、收益分配解决机制。各参与方应该在合同签订时就应明确约定好具体的收益分配机制，均衡各方的利益，此外双方还需要根据项目开展的具体情况建立分担风险的动态管理机制。

第 3 节　合作共赢构建中国 PPP 发展良好金融环境

本书首先界定了 PPP 金融环境的内涵和主要内容，分析了金融环境建设对我国 PPP 发展的重要性和影响，指出中国 PPP 发展金融环境存在以下问题。

1. PPP 项目缺乏足够的资金支持

PPP 资金缺口大，特别是一些经营性较差的 PPP 项目，却存在着巨大的资金缺口。PPP 融资渠道单一，PPP 项目资金来源中银行占绝大部分。PPP 融资成本高，PPP 项目融资渠道单一、缺乏有效的金融杠杆、配套的融资政策和融资工具以及顶层设计方面存在明显的缺陷，这些原因造成了 PPP 项目的融资成本高。

2. PPP 金融环境机制不够优化

首先，我国缺乏独立的金融环境优化组织，PPP 金融环境优化的工作处应为独立的部门。其次，制定 PPP 金融环境优化目标及政策时，没有充分将金融风险承受能力、资本充足程度以及灵活机动的金融风险分散机制和规避损失控制机制放在考虑的范围之内。最后，缺乏数量化、具体化的金融环境与控管方式。

3. 金融交易成本过高

PPP 项目的建设、运营和维护都需要大笔的资金，而资金主要来源于企业自筹和银行借款。银行贷款涉及众多的流程、烦琐的手续和高昂的时间成本。并且近年来，银行对于授信体系管控的越发严格，对于企业的抵押和担保要求也越发的严格。这一系列的变化增加了 PPP 项目的建设、运营和维护成本，从而在根本上约束了 PPP 金融环境建设的积极性和重要环节。

4. 风险配置能力差

我国的金融系统一直有不良贷款比例过高、银行风险管理能力偏低、资源配置效率低下等问题，这些导致我国 PPP 金融环境在风险配置方面的现状堪忧。同样的，我国金融系统尚不齐全，降低了宏观金融调控以及金融监管效率，最终约束了 PPP 金融环境市场功能和资金供给能力的发挥。

5. 金融创新动力不足、市场机制效率低

从我国目前整个金融业的发展现状来看，首先，金融组织创新动力明显不足，长期融资工具和短期头寸拆借工具缺乏，难以满足 PPP 项目的长期资金需求和短期资金调度。其次，金融市场无论是中介制度、股票发行，还是上市等方面都存在着明显的行政干预，极大地限制了二板市场本应有的活力，也影响了 PPP 金融环境创新。

针对上述中国 PPP 发展金融环境存在的问题，为构建中国 PPP 发展良好金融环境，本报告提出以下几点建议。

1. 推进金融市场建设，提高 PPP 融资效率

（1）完善资金退出机制，增强社会资本信心。针对现有的退出渠道存在的问题进行分析和解决，确保各退出渠道的通畅，并对 PPP 退出机制进行一些创新设计。

（2）探索 PPP 金融市场行业标准，形成示范效应。通过交易试点、学习国外相关经验、融合国际 PPP 标准等形式，探索 PPP 金融市场的行业标准，构建规范体系，形成行业示范，引导 PPP 行业规范发展。

（3）加强项目信息公开，助推信用体系建设。加强 PPP 项目信息公开，需要在制度、实践等层面做进一步的深化、完善、推动。

2. 完善金融配套政策，加强 PPP 金融支持

（1）监管部门加强政策研究和支持，要敢于在不违反国家现行金融监管政策的前提下，明确金融机构支持 PPP 的政策和方式。

（2）金融机构要加大服务 PPP 的力度，不断完善服务政策，创新金融产品和服务方式，为 PPP 提供长期有效的增值服务。

3. 开拓 PPP 融资渠道，化解 PPP 融资瓶颈

（1）灵活运用 PPP 融资工具，满足差异化融资需求。针对 PPP 项目的不同阶段，创新不同形式和属性的金融工具。

（2）深度参与债券市场，实现 PPP 高效融资。积极促进 PPP 深度参与债券市场，以多元创新、有的放矢的方式，实现高效投融资。

（3）规范 PPP 项目，增强社会资本吸引力。建立完善 PPP 交易流转运作平台，发挥交易平台的市场化服务功能等。

4. 加强 PPP 风险防控，建立实时监控体系

（1）甄别社会资本，保证建设、运营和移交阶段风险最小化。在建设风险防控方面，对于社会资本选择，应综合考虑其实力，而不是以价格的高低作为选择的唯一标准。

（2）建立 PPP 金融风控体系，保证金融环境安全。应加快设立完善地方 PPP 融资支持基金、PPP 项目担保基金等保障基金，加大政府部门在 PPP 金融风险防控中的作用等。

（3）建立健全 PPP 金融市场风险管理，坚持 PPP 运营合法合规。应建立健全 PPP 金融市场特别是交易市场的风险管理，把握 PPP 金融创新的尺度，对 PPP 项目进行认真审查，限定 PPP 项目范围，坚持规范操作。

5. 解放思想创新观念，建设良好 PPP 发展金融环境

（1）政府领导观念需转变，提高对 PPP 模式的认识高度。地方政府应进一步解放思想，转变观念，增强对国家大力推行的 PPP 模式的认识高度。

（2）政府管理理念需转变，重视 PPP 项目中的双方合作和契约精神。由过去重行政干预转为重双方合作和契约精神，为 PPP 项目营造平等、互信的良好环境。

（3）政府合作对象观念需转变，从重视国企、央企转向鼓励民企参与。降低准入门槛，进一步出台鼓励民企参与 PPP 的具体政策，规范 PPP 的项目操作使其公开透明，保障项目的合理稳定回报，吸引民企外企。

第 4 节　以诚为本构建中国 PPP 发展良好信用环境

本书首先对 PPP 发展信用环境的建设内涵和主要内容进行了界定，分析了建设良好信用环境对中国 PPP 发展的重要性以及中国 PPP 发展信用环境建设的现状，指出中国 PPP 发展信用环境存在以下问题。

1. 地方政府信用存在的主要问题

（1）前期预估失误。一方面，地方政府专业的团队和专业人员相对缺乏，对 PPP 项目成本和预期收益的判断简单、粗暴，易出现失误。另一方面，部分地方政府对 PPP 可能产生的风险承受力不足。由于前期调研未充分论证，未能充分考虑项目面临的整体风险。

（2）项目实施不当。首先，由于缺乏全过程实施 PPP 项目的专业知识和相关经验，对 PPP 项目的认知有限，在谈判过程中政府的态度极易反复，进而延误谈判进程。其次，PPP 项目多为涉及基础设施和公共服务等内容，审批流程复杂，部分地方政府的办事效率不高，也容易造成审批时间过长，拖拉项目进度。最后，PPP 项目需要政府多部门的参与，当项目出现问题时，部门之间由于缺乏沟通，相互协调性不强，拖延、推诿、扯皮的现象时有发生。

（3）任期与项目存续期时间错配。经常出现"新官不买旧账"的现象，新旧政府对 PPP 模式的态度和监管方式不一样，不履行前任政府签署的协议，社会资本处于十分被动的地位，进而直接或间接影响到 PPP 项目建设和运营，迫使项目终止。

（4）公共权力寻租。在 PPP 项目中，地方政府不仅是参与者，也是规则的制定者和监管者，集众多权力于一身，这样就可能为社会资本带来垄断利润，于是部分觉悟不高的政府官员就极易为他们提供寻租空间。

（5）破坏项目唯一性。部分地方政府有可能由于实施或审批其他项目或多方授予特许经营权等间接行为，破坏项目的唯一性，影响项目运营，使社会资本方商业收益减少。

2. 社会资本信用存在的主要问题

（1）不当投机行为。地方政府在选择合作对象时，部分社会资本方为达成签约目标，存在故意隐匿企业真实信息或重要信息，或披露不真实的信息，利用极少数官员的腐败，采用贿赂手段牟取暴利等投机行为。

（2）资本逐利行为。为追求利润最大化，一些社会资本方不惜践行高风险，甚至触犯法律法规。

（3）单方违约行为。PPP 项目投资占线长、筹集渠道堵塞等导致项目资金缺口较大，社会资本方极易出现资金链断裂，无法及时出资的情况，部分社会资本方不得不单方面停止项目的建设。

3. 金融机构信用存在的主要问题

由于 PPP 项目具有投入大，周期长的特征，需要金融机构长期提供融资服务，金融机构将面临较大的流动性风险，尤其是期限错配风险。因而当项目建设过程中出现众多不确定因素后，一些缺乏信用的金融机构就会以未通过风控为借口延缓放款，甚至中断提供资金而导致项目破产。

4.　中介服务机构信用存在的主要问题

（1）咨询机构信用存在的问题。一是一些咨询机构为了经济利益，在无相应能力和经验的情况下，依然承揽专业性要求很高的 PPP 业务，从而引发重大失误，甚至造成项目失败。二是一些资质不高的咨询机构浑水摸鱼，利用人脉资源或以较低的报价作为竞争手段，导致劣币驱逐良币的现象，严重制约咨询机构服务质量的提升。三是一些咨询机构缺乏职业道德。例如，一些咨询机构在同一项目中同时为政府和社会资本双方提供咨询服务。四是分包模式影响项目质量。例如，某些咨询机构在承揽了 PPP 咨询项目后，将业务层层分包，不少个体出面扮演的是分包的角色，即某个咨询机构获得了为 PPP 项目提供专业服务的合同，而后把其中的咨询服务部分分包给某个个人或临时拼凑的团队，整体质量得不到保证。

（2）招标代理机构信用存在的问题。一是资质欠缺问题。招标代理行业进入门槛较低，资质良莠不齐。二是暗箱操作的行为。部分投标人为了成功招标，贿赂招标代理机构。三是利益至上问题。为拿到代理权，向招标人行贿，为使业主倾向的投标人合法中标，暗结评标专家，泄露标底、招标信息的现象屡见不鲜。

针对上述中国 PPP 发展信用环境存在的问题，为构建中国 PPP 发展良好信用环境，本书提出以下几点建议。

1.　增强 PPP 参与方的信用意识

（1）加强法制教育。根据 PPP 行业最新发展情况，相关部门对政府部门、社会资本方、金融机构和中介服务机构定期组织 PPP 法制教育学习。

（2）加强道德教育。加强正面舆论的宣传教育，坚持正确的观点引导教育，消除负面信息的影响。

（3）加强 PPP 业务知识学习。加强 PPP 业务知识学习，掌握 PPP 模式的契约精神要义。

（4）倡导诚信价值观。倡导政府政务诚信建设以及倡导企业诚信建设并重。

2.　建立 PPP 发展中的信用约束机制

（1）加强法律体系建设。完善 PPP 法律体系，健全信用法律体系。

（2）健全失信惩戒机制。对于失信的政府部门，惩戒到人，依法依规追究主要负责人和直接责任人的责任，对于失信的社会资本方、中介服务机构，也要实行失信记录办法，依法公开其企业名称、地址、法定代表人、违法违规行为、依法处理情况等信息。

（3）完善第三方监管机制。注重加强政府规制，加强准入监管，加强绩效监管。

3．完善 PPP 发展中的信用激励机制

完善 PPP 发展中的信用激励机制主要包括给予物质利益激励和精神利益激励两个方面，上一级政府应对当地政府在 PPP 项目中的守信行为表示赞同与表扬，在绩效考核指标选取上，将政府在 PPP 项目中积极守信、促进项目建设的行为表现列为政府绩效的考核要点。对于守信的社会资本方、中介服务机构等企业，政府部门探索行政审批"绿色通道"，加快办理进度，提升守信红利。

4．建立 PPP 的信用信息平台

（1）提升信息平台建设水平。成立工作小组，明确职责分工和管理权限，有计划地分步指导建设 PPP 信用信息平台。

（2）完善信用信息披露机制。建立不同阶段 PPP 各参与方信用信息公开清单，及时公开项目绩效考核情况、项目公司重要变动等信息。

（3）开发信息平台多项功能。严格规范市场准入标准，加强对信用评级机构和从业人员管理，扩大评级业务范围，加强信用评级行业监管。

5．实施与 PPP 相关的信用支撑服务

（1）规范信用评级行业发展。严格规范市场准入标准，提升行业整体从业水平，加强对信用评级机构和从业人员管理。

（2）加强中介服务机构管理。充分引入市场参与者，加强 PPP 咨询机构库管理，加强服务质量的考核。

（3）加强人才队伍建设。采用外聘与"自培"相结合的培养模式。充分利用好发改委和财政部的 PPP 专家库资源，面向社会公开征集财务、金融、法律、工程等方面专业素质高、职业道德好的专业人才。

第5节　正本清源构建中国 PPP 发展良好市场环境

本书通过对 PPP 发展中市场环境概念进行界定，分析了 PPP 发展市场环境的内容以及发展现状，指出我国 PPP 发展市场环境存在以下问题。

1．PPP 项目准入门槛过高

由于 PPP 项目资金门槛较高，启动项目时企业需要进行大量融资，而相对于大型的央企和国企，民营企业在银行贷款等融资方面仍处于劣势，并且金融机构对民营企业的融资行为也更为谨慎，更使得民企融资难上加难，限制了民营企业参与 PPP 的可能性。

2. 市场退出渠道不够健全

现有的退出渠道存在一定的局限性。PPP 市场上现有的退出渠道理论上有好几种，但都具有局限性，实际操作时存在不小的障碍和困难。在 PPP 股权变更中，政府的豁免股权变更限制和单方审核权也增加了社会资本的退出难度。

3. PPP 市场监管力度不足

（1）PPP 市场监管缺少法律依据。我国 PPP 模式的监管体制不完善，尤其是政府监管的错位、缺位。目前针对 PPP 并没有一个确定的法律，导致监管的法律依据不充分。

（2）PPP 市场监管政出多门，监管混乱。目前对于监管也没有建立起市场监管评估的技术，导致长期以来 PPP 监管流程的不规范，隐藏着大量的风险。

（3）缺乏科学评估机制。政府部门目前对 PPP 项目监管缺少科学的评价体系，对一些公共产品缺少专业的监督标准，导致服务质量难以量化，监管困难，对于企业生产经营，对于评估缺少可以依据的法律程序标准，导致政府无法判定监管项目是否合法。

针对中国 PPP 发展市场环境存在的上述问题，为构建中国 PPP 发展良好市场环境，本书提出以下几点建议。

1. 完善市场准入和退出机制，提高民营资本 PPP 参与率

（1）降低 PPP 市场准入门槛。按照"非禁即入"原则，除国家法律法规明确禁止准入的行业和领域外，一律对民间资本开放。支持民资参与发起 PPP 项目，适合市场化运作的竞争性项目，鼓励民间资本直接投资建设。

（2）完善 PPP 市场退出机制。构建多元退出机制，针对现有 PPP 社会资本的退出渠道的不足和局限性进行完善。以股权变更限制的实质目的创新退出方式，以资本市场方式实现社会资本的正常退出。

2. 加强市场监管机制建设，规范 PPP 市场乱象

（1）加大监督惩处力度。建立起地方政府的信用评价体系，提高政府的公信力。

（2）提高信息公开程度。需要畅通监督渠道，增加信息的透明度，还可以让更多的监督者积极举报信息，减少监管中的举证成本。

（3）建立健全 PPP 监管体系和绩效评价体系。PPP 市场监管需要建立科学的评价体系，建立跨部门协调机制，通过设立部门的协调委员来对 PPP 项目涉及部门交叉的事情进行综合协调。

3. 营造 PPP 公平竞争环境，消除保护主义和市场壁垒

（1）营造民营资本良好投资环境。紧紧围绕供给侧改革的主线，下力气解决制约民营资本投资的突出问题，积极营造民营资本良好投资环境，努力促使民间投资持续稳定健康发展。

（2）打破垄断和壁垒。打破不合理的垄断和壁垒，营造权利公平、机会公平、规则公平的 PPP 市场竞争环境。

（3）优化政府服务。提高地方政府在推进 PPP 模式过程中服务意识和水平，因地制宜明确政商交往"正面清单"和"负面清单"，着力破解"亲"而不"清"、"清"而不"亲"等问题。

4. 完善行业制度建设，营造良好制度环境

（1）完善 PPP 法律体系建设。尽快推动 PPP 立法进程，尽快明确和建立负责 PPP 立法的职能机构。

（2）完善 PPP 配套政策。完善 PPP 项目会计政策、税收优惠政策等。

（3）完善 PPP 政策体系。完善 PPP 政策制定的体制机制，完善 PPP 政策的"三性"特征建设。

5. 优化市场舆论环境，加强 PPP 正面宣传

（1）舆论媒体加强积极宣传。应充分利用广播、电视、报刊、网络等多种媒体，大力宣传 PPP 理念、政策，介绍全国及地方 PPP 工作开展情况、示范项目成功经验，营造良好的舆论氛围，增强社会和公众对 PPP 的理解和共识。

（2）政府部门加强舆论引导。政府部门要大力宣传 PPP 在深化政府投融资体制改革和创新政府项目投融资机制中的长期作用，摒弃一哄而上的短期观念。

6. 规范 PPP 市场中介服务，提升咨询机构专业水平

（1）规范对 PPP 中介服务市场的管理。制定规范的服务标准、收费标准和服务要求。

（2）完善 PPP 中介服务机构招投标流程。在规范 PPP 中介服务机构招投标流程基础上，通过招投标过程的公开、公平和公正选择，让优秀的中介服务机构为政府服务。

（3）加强对专业中介服务机构和专业人员的业务培训，提高专业素养。

（4）建立 PPP 中介服务绩效评价体系。政府的服务合同中应明确具体咨询要求和服务内容，并据此设定咨询服务的绩效目标，作为后期绩效评价的基础。

第 2 部分

稳定和谐篇
——论构建中国 PPP 发展的政策环境

摘要：20 世纪 80 年代初期，"公私合作"的理念开始进入中国。PPP 模式也开始在我国逐步发展起来。本部分首先梳理了 80 年代至今中国 PPP 的发展历程以及 PPP 政策颁布的情况，将影响我国 PPP 发展的政策环境分为选择试点阶段（1984—2003 年）、行业推进阶段（2004—2007 年）、短暂停滞阶段（2008—2012 年）、全国推广阶段（2013 年至今）4 个演进阶段。通过分析每个阶段的政策目标、主要政策内容和政策演进特点等，对 PPP 的制度框架和政策体系进行了梳理。同时从 PPP 制度衔接、PPP 关系构造、监管体制、政策体制的原则和框架等方面，展示了现行 PPP 制度和政策的现状与冲突。最后，本书结合中国 PPP 发展中的政策冲突和存在问题，剖析了政策冲突背后形成的原因，从 PPP 政策出台的体制机制、PPP 的配套政策和 PPP 政策的"三性"特征建设等多方面，全面系统地提出了完善 PPP 政策制定和政策执行的建议。

关键词：政策环境；PPP 制度框架；政策体系；政策冲突

|第 1 章|

中国 PPP 发展中政策环境演进和变化

中国 PPP 模式的雏形，最早可以追溯到 1906 年官方与民间资本合作建设的广东新宁铁路。它比清光绪三十四年（1908 年），清慈禧太后下旨批准大臣溥延、熙彦、杨士琦在北京准依"官督商办'通例筹办'京师自来水股份有限公司"（后再上奏折定性为"官督民办"）还早两年。

据史料记载，清光绪三十年（1904 年），在美国从事铁路工作长达四十余年的广东侨民陈宜禧回国，为发展家乡经济和解决当地民众就业问题，提出了自筹资金建设新宁铁路的计划（现可认为是"PPP 项目的民间发起"）。在家乡民众和华侨的大力支持下，1904 年 6 月成立了修筑新宁铁路筹备处，陈宜禧出任总办，余灼会为协理，并议定《筹办新宁铁路有限公司草定章程》，提出"不招洋股，不借洋款，不雇洋工"的"三不"主张和项目由本县人自办的原则（上述章程可认为是"PPP 实施方案"）。

1904 年 9 月，陈宜禧先到香港，翌年 2 月又自费去美国三藩市、西雅图和加拿大温哥华等地，进行项目推介和融资。他提出"勉图公益，振兴路权"的口号，以此激发广大海外华人的爱国热情。在各地同乡会组织支持下，到 1905 年 2 月陈宜禧回国时，已在海外募资 150 万银元。另加上在新宁及广东、香港及南洋等地筹到的几十万银元，到 1905 年底时，已超额 4 倍募集股本共 2758412 银元。

1904 年 10 月，陈宜禧正式成立新宁铁路公司（可视为今天的 PPP 项目公司），为公司总理兼总工程师，余灼为副总理，并起草公司章程。规定不收洋股，不借洋款，不雇洋人，也不准将股票、股份转售或抵押于洋人；遇有争执，不得请洋人干预。如违，即将股份扣除注销，送官究办。随后，陈宜禧向两广总督岑春煊上报商部申请立案。但岑春煊以"无碍田园庐墓，始得筑路"为由，不获批准。陈宜禧只好上京向商部求助，在途经上海时得知朝廷商部右丞王清穆在此，立即请求引见。当时，美国华人也争取到清朝驻美大使梁诚致电商部，力陈陈宜禧筹办新宁铁路"确有把握，应责成专办，勿听阻挠"，这才促成商部向清廷上奏。

1906 年正月，慈禧太后和光绪皇帝对上奏做出批示："依议，钦此。"准予新宁铁路先行立案（现可认为是批复同意"PPP 实施方案"，并完成单一来源采购）。为了使工程能顺利完成，清廷赐予陈宜禧尚方宝剑，如修路有违抗者可先斩后奏。

由于新宁铁路位于广东江门市台山市（旧称"新宁"）境内，是第一条由中国人自行设计、自行施工、自筹经费建设的民营铁路，也是全国最长的官督民办的铁路。加上新宁铁路的建设和运营，完全满足 PPP 模式所具备的全部内涵，所有可视为我国 PPP 模式的发端。

我国现代意义上的 PPP 实践，则是出现在改革开放以后。20 世纪 80 年代以来，改革开放的浪潮吸引了大量外资（包括港资）和新的投资理念进入中国。起初，外商多在消费品领域投资，而随着改革开放的不断深入，一部分外商将"公私合作"的理念带入中国，外资开始以 BOT 的形式进入我国基础设施建设领域。1984 年，深圳经济特区电力开发公司和香港合力电力（中国）有限公司合作建设的深圳沙头角 B 电厂成为中华人民共和国成立以后的第一个 BOT 项目，也是我国第一个现代意义上的 PPP 项目。自此 PPP 模式开始在我国逐步发展起来。

本章通过对 20 世纪 80 年代至今，我国 PPP 发展历程以及 PPP 政策颁布情况的梳理研究，将我国 PPP 发展的政策环境分为选择试点阶段（1984—2003 年）、行业推进阶段（2004—2007 年）、短暂停滞阶段（2008—2012 年）和全国推广阶段（2013 年至今）（见表 2-1-1），并对每个阶段分别进行了深入研究，从而总结出我国 PPP 模式在不同阶段的政策演进情况和变化特点。中国 PPP 发展不同阶段的主要政策如表 2-1-2 所示。

表 2-1-1　中国 PPP 发展在不同阶段的政策环境

PPP 发展阶段	时间跨度	政策出台背景	主要社会资本
选择试点阶段	1984—2003 年	改革开放，鼓励外商投资，分税制改革	外资
行业推进阶段	2004—2007 年	放宽非公有制资本准入限制	民间资本
短暂停滞阶段	2008—2012 年	金融危机，政府积极财政政策	国有资本
全国推广阶段	2013 年至今	经济新常态	各类型资本

表 2-1-2　中国 PPP 发展在不同阶段的主要政策

选择试点阶段（1984—2003 年）			
政策名称	文件号	发文时间	主要内容
关于鼓励外商投资的规定	国务院令第 7 号	1986 年 10 月	鼓励外国投资者在中国境内举办中外合资经营企业、中外合作经营企业和外资企业，并对外商投资企业给予特别优惠
对外贸易经济合作部关于以 BOT 方式吸收外商投资有关问题的通知	外经贸发函字第 89 号	1995 年 1 月	对规范采用 BOT 方式吸收外商投资于基础设施领域的招商和审批做出规定
关于试办外商投资特许权项目审批管理有关问题的通知	计外资〔1995〕1208 号	1995 年 8 月	规定特许权项目必须先进行试点，待取得经验后，再逐步推广
国家计委关于加强国有基础设施资产权益转让管理的通知	计外资〔1999〕1684 号	1999 年 10 月	规定了 PPP 形式建设的国有基础设施资产权益转让的范围、要求、审批规定和其他事项
国家计委关于印发促进和引导民间投资的若干意见的通知	计投资〔2001〕2653 号	2001 年 12 月	要求一步转变思想观念，促进民间投资发展，逐步放宽民间资本投资领域，鼓励和引导民间投资以独资、合作、联营、参股、特许经营等方式，参与经营性的基础设施和公益事业项目建设
关于加快市政公用行业市场化进程的意见	建城〔2002〕272 号	2002 年 12 月	要求开放市政公用行业市场，建立市政公用行业特许经营制度，鼓励社会资金、外国资本采取独资、合资、合作等多种形式，参与市政公用设施的建设
行业推进阶段（2004—2007 年）			
政策名称	文件号	发文时间	主要内容
市政公用事业特许经营管理办法	建设部令 126 号	2004 年 3 月	要求按照有关法律、法规规定，通过市场竞争机制选择市政公用事业投资者或者经营者，明确其在一定期限和范围内经营某项市政公用事业产品或者提供某项服务
关于投资体制改革的决定	国发〔2004〕20 号	2004 年 7 月	要求进一步深化投资体制改革，落实企业投资决策权，充分发挥市场配置资源的基础性作用，进一步提高政府投资决策科学化、民主化水平，增强投资宏观调控和监管的有效性
收费公路管理条例	国务院令第 417 号	2004 年 9 月	经营性公路建设项目应当向社会公布，采用招标投标方式选择投资者

续表

行业推进阶段（2004—2007 年）			
政策名称	文件号	发文时间	主要内容
关于鼓励支持和引导个体私营等非公有制经济发展的若干意见	国发〔2005〕3 号	2005 年 2 月	首次允许民间资本进入能源、通信、铁路、航空和石油等领域，并提出要进一步建设法律框架来支持民间资本进入基础设施建设领域

短暂停滞阶段（2008—2012 年）			
政策名称	文件号	发文时间	主要内容
关于鼓励和引导民间投资健康发展的若干意见	国发〔2010〕13 号	2010 年 5 月	系统提出了鼓励和引导民间投资健康发展的 36 条政策措施，帮助引导民间资本进入基础产业和基础设施、市政公用事业和政策性住房建设、社会事业等领域
关于印发《关于国有企业改制重组中积极引入民间投资的指导意见》的通知	国资发产权〔2012〕80 号	2012 年 5 月	要求毫不动摇地巩固和发展公有制经济、毫不动摇地鼓励支持和引导非公有制经济发展，积极推动民间投资参与国有企业改制重组

全国推广阶段（2013 年至今）			
一、国务院规范性文件			
政策名称	文件号	发布时间	主要内容
关于政府向社会力量购买服务的指导意见	国办发〔2013〕96 号	2013 年 9 月	充分认识政府向社会力量购买服务的重要性，正确把握政府向社会力量购买服务的总体方向，规范有序开展政府向社会力量购买服务工作，扎实推进政府向社会力量购买服务工作
关于创新重点领域投融资机制鼓励社会投资的指导意见	国发〔2014〕60 号	2014 年 11 月	要求政府需在基础设施领域发挥社会资本特别是民间资本的积极作用，鼓励社会资本加强能源设施投资，建立健全 PPP 机制，充分发挥政府投资的引导带动作用，创新融投资方式拓宽融资渠道
国务院办公厅转发财政部、发展改革委、人民银行关于在公共服务领域推广政府和社会资本合作模式指导意见的通知	国办发〔2015〕42 号	2015 年 5 月	要求各地区、各部门按照简政放权、放管结合、优化服务的要求，简化行政审批程序，推进立法工作，进一步完善制度，规范流程，加强监管，多措并举，在财税、价格、土地、金融等方面加大支持力度，保证社会资本和公众共同受益，通过资本市场和开发性、政策性金融等多元融资渠道，吸引社会资本参与

全国推广阶段（2013 年至今）			
一、国务院规范性文件			
政策名称	文件号	发文时间	主要内容
国务院办公厅转发财政部、发展改革委、人民银行关于在公共服务领域推广政府和社会资本合作模式指导意见的通知	国办发〔2015〕42 号	2015 年 5 月	公共产品和公共服务项目的投资、运营管理，提高公共产品和公共服务供给能力与效率
国务院办公厅关于推进城市地下综合管廊建设的指导意见	国办发〔2015〕61 号	2015 年 8 月	提出切实做好地下管廊建设工作的总体要求、规划要求、建设要求、管理要求、支持政策
国务院关于调整和完善固定资产投资项目资本金制度的通知	国发〔2015〕51 号	2015 年 9 月	围绕优化投资结构，对 2009 年确定的固定资产投资项目资本金比例及相关内容进行了完善，合理降低投资门槛
国务院关于国有企业发展混合所有制经济的意见	国发〔2015〕54 号	2015 年 9 月	鼓励各类资本参与国有企业混合所有制改革，其中包括推广政府和社会资本合作（PPP）模式
国务院办公厅关于推进海绵城市建设的指导意见	国办发〔2015〕75 号	2015 年 10 月	支持符合条件的企业通过发行企业债券、公司债券、资产支持证券和项目收益票据等募集资金，用于海绵城市建设项目
国务院关于深入推进新型城镇化建设的若干意见	国发〔2016〕8 号	2016 年 2 月	深化政府和社会资本合作，进一步放宽准入条件，健全价格调整机制和政府补贴、监管机制，广泛吸引社会资本参与城市基础设施和市政公用设施建设和运营。根据经营性、准经营性和非经营性项目不同特点，采取更具针对性的政府和社会资本合作模式，加快城市基础设施和公共服务设施建设
国务院办公厅关于进一步做好民间投资有关工作的通知	国办发明电〔2016〕12 号	2016 年 7 月	努力营造一视同仁的公平竞争市场环境，要求各省（区、市）人民政府抓紧建立市场准入负面清单制度，进一步放开民用机场、基础电信运营、油气勘探开发等领域准入，在基础设施和公用事业等重点领域去除各类显性或隐性门槛，在医疗、养老、教育等民生领域出台有效举措，促进公平竞争
关于进一步激发社会领域投资活力的意见	国办发〔2017〕21 号	2017 年 5 月	要求制定社会力量进入医疗、养老、教育、文化、体育等领域的具体方案，明确工作目标和评估办法，新增服务和产品鼓励社会力量提供等

全国推广阶段（2013 年至今）

一、国务院规范性文件

政策名称	文件号	发文时间	主要内容
国务院关于进一步激发民间投资有效活力促进经济持续健康发展的指导意见	国办发〔2017〕79 号	2017 年 9 月	加大基础设施和公用事业领域开放力度，禁止排斥、限制或歧视民间资本的行为，为民营企业创造平等竞争机会，支持民间资本股权占比高的社会资本方参与 PPP 项目，调动民间资本积极性

二、财政部规范性文件

政策名称	文件号	发布时间	主要内容
关于推广运用政府和社会资本合作模式有关问题的通知	财金〔2014〕76 号	2014 年 9 月	要求地方财政部门充分认识推广运用政府和社会资本合作模式的重要意义，积极稳妥开展示范工作，通过试点项目总结经验，切实有效履行财政管理职能，加强对 PPP 项目的财政管理监督，加强财政部门组织和能力建设，推动 PPP 模式的应用
财政部关于印发《地方政府存量债务纳入预算管理清理甄别办法》的通知	财预〔2014〕351 号	2014 年 10 月	要求财政部门将存量债务纳入预算管理体系，结合清理甄别工作，认真甄别筛选融资平台公司存量项目，对适应开展政府与社会资本合作（PPP）模式的项目，要大力推广 PPP 模式
政府和社会资本合作模式操作指南（试行）的通知	财金〔2014〕113 号	2014 年 11 月	制定 PPP 实操指南，从项目识别、项目准备、项目采购、项目执行、项目移交 5 个方面做具体规定
财政部关于印发政府和社会资本合作示范项目实施有关问题的通知	财金〔2014〕112 号	2014 年 11 月	要求财政部门积极推动 PPP 项目试点工作，切实承担工作，加强组织领导，认真履行财政管理职能，为 PPP 项目的应用提供支持，发布示范项目，为 PPP 模式应用提供指导
关于规范政府和社会资本合作合同管理工作的通知	财金〔2014〕156 号	2014 年 12 月	规范 PPP 合同管理，发布 PPP 项目合同管理指南
关于政府和社会资本合作项目政府采购管理办法的通知	财库〔2014〕215 号	2014 年 12 月	推广 PPP 模式，规范 PPP 项目政府采购行为，主要从 PPP 项目政府采购程序、争议处理和监督检查等方面做了规定
财政部关于开展中央财政支持海绵城市建设试点工作的通知	财办建〔2016〕25 号	2014 年 12 月	强调中央财政对海绵城市建设试点工作实行试点财政补贴，同时对地方政府开展 PPP 模式达到一定比例的实行财政补助激励，并对海绵城市建设试点城市选择程序、绩效评价进行规定

全国推广阶段（2013 年至今）			
二、财政部规范性文件			
政策名称	文件号	发文时间	主要内容
财政部关于印发《政府和社会资本合作项目政府采购管理办法》的通知	财库〔2014〕215 号	2014 年 12 月	政府开展 PPP 项目的政府采购行为的基本规范，包括 PPP 项目采购的概念、采购程序、争议处理和监督检查等内容
关于市政公用领域开展政府和社会资本合作项目推介工作的通知	财建〔2014〕29 号	2015 年 2 月	规定在城市供水、污水处理、垃圾处理、公共交通基础设施、公共停车场、地下综合管廊等市政公用领域开展 PPP 项目推介工作的目标、原则、要求、实施、保障等
关于政府和社会资本合作项目财政承受能力论证指引的通知	财金〔2015〕21 号	2015 年 4 月	明确和规范了 PPP 项目财政承受能力论证工作流程
关于进一步做好政府和社会资本合作项目示范工作的通知	财金〔2015〕57 号	2015 年 6 月	提出各级财政部门要切实加强示范项目的组织领导，配备必要的业务骨干人员，保证各项工作有序推进，并加快建立项目库。同时也明确了严禁通过保底承诺、回购安排、明股实债等方式进行变相融资，将项目包装成 PPP 项目
关于实施政府和社会资本合作项目以奖代补政策的通知	财金〔2015〕58 号	2015 年 12 月	对中央财政 PPP 示范项目中的新建项目，财政部将在项目完成采购确定社会资本合作方后，按照项目投资规模给予一定奖励
关于规范政府和社会资本合作（PPP）综合信息平台运行的通知	财金〔2015〕166 号	2015 年 12 月	各级财政部门可依托互联网通过分级授权，在信息管理平台上实现项目信息的填报、审核、查询、统计和分析等功能；在信息发布平台上发布 PPP 项目相关信息，分享 PPP 有关政策规定、动态信息和项目案例
关于对地方政府债务实行限额管理的实施意见	财预〔2015〕225 号	2015 年 12 月	取消融资平台公司的政府融资职能，推动有经营收益和现金流的融资平台公司市场化转型改制，通过政府和社会资本合作（PPP）、政府购买服务等措施予以支持
关于印发《政府和社会资本合作项目财政管理暂行办法》的通知	财金〔2016〕92 号	2016 年 9 月	提出了严禁地方政府融资平台公司通过建设—租赁—移交等运作方式，将原有融资平台建设项目包装成 PPP 项目，直接与政府签订 PPP 合同，规避政府债务管理规定。也严禁通过政府购买服务方式进行变相融资，规避财政承受能力论证和物有所值评价

续表

全国推广阶段（2013 年至今）			
二、财政部规范性文件			
政策名称	文件号	发文时间	主要内容
关于在公共服务领域深入推进政府和社会资本合作工作的通知	财金〔2016〕90号	2016 年 10 月	在公共服务领域深入推进 PPP 模式提出了 11 条意见。多措并举，推进 PPP 模式在公共服务领域的应用
关于印发《政府和社会资本合作（PPP）综合信息平台信息公开管理暂行办法》的通知	财金〔2017〕1号	2017 年 1 月	就加强和规范政府和社会资本合作（PPP）项目信息公开工作，促进 PPP 项目各参与方诚实守信、严格履约，保障公众知情权，推动 PPP 市场公平竞争、规范发展做出政府和社会资本合作（PPP）综合信息平台信息公开管理相关规定
财政部关于印发《政府和社会资本合作（PPP）咨询机构库管理暂行办法》的通知	财金〔2017〕8号	2017 年 3 月	就规范政府和社会资本合作（PPP）咨询机构库的建立、维护与管理，促进 PPP 咨询服务信息公开和供需有效对接，推动 PPP 咨询服务市场规范有序发展做出相关规定
关于进一步规范地方政府举债融资行为的通知	财预〔2017〕50号	2017 年 5 月	从地方政府融资担保、平台公司市场化融资、政府和社会资本合作（PPP）、地方政府举债方式等方面对地方政府举债融资行为作进一步约束
关于坚决制止地方以政府购买服务名义违法违规融资的通知	财预〔2017〕87号	2017 年 6 月	从政府购买服务的角度进一步规范地方政府举债融资行为及 PPP 项目的运作，防范地方财政风险，完善中央对地方政府的债务监管
关于规范开展政府和社会资本合作项目资产证券化有关事宜的通知	财金〔2017〕55号	2017 年 6 月	鼓励分类稳妥地推动 PPP 项目资产证券化，严格筛选开展资产证券化的 PPP 项目，完善 PPP 项目资产证券化程序，加强 PPP 资产证券化监督管理等
关于规范政府和社会资本合作（PPP）综合信息平台项目库管理的通知	财办金〔2017〕92号	2017 年 11 月	要求各级财政部门应认真落实相关法律法规及政策要求，对新申请纳入项目管理库的项目进行严格把关，优先支持存量项目，审慎开展政府付费类项目，确保入库项目质量。组织开展项目管理库入库项目集中清理工作，全面核实项目信息及实施方案、物有所值评价报告、财政承受能力论证报告、采购文件、PPP 项目合同等重要文件资料

全国推广阶段（2013 年至今）

三、发改委规范性文件

政策名称	文件号	发布时间	主要内容
国家发展和改革委员会关于开展政府和社会资本合作的指导意见	发改投资〔2014〕2724 号	2014 年 12 月	合理确定 PPP 项目范围，建立健全 PPP 工作机制，加强 PPP 项目规范管理，积极推进 PPP 项目工作，强化 PPP 模式政策保障机制，制定《政府和社会资本合作项目通用合同指南》涵盖 PPP 项目合同基本内容
基础设施和公用事业特许经营法（征求意见稿）		2015 年 1 月	包括特许经营的概念、方式、特许经营权的授予、特许经营协议、特许经营者的权利和义务、实施机关的权利和义务、监督管理、法律责任等内容
关于推进开发性金融支持政府和社会资本合作有关工作的通知	发改投资〔2015〕445 号	2015 年 3 月	与国开行等联合发文，就推进开发性金融支持 PPP 项目发布了指导性意见
关于切实做好传统基础设施领域政府和社会资本合作有关工作的通知	发改投资〔2016〕1744 号	2016 年 8 月	进一步做好传统基础设施领域政府和社会资本合作（PPP）相关工作、积极鼓励和引导民间投资提出一系列要求
关于印发《各地促进民间投资典型经验和做法》的通知	发改办投资〔2016〕1722 号	2016 年 7 月	包括深入推进简政放权，加强和改善政府服务；积极采取措施，努力破解民营企业融资难题；深化细化政策措施，吸引民间投资进入更多领域；营造公平透明市场环境，进一步减轻企业负担；多措并举，加大对民营企业支持力度共 5 个方面
关于请报送传统基础设施领域 PPP 项目典型案例的通知	发改办投资〔2016〕1963 号	2016 年 9 月	明确了 PPP 项目申报条件、项目范围、项目实施方式等，鼓励推荐根据当地实际情况和项目特点进行模式创新的 PPP 项目
关于印发《传统基础设施领域实施政府和社会资本合作项目工作导则》	发改投资〔2016〕2231 号	2016 年 10 月	理顺了传统基础设施领域 PPP 项目操作流程，以期指导传统领域 PPP 项目运作实施，助力项目加速落地

资料来源：作者整理。

第 1 节　中国 PPP 发展中政策环境演进和变化

一、选择试点阶段（1984—2003 年）

1. 政策目标

自中华人民共和国成立直到改革开放之前，我国的城市基础设施和市政公用事业建设一直被政府部门垄断，该领域的投资体制单一。

1978 年中共十一届三中全会确立了我国以经济建设为中心的基本路线，做出了改革开放的重大决策。改革开放吸引了大量外资（包括港资）进入中国，一些外商顺势将国外先进和发达国家的基础设施建设采用 BOT 模式的经验引入国内。1984 年，我国第一个 BOT 项目深圳沙头角 B 电厂的成功签约，引发了地方政府通过招商引资方式，采用 BOT 模式建设当地基础设施的风潮。中央政府也开始探索 PPP 模式在我国基础设施领域内的应用。直到 2003 年底，中共十六届三中全会通过的《关于完善社会主义市场经济体制若干问题的决定》明确要求放宽市场准入，允许非公有资本进入法律法规未禁止进入的基础设施、公用事业及其他行业和领域，PPP 在我国基建和公用事业行业才得到推进。因此，1984—2003 年，我国的 PPP 发展一直属于"摸着石头过河"的探索阶段。

以 1994 年分税制改革、1997 年金融危机为界限，我国 PPP 探索阶段又分为三个子阶段。1984—1994 年，分税制改革之前，非公有制经济的发展在国内还存在很大争议，因此在我国 PPP 发展探索阶段的前期，社会资本主要以外资（包括港资）为主。这一时期我国并没有专门针对 PPP 出台的政策，中央对地方 PPP 项目也没有专门的审批程序。中央出台的与 PPP 有关联的一些政策的目标主要是为改善我国投资环境，更好地吸引外商投资，促进国民经济发展。

分税制改革后至 1997 年金融危机爆发前，我国 PPP 发展进入探索阶段的中期，地方政府的大量财权被中央政府上收，但基础设施建设等事权却下放到地方政府。地方政府的财政收入与地方经济建设的资金需求之间的缺口迫使地方政府加大吸收社会资本进入基础设施建设领域。这一时期的社会资本虽然依旧以外资为主，但我国民营资本也开始崭露头角。1995 年我国第一个以内地民营资本为主的 PPP 项目泉州刺桐大桥正式开工。鉴于上述背景，PPP 在基础设施建设中的融资作用得到了中央政府的一定重视。中央政府也开始着手研究 PPP 的可行性并选择了广西来宾 B 电厂、成都第六水厂、广东电白高速公路、武汉军山长江大桥和长沙望城电厂 5 个项目进行

BOT 试点。试点阶段的初期，在试点项目的带动下，各地政府也纷纷采用 PPP 模式（主要是特许经营）建设城市基础设施。一时间，全国各地通过 BOT 方式建设基础设施项目的情况，不断涌现。伴随这些 BOT 项目的开展，由于缺乏统一的政策指导和约束，地方在实施这些 PPP 项目时，也迅速暴露出大量的问题，乱象开始出现。为了解决地方 PPP 的不规范问题，中央政府在这一期间相继出台了一些政策，这些政策目标主要就是为了规范和管制地方政府对项目开出无原则担保以及防止地方 PPP 项目一哄而上的问题。

这个阶段的后期，由于受到 1997 年金融危机的影响，我国政府实行积极的财政政策，发行大量国债募集资金用来建设地方基础设施。社会资本对政府建设基础设施的吸引力减弱，这一时期我国 PPP 的发展也开始经历向下调整的过程。此外，金融危机也暴露出了一些地方在 PPP 项目中的一些违规现象，因此这一时期中央政府出台的政策目标，主要是对 PPP 项目违规的地方进行规范和整顿。

2. 主要政策内容

在选择试点阶段前期，我国的 PPP 还是新鲜概念，PPP 项目主要由地方政府自发与外商协商谈判后执行，具有地方自主性和自发性的特点，也未引起中央政府的关注和推广。因此在我国 PPP 选择试点阶段，中央政府层面出台的与 PPP 相关的政策数量极少，内容也以鼓励外商投资为主。这一阶段主要政策代表是 1986 年 10 月国务院颁布的《关于鼓励外商投资的规定》，该规定鼓励外国投资者在中国境内举办中外合资经营企业、中外合作经营企业和外资企业，并对外商投资企业给予特别优惠，为外资更多、更快、更好地进入我国基础设施建设领域提供了政策优惠和保障。

在选择试点阶段的中期，PPP 政策以限制和规范地方 PPP 项目为主。1995 年 1 月，原对外贸易经济合作部发布《对外贸易经济合作部关于以 BOT 方式吸收外商投资有关问题的通知》，对规范采用 BOT 方式吸收外商投资于基础设施领域的招商和审批做出规定。1995 年 8 月，原国家计委、电力部、交通部联合发布《关于试办外商投资特许权项目审批管理有关问题的通知》，规定特许权项目必须先进行试点，待取得经验后，再逐步推广。试点期间范围暂定为：建设规模为 2×30 万千瓦及以上火力发电厂、25 万千瓦以下水力发电厂、30~80 公里高等级公路、1000 米以上独立桥梁和独立隧道及城市供水厂等项目。1999 年 10 月，原国家计委发布《国家计委关于加强国有基础设施资产权益转让管理的通知》，规定了 PPP 形式建设的国有基础设施资产权益转让的范围、要求、审批规定和其他事项。

在选择试点阶段的后期，为了恢复金融危机时期我国 PPP 向下调整的颓势，这一时期我国的主要 PPP 政策回到以鼓励和引导社会资本进入基础设施建设领域为主。2001 年 12 月，原国家计委发布《国家计委关于印发促进和引导民间投资的若干意见的通知》，要求一步转变思想观念，促进民间投资发展，逐步放宽民间资本投资领域，鼓励和引导民间投资以独资、合作、联营、参股、特许经营等方式，参与经营性的基础设施和公用事业项目建设。要积极创造条件，尽快建立公共产品的合理价格、税收机制，在政府的宏观调控下，鼓励和引导民间投资参与供水、污水和垃圾处理、道路、桥梁等城市基础设施建设。2002 年底，原建设部出台《关于加快市政公用行业市场化进程的意见》，要求开放市政公用行业市场，建立市政公用行业特许经营制度，鼓励社会资金、外国资本采取独资、合资、合作等多种形式，参与市政公用设施的建设，形成多元化的投资结构。对供水、供气、供热、污水处理、垃圾处理等经营性市政公用设施的建设，应公开向社会招标选择投资主体。

3. 政策演进特点

选择试点阶段初期的我国 PPP 发展还处于启蒙状态，主要表现为地方政府通过与外商投资者直接谈判和协商，引入外资以 BOT 形式建设当地基础设施。这些 BOT 项目都是由地方政府自主发起，还并未得到国家的关注。因此，这一时期中央并没有与 PPP/BOT 直接相关的政策法规及审批程序，与 PPP/BOT 相关的政策主要是一些鼓励外商投资的政策。这些政策主要由国务院发布，不仅数量稀少，发布时间松散间断，并且都是些简单、初级、框架性的鼓励外商投资政策，没有涉及对 PPP/BOT 项目招商、审批、执行等程序的具体指导。对外商投资的鼓励也主要是对外商投资进行宏观指导，没有落实到具体的行业，因此这一期间也缺少对具体行业的 PPP 指导政策。

选择试点阶段进入中期，我国 PPP 已得到中央政府一定程度上的认识和重视，这一阶段 PPP 政策出台数量较之前有了明显的提升，并且包括了一系列直接针对 PPP 项目执行的指导政策。这期间 PPP 政策的演进特点，从内容上来说，中央出台的大多数且 PPP 政策是对地方 PPP 项目一拥而上的现象和暴露的违规之处进行规范和限制，而不是鼓励地方政府通过 PPP 模式吸引外资解决地方基础设施建设的融资问题，PPP 政策出台具有被动性特点。选择试点阶段的后期，即 2000 年以后，金融危机影响减弱，PPP 的作用又重新被中央政府所认识和重视，这一时期的 PPP 政策又回到促进和引导民间投资进入基础设施和公用事业建设领域上来。整体而言，选择试点阶段的中后期，PPP 政策内容具有由规范和限制转变为鼓励和引导的演进特点。发文动机也具有从被动回应到主动指导的转变。从发文单位来说，这一时期的发文主力不再是国务院，而是以原国家计委为代表的中央部委，这代表着我国的 PPP 政策也在从过去中央的宏观指导向具体行业的落实应用转变。

二、行业推进阶段（2004—2007 年）

1. 政策目标

2003 年底，中共十六届三中全会通过的《关于完善社会主义市场经济体制若干问题的决定》明确要求放宽市场准入，允许非公有资本进入法律法规未禁止进入的基础设施、公用事业及其他行业和领域。该决定为我国 PPP 发展的进一步推进提供了坚实的理论基础。2004 年起中国 PPP 发展进入行业推进阶段，这一阶段我国经济高速发展，城镇化建设脚步加快，基础设施和市政公用事业建设资金缺口也进一步扩大，于是中央和各地政府又开始大力鼓励社会资本（尤其是民间资本）投资。由于 PPP 在基础设施建设领域拥有前面几个阶段的经验积累，因此开始被中央和地方政府大力推进，最具代表的就是市政公用事业的特许经营。这一时期的 PPP 政策目标主要有两个：一是鼓励市政公用事业市场化，并对市政 PPP 项目做进一步规范；二是鼓励社会资本投资，允许社会资本进入更多行业领域。

2. 主要政策内容

这一阶段，原建设部出台了多条政策，对市政 PPP 项目的开展进行规范，尤其是针对市政项目的特许经营。这些政策首次引入了竞争性招投标机制，改变了以往地方政府和投资方直接协商发起项目的简单方式。2004 年 3 月，原建设部出台《市政公用事业特许经营管理办法》，要求按照有关法律、法规规定，通过市场竞争机制选择市政公用事业投资者或者经营者，明确其在一定期限和范围内经营某项市政公用事业产品或者提供某项服务。该办法及各地出台的一系列特许经营条例是这一时期开展市政公用事业 PPP 项目的基本政策依据。

这一阶段，国务院也出台多项鼓励社会资本投资的政策。2004 年 7 月，国务院发布《关于投资体制改革的决定》，要求进一步深化投资体制改革，落实企业投资决策权，充分发挥市场配置资源的基础性作用，进一步提高政府投资决策科学化、民主化水平，增强投资宏观调控和监管的有效性。该政策放宽了民间资本投资的审批程序，并允许更多行业向民间资本开放。2004 年 9 月，国务院出台《收费公路管理条例》，规定经营性公路建设项目应当向社会公布，并采用招标投标方式选择投资者。2005年，国务院出台《关于鼓励支持和引导个体私营等非公有制经济发展的若干意见》，要求放宽非公有制经济市场准入、加大对非公有制经济的支持、加强对发展非公有制经济的指导和政策协调等。该政策首次允许民间资本进入能源、通信、铁路、航空和石油等领域，并提出要进一步建设法律框架来支持民间资本进入基础设施建设领域。

3．政策演进特点

PPP 行业推进阶段是我国 PPP 发展的一个小高潮。中共十六届三中全会《关于完善社会主义市场经济体制若干问题的决定》的出台以及我国城镇化的飞速发展导致的城市基础设施和市政公用事业建设的资金缺口迫使我国城市基础设施和市政公用事业加快走上市场化道路。这一阶段以政府特许经营为代表的 PPP 模式受到中央的高度重视，这一重视也反应在政策的出台和内容的转变上。推进阶段的中央 PPP 政策发布由过去的被动回应转变为主动推进，内容也从过去粗略地鼓励社会资本投资和对社会资本运用的框架性指导转变为在具体的交通基础设施建设领域，如收费公路的特许经营项目面向社会资本进行公开转让，以及市政公用事业领域如城市供水、垃圾污水处理、轨道交通、管道煤气等行业领域特许经营权的推广和应用，政策的发布也落实到了交通部、建设部等具体行业部门。且这一阶段中央 PPP 政策高度重视我国民间资本在基础设施和市政公用事业领域的应用，这一期间我国民间资本首次代替外资成为 PPP 项目资金主力来源。

三、短暂停滞阶段（2008—2012 年）

1．政策目标

2008—2012 年，我国 PPP 发展进入短暂停滞阶段。全球金融危机的爆发以及中国推出的"四万亿"经济刺激计划使得我国 PPP 发展生态环境受到严重破坏，许多执行中 PPP 项目被迫提前终止或者转为国有企业接手，我国 PPP 发展再一次进入向下调整的过程。在政府一系列刺激经济计划的驱动下，地方政府纷纷建立城市投资建设公司、交通投资公司、城市开发建设公司等政府投融资平台，这些政府投融资平台凭借政府的担保和银行宽松的资金信贷条件，直接以企业身份进行政府融资，大规模开展基础设施建设。由于地方政府不再需要 PPP 模式就可以轻松解决基础设施建设的资金问题以及之前阶段的 PPP 项目开始暴露许多矛盾，以社会资本为主的 PPP 生存空间受到严重挤压。然而很快政府的积极财政政策以及政府投融资平台便暴露出许多问题，为了化解这些问题，中央再一次开始重视社会资本。由此可见，这一时期出台的 PPP 政策目标还是促进和引导社会投资。

2．主要政策内容

2010 年 5 月，国务院发布《关于鼓励和引导民间投资健康发展的若干意见》（新"非公经济 36 条"），意见紧密结合当前应对国际金融危机的实际需要，在扩大市场准入、推动转型升级、参与国际竞争、创造良好环境、加强服务指导和规范管理等方面系统提出了鼓励和引导民间投资健康发展的 36 条政策措施，帮助引导民间资本进入基础产业和基础设施、市政公用事业和政策性住房建设、社会事业等领域。随后，国务院各部委又出台了一系列落实"非公经济 36 条"的细则。2012 年 5 月，国务院出台了《关于印发〈关于国有企业改制重组中积极引入民间投资的指导意见〉的通知》，要求毫不动摇地巩固和发展公有制经济、毫不动摇地鼓励支持和引导非公有制经济发展，积极推动民间投资参与国有企业改制重组。

3. 政策演进特点

短暂停滞阶段，中国 PPP 经历第二次下行调整，处于发展低迷的状态，2010 年更是跌入谷底。这一阶段 PPP 相对于地方政府投融资平台丧失了融资优势和吸引力，不再受到中央和地方政府的重视和推广。因此这一阶段 PPP 政策数量较少，也没有什么实质性的指导措施，全国实施的特许经营项目更是屈指可数。积极的财政政策以及政府投融资平台负面效应显现后，中央发布的 PPP 相关政策又开始回到鼓励和引导民间投资上来，包括国务院发布《关于鼓励和引导民间投资健康发展的若干意见》（又称"新 36 条"），然而取得的效果并不理想。总之，这一时期的 PPP 政策基本处于停滞阶段，没有什么新意，对 PPP 市场的发展也没有什么实质性的帮助。

四、全国推广阶段（2013 年至今）

1. 政策目标

国家为应对金融危机所采取的积极财政政策虽然在一定程度上帮助中国度过了金融危机难关，但也导致了地方政府债务问题的严重恶化。这一阶段，地方政府债务余额超过了 20 万亿元，并且保持着较快的增长速度。与此同时，政府偿债能力却明显不足，融资和抗风险能力减弱。同时我国经济在经历了前面几个阶段的高速增长后，也暴露出大量问题：房地产价格居高不下，土地财政难以持续；环境问题突出，治理资金不足；国有体制投资浪费严重，投资效率相对越低等。解决上述问题，单靠政府财政力量远远不够，于是国家再一次高度重视社会资本。中共十八届三中全会明确提出"允许社会资本通过特许经营等方式参与城市基础设施投资和运营"，PPP 作为社会资本参与基础设施建设运营的代表模式，也再一次重获高度重视，并得到国家的全面推广。2013 年起，中国 PPP 发展进入全国推广阶段。这一阶段国务院、中央部门、地方政府出台了大量 PPP 政策，这些政策的目的主要有三个。一是希望通过 PPP 减轻地方政府的融资负担，化解债务风险。将政府或有负债转为 PPP 项目公司的企业负债，并通过债务重组等操作将近期负债转变成企业长期负债，化解当前地方政府偿债压力。二是希望通过 PPP 创新地方政府融资渠道，从而达到维护经济稳定增长的目的。在剥离融资平台公司的政府融资职能后，PPP 就成为除城投债之外筹集当地项目建设资金的一种现实可行的选择方式。三是将 PPP 作为构建政府投资项目管理新体制的契机。通过推广运用 PPP 模式，建立一套全新的涵盖基础设施、社会事业和公共服务的政府项目融资、建设和运营管理的新机制。

2. 主要政策内容

这一阶段，中央和各地政府的 PPP 政策出台达到"井喷"状态。2014 年中央层面出台了二十多部 PPP 相关的政策文件，2015 年这一数据达到将近六十部，而在之前的三个阶段，每年出台的 PPP 政策都只是个位数而已。这一阶段除了国务院外，财政部、发改委以及其他一些部门也成为 PPP 政策的发文单位，且地方政府的 PPP 政策在中央的带动下也纷至沓来。

这一阶段比较重要的 PPP 政策主要有：

2014 年 9 月，财政部出台《关于推广运用政府和社会资本合作模式有关问题的通知》，要求地方财政部门充分认识推广运用政府和社会资本合作模式的重要意义，积极稳妥开展示范工作，通过试点项目总结经验，切实有效履行财政管理职能，加强对 PPP 项目的财政管理监督，加强财政部门组织和能力建设，推动 PPP 模式的应用。这是部委级别首次正式提出"政府和社会资本合作"的标准说法，也是首次专门就 PPP 模式发布的框架性指导意见。

2014 年 10 月，财政部发文《财政部关于印发〈地方政府存量债务纳入预算管理清理甄别办法〉的通知》，要求财政部门将存量债务纳入预算管理体系，结合清理甄别工作，认真甄别筛选融资平台公司存量项目，对适应开展政府与社会资本合作（PPP）模式的项目，要大力推广 PPP 模式。该政策明确剥离城投公司的政府融资职能，大大推动了中国 PPP 融资模式的腾飞。

2014 年 11 月，国务院发布《关于创新重点领域投融资机制鼓励社会投资的指导意见》，要求政府需在基础设施领域发挥社会资本特别是民间资本的积极作用，鼓励社会资本加强能源设施投资，建立健全政府和社会资本合作（PPP）机制，充分发挥政府投资的引导带动作用，创新融投资方式拓宽融资渠道。同月，财政部又发布了《关于印发政府和社会资本合作模式操作指南（试行）的通知》，提出按 5 个阶段分 19 个步骤的 PPP 项目操作程序并被社会广泛采用。

2014 年 12 月，发改委发布《国家发展和改革委员会关于开展政府和社会资本合作的指导意见》，要求合理确定 PPP 项目范围，建立健全 PPP 工作机制，加强 PPP 项目规范管理，积极推进 PPP 项目工作，强化 PPP 模式政策保障机制，制定《政府和社会资本合作项目通用合同指南》涵盖 PPP 项目合同基本内容。

2015 年 5 月，《国务院办公厅转发财政部、发展改革委、人民银行关于在公共服务领域推广政府和社会资本合作模式指导意见的通知》（国办发〔2015〕42 号）是中央层面专门针对 PPP 出台第一份重磅文件，是我国 PPP 加速腾飞的一个里程碑式文件，将我国 PPP 提高到一个前所未有的战略高度。文件要求各地区、各部门按照简政放权、放管结合、优化服务的要求，简化行政审批程序，推进立法工作，进一步完善制度，规范流程，加强监管，多措并举，在财税、价格、土地、金融等方面加大支持力度，保证社会资本和公众共同受益，通过资本市场和开发性、政策性金融等多元融资渠道，吸引社会资本参与公共产品和公共服务项目的投资、运营管理，提高公共产品和公共服务供给能力与效率。此后全国 PPP 项目大潮来袭，国务院、财政部、发改委及其他中央部门、地方政府又发布了大量 PPP 政策文件，对 PPP 进行进一步的规范以及在具体行业的操作指导。

2017 年，财政部联合相关部委先后出台《关于进一步规范地方政府举债融资行为的通知》（财预〔2017〕50 号）、《关于坚决制止地方以政府购买服务名义违法违规融资的通知》对地方政府举债融资和 PPP 的规范和约束更是达到了空前严格的地步。2017 年 11 月，财政部又出台了被称为 PPP 项目最严新规的《关于规范政府和社会资本合作（PPP）综合信息平台项目库管理的通知》（财办金〔2017〕92 号），旨在纠正当前 PPP 项目实施过程中出现的走偏、变异问题，进一步提高项目库入库项目质量和信息公开有效性，更好地接受社会监督。随后，国资委特别印发《关于加强中央企业 PPP 业务风险管控的通知》（国资发财管〔2017〕192 号），该通知明确提到央企要审慎开展 PPP 业务，明确自身 PPP 业务财务承受能力的上限，对 PPP 业务实行总量控制。总体而言，2017 年的一系列 PPP 相关政策预示着我国 PPP 发展在全面推广的背景下逐步走向理性。

3. 政策演进特点

全国推广阶段，我国 PPP 发展进入前所未有的战略高度，PPP 政策的出台也进入高度密集状态。这一阶段的 PPP 政策相对于前面几个阶段具有明显的数量多、行业全、操作性强的特点。数量多体现在 2013 年至今中央各部门和地方政府出台的 PPP 政策文件是前面几个阶段政策总和的好几倍，据不完全统计，2014 年中央出台 PPP 相关政策 28 部，2015 年则达到 58 部。2016 年及 2017 年也不断有新的 PPP 政策文件出台，特别是从 2017 年 5 月起，PPP 的监管政策陆续下发。这一阶段 PPP 政策的发文主力由国务院变成了财政部和发改委，同时发文单位还包括工信部、住建部、科技部、国土部、水利部、交通运输部、人民银行、农业部、环保部、文化旅游部等，几乎涵盖了大部分行业的部门。发文主力部门的转变意味着在普及阶段的 PPP 政策旨在解决我国各行各业领域内的基础设施建设融资问题，这一阶段的 PPP 政策多是针对 PPP 项目实践的具体指导和应用细则，中央和地方政府通过这些具体政策和应用细则对我国基础设施建设和各行业公共服务领域 PPP 项目的开展做了具体的从"识别—准备—采购—执行—移交"的全流程操作指导。

第 2 节　中国 PPP 发展中政策环境变化特点总结

一、融资是主要的推动力

PPP 在中国的发展虽然主要是由地方政府的融资需求以及债务化解需求所推动的，但是一个重要的特点还是为了融入资金以进行基础设施和公共服务设施的建设。无论从改革开放初期的引进外资（包括香港资金），还是鼓励民间资本进入政府投资领域，包括 2000 年前后的收费公路特许经营与公用事业市场化改革，以及推行 BOT、TOT 等。这些关系 PPP 运作的政策的出台，无疑为 PPP 的良好发展起到了积极的促进作用，在优化 PPP 政策环境的也同时，为我国 PPP 的发展清除了许多障碍。

二、政策的密度逐步加大

从 1984 年我国 PPP 发展正式进入选择试点阶段到今天的三十多年发展历程里，通过对每个阶段政策环境演进特点的分析，可以看出我国 PPP 发展的政策环境演变大致具有以下特点：从发文频率上看，我国 PPP 政策的颁布整体上具有从间断松散到低密集颁布再到高密度发布的演进特点。20 世纪 80 年代初期到 90 年代中期，PPP 政策数量少，并且发布年份也不连贯，具有间断松散的特点。20 世纪 90 年代中期到 2008 年金融危机期间的 PPP 政策，数量较之前有了明显的提升，并且发文频率加快，基本保持每年都有政策出台，政策发布进入低密集时期。金融危机之后，PPP 政策数量进一步增多，发布频率进一步加快，特别是 2014—2016 年达到"井喷"状态，年均政策出台量超过十位数，PPP 政策的出台也进入高密度发布时期。

三、从行业推动走向政府面上推动

从发文单位上看，具有由国务院主导到具体行业部门主导到发文部门多样化演进的特点。一开始的 PPP 政策发布一直由国务院主导，到了试点阶段和推进阶段，原国家计委、交通部、建设部等中央部门开始崭露头角，成为政策发文主力。尤其在 2000 年前后，以交通部主导的收费公路特许经营和建设部主导的公用事业市场化改革，使中国的 PPP 发展到了一个崭新的阶段。这个阶段大部分的 PPP 文件是规范收费公路和公用事业领域特许经营的。进入推广阶段，发文部门则更加多样化，国务院、财政部、发改委以及其他中央部门和地方政府都在自己的职责范围内出台了大量的 PPP 政策。从发文内容上看，也具有从最早鼓励外商投资政策到大力推进收费公路和公用事业市场化与民间投资再到对地方实施 PPP 进行规范和限制，以及对 PPP 模式进行鼓励，对 PPP 项目做具体的全流程操作指导和规范的演进特点。政策内容由粗到细，由框架到细节，由与 PPP 相关联到对 PPP 的直接指导。从政策运用上来看，我国 PPP 政策则经历国务院粗线条的宏观经济指导政策到具体行业部门的政策工具再到现在政府解决社会发展紧急融资和债务问题的政策工具的转变。一开始国家并未针对 PPP 出台专门政策，选择试点阶段的 PPP 相关政策只是中央为了促进国民经济发展，鼓励外商投资的宏观经济指导政策。随着我国 PPP 的进一步发展，中央开始出台针对具体行业 PPP 项目的政策指导文件，PPP 政策开始成为解决我国行业基础设施建设融资问题的政策工具。

四、PPP 政策已上升到中央政府层面

PPP 发展到今天，其在我国经济发展中的作用被进一步认识和重视，PPP 政策已成为我国创新融资机制体制，解决地方建设融资难题，化解地方政府债务危机，保持地方经济稳定和谐增长的重要政策工具。从发文动机上来看中央 PPP 政策的出台则存在着明显的从被动回应到积极推进再到全面主导的演进特点。一开始试点 PPP 并未得到中央政府的重视和推广，PPP 政策的出台只是被动地适应或回应行业或地方在建设基础设施及公共事业项目中的某些需要，包括在 PPP 项目中暴露的问题。随着 PPP 作用的进一步凸显和中央的进一步重视，PPP 政策的出台已转变为中央政府的主动推进。到今天，PPP 政策已由中央政府全面主导，数量和指导价值有了质的飞越，并且不断完善着我国 PPP 的政策环境，助力国内一轮又一轮的 PPP 热潮。

五、从规范治理逐步走向理性发展

自 2017 年 3 月 5 日，李克强总理在"两会"上提出深化政府和社会资本合作以

后，PPP 运作的规范和深化问题，已逐步受到社会各界的广泛关注和重视。一系列规范 PPP 发展的监管政策频频出台，从 2017 年上半年开始持续不断。从十九大精神到中央经济工作会议，也都能看到规范发展 PPP 的信号。特别是《基础设施和公共服务领域政府和社会资本合作条例（征求意见稿）》的公开发布，更是让人欣慰不已，体现了中央政府推动 PPP 理性发展的新思维和新要求。这既表示离我国 PPP 的统一立法更近了一步，也看到了社会各界在推进 PPP 立法和推广 PPP 模式方面需要更加地理性。可以预见，未来 PPP 政策关注点将从 PPP 项目落地率转向规范性，宁愿放慢脚步也要规范透明。中国 PPP 发展的历史阶段也将逐步从全面推广阶段走向理性发展阶段。可以预见，中国的 PPP 也只有在经历了规范和理性的发展阶段以后，才能够真正进入一个相对成熟的阶段。

第 2 章

中国 PPP 制度框架和政策体系

第 1 章按照时间顺序回顾了 PPP 在我国的发展历程和政策环境演变特点,在此基础上,第 2 章将对 PPP 的制度框架和政策体系进行梳理,从制度衔接、PPP 关系构造、监管体制、政策体制的原则和框架等方面,展示现行 PPP 制度和政策的现状。从中国 PPP 与现有制度的衔接可以看出,PPP 在适用行业、合作方式、项目要求、财政承受测算和价格机制等方面都已经做出了规定。PPP 关系构造方面,参与方认定、合同关系构建和风险分担机制设计上也初步成熟。监管体制上,PPP 监管涉及多个部门,体现出既要对私人部门全周期实施情况进行监管,还要做好政府自身监督的特点。我国 PPP 政策的制定秉持着如下的原则:依法合规、重诺履约、公开透明、公众受益、积极稳妥。这些原则能有效规避政策制定的失误,进而保证了 PPP 的良性发展。我国 PPP 政策的框架按层级可分为中央政策和地方政策,各级政府在各自职权范围内,从宏观指导、投融资、财税、土地和审批流程等方面着手推进 PPP 政策框架的完善。

第 1 节　中国 PPP 制度框架

一、中国 PPP 模式与现有制度的衔接

中国 PPP 模式的有关法律规定均出自国务院、发改委、财政部、住建部等部门,主要文件有国务院《关于鼓励支持和引导个体私营等非公有制经济发展的若干意见》、《关于开展政府和社会资本合作的指导意见》(国办发〔2015〕42 号)、《基础设施和公用事业特许经营管理办法》(发改等 6 部委〔2015〕25 号)等,逐渐形成了一套 PPP 项目立项、招投标、签约、投资、运营、收益和监管的制度。但现行 PPP 制度和规范的层级较低且未成体系,这直接导致 PPP 项目在实施过程中与现行立项制度、土地制

度、税收制度、政府采购制度、招投标制度、国有股权转让制度、财务制度、争议解决制度等多方面的规定严重冲突。因为层级问题，这些 PPP 规范性文件存在未来发生争议时被否定和推翻的风险，不利于 PPP 的长效发展，所以尽快完善 PPP 制度十分紧要。

根据已颁布的制度框架，中国 PPP 模式从以下几个方面进行了界定。

（1）适用行业方面。PPP 主要围绕增加公共产品和公共服务供给，在包括能源、交通运输、水利、环境保护、农业、林业、科技、保障性安居工程、医疗、卫生、养老、教育、文化、市政工程、政府基础设施、片区开发、旅游、社会保障等 19 个公共服务领域应用广泛。

（2）PPP 合作方式方面。对于存量项目，现行的办法政策建议运用转让—运营—移交（TOT）、改建—运营—移交（ROT）等方式，将融资平台公司存量公共服务项目转型为 PPP 项目，将政府性债务转换为非政府性债务，减轻地方政府的存量债务压力。对于新增项目，鼓励地方政府合理选择建设—运营—移交（BOT）、建设—拥有—运营（BOO）等运作方式与社会资本方进行合作，缓解地方政府财政压力。

（3）项目总体要求方面。应当符合国民经济和社会发展总体规划、主体功能区规划、区域规划、环境保护规划和安全生产规划等专项规划、土地利用规划、城乡规划、中期财政规划等，并且建设运营标准和监管目标明确。项目开展方面，假使不需要成立项目公司，PPP 项目方案应当包括：项目名称；项目实施机构；项目建设规模、投资总额、实施进度，以及提供公共产品或公共服务的标准等基本经济技术指标；投资回报、价格及其测算；可行性分析，即降低全生命周期成本和提高公共服务质量效率的分析估算等；特许经营协议框架草案及特许经营期限；特许经营者应当具备的条件及选择方式；政府承诺和保障；特许经营期限届满后资产处置方式等事项。假使需要成立项目公司，PPP 项目方案应当包括：项目名称、内容；特许经营方式、区域、范围和期限；项目公司的经营范围、注册资本、股东出资方式、出资比例、股权转让等；所提供产品或者服务的数量、质量和标准；设施权属，以及相应的维护和更新改造；监测评估；投融资期限和方式；收益取得方式，价格和收费标准的确定方法以及调整程序；履约担保；特许经营期内的风险分担；政府承诺和保障；应急预案和临时接管预案等事项。

（4）财政制度方面。开展财政承受能力论证，统筹评估和控制项目的财政支出责任，促进中长期财政可持续发展。建立完善公共服务成本财政管理和会计制度，创新资源组合开发模式，针对政府付费、使用者付费、可行性缺口补助等不同支付机制，将项目涉及的运营补贴、经营收费权和其他支付对价等，按照国家统一的会计制度进行核算，纳入年度预算、中期财政规划，在政府财务报告中进行反映和管理，并向本级人大或其常委会报告。存量公共服务项目转型为政府和社会资本合作项目过程中，应依法进行资产评估，合理确定价值，防止公共资产流失和贱卖。项目实施过程中政府依法获得的国有资本收益、约定的超额收益分成等公共收入应上缴国库。

（5）公共服务价格调整机制方面。按照补偿成本、合理收益、节约资源、优质优价、公平负担的原则制定价格。为确保定价调价的科学性，在基于项目运行情况和绩效评价结果的基础上，开展政府价格决策听证，广泛听取社会资本、公众和有关部门意见。及时披露项目运行过程中的成本变化、公共服务质量等信息。

二、中国 PPP 的关系构造

PPP 涉及的主要当事人是政府和社会资本方，县级以上人民政府有关行业主管部门或政府授权部门可以根据经济社会发展需求，以及有关法人和其他组织提出的特许经营项目建议等，提出特许经营项目实施方案。国务院发展改革、财政、国土、环保、住房城乡建设、交通运输、水利、能源、金融、安全监管等有关部门按照各自职责，负责相关领域基础设施和公用事业特许经营规章、政策制定和监督管理工作。县级以上地方人民政府发展改革、财政、国土、环保、住房城乡建设、交通运输、水利、价格、能源、金融监管等有关部门根据职责分工，负责有关特许经营项目实施和监督管理工作。县级以上地方人民政府负责建立各有关部门参加的基础设施和公用事业特许经营部门协调机制，统筹有关政策措施，并组织协调特许经营项目的实施和监督管理。社会资本方需要满足具有相应管理经验、专业能力、融资实力以及信用状况良好的条件。作为社会资本的境内外企业、社会组织和中介机构承担着公共服务涉及的设计、建设、投资、融资、运营和维护等责任。此外，政府鼓励国有控股企业、民营企业、混合所有制企业等各类型企业参与提供公共服务，并且给予中小企业更多的参与机会。

PPP 合同关系构造上，政府和社会资本方应当树立平等协商的理念，按照权责对等原则合理分配项目风险，按照激励相容原则科学设计合同条款，明确项目的产出说明和绩效要求、收益回报机制、退出安排、应急和临时接管预案等关键环节，实现责权利对等。同时，引入价格和补贴动态调整机制，充分考虑社会资本获得合理收益。如单方面构成违约的，违约方应当给予对方相应赔偿。投资、补贴与价格机制协同，保障社会资本获得合理回报。具体来讲，PPP 合同关系的构造过程包括：确定项目提出部门，设立项目目标，制订 PPP 实施方案，项目可行性第三方评估，可行性缺口补助或物有所值评估，政府部门协调审查，政府授权有关单位负责实施，实施单位挑选社会资本方，PPP 签订协议。

PPP 的风险分担机制上，由各方承担自身控制力较强的风险，使得项目总体承担风险最小化。按照风险可控、风险分配优化和风险收益对等等原则，综合考虑项目回报机制、市场风险管理能力和政府风险管理能力等要素，在政府和私人资本方之间合理分配项目风险。通常，项目设计、建设、后期维护等风险，即商业风险，应当由私人资本方承担；政策、法律和基本需求等风险，即政治风险，应当由政府承担；不可抗力等风险由政府和私人资本方合理共同承担。

三、监管体制

1. 监管主体

《基础设施和公用事业特许经营管理办法》经国务院同意，自 2015 年 6 月 1 日起实施。文件中明确规定：我国 PPP 模式政府监管主体为县级以上人民政府，有关部门应当根据各自职责，对特许经营者执行法律、行政法规、行业标准、产品或服务技术规范以及其他有关监管要求进行监督管理，并依法加强成本监督审查。总的来说，PPP 项目中地方政府监管主体包括三大类：项目实施机构，政府出资方代表，以及财政、发改、规划、国土、环保、住建、审计、监察等其他政府职能部门。项目实施机构通过地方政府授权作为核心监管主体负责项目前期评估论证、实施方案编制、合作伙伴选择、项目合同签订、项目组织实施以及合作期满移交等工作。政府方出资代表作为 PPP 项目公司参股方，通常通过提名/委派董事、监事、副总经理和财务副经理的方式，实施股东监管。其他政府职能部门 PPP 项目全生命周期实施监管中，也发挥着不可替代的作用。一方面其在各自职权范围内发挥监管作用，另一方面在 PPP 项目实施过程中配合、协助项目实施机构更好地完成监管事项。

2. 监管客体

根据《财政部关于印发〈政府和社会资本合作项目财政管理暂行办法〉的通知》（财金〔2016〕92 号）规定，财政部驻各地财政监察专员办事处应对 PPP 项目财政管理情况加强全程监督管理，重点关注 PPP 项目物有所值评价和财政承受能力论证、政府采购、预算管理、国有资产管理、债务管理、绩效评价等环节，切实防范财政风险。PPP 模式政府监管客体是多元的，既要对参与 PPP 项目建设运营的私人部门在项目全生命周期内进行监管，也要对项目公司和负责建设运营的建设施工单位和运营单位等进行监管。与此同时，还要对政府部门本身进行监管，尤其是政府财政承诺。

3. 监管内容

（1）对私人部门的全生命周期监管。① 在项目识别阶段，就 PPP 项目的物有所值评价和财政承受能力论证进行监管。② 在项目准备阶段，新建授权关系和监管方式，授权关系为是政府对项目实施机构的授权，以及政府直接或通过项目实施机构对社会资本的授权；监管方式为履约管理、行政监管和公众监督等。③ 在项目采购阶段，各级人民政府财政部门应当加强对 PPP 项目采购活动的监督检查，及时处理采购活动中的违法违规行为。提高 PPP 项目采购的透明度，争取社会公众的了解和监督，减少项目采购中的权钱交易、利益输送等行为。④ 在项目执行阶段，政府应对项目融资、定价、客户服务、操作以及市场结构等各方面进行监督管理。⑤ 在项目移交阶段，政府应对移交过程中的资产评估和性能测试工作进行监管，对于项目资产性能不达标的，应该要求私人部门进行恢复修理或者更新重置。政府还应该对资产交割程序进行监管，确保办妥法律过户和管理权移交手续。

（2）对政府部门的财政承诺监管。① 代表政府的签约方要从私人部门那里收集有关项目风险和经营的信息，以及其他影响财政承诺成本的因素。例如，不断更新的主要经济数据预测，并确保信息已传达给相应的政府部门。② 报告和披露 PPP 项目财政承诺。当财政承诺被正式确认为政府负债时，应计入政府的财务报表中。当财政承诺不被确认为政府债务时，则与公共债务信息及分析一起报告。PPP 项目的其他相关信息也在披露之列，如采购流程、合同、财政承诺等。③ 监督政府为财政承诺安排合理预算。针对支付额度时间明确的直接财政承诺，常用做法是将其纳入政府部门的年度预算，通过一个集中账户进行支付，避免支付延迟风险，并且方便监管。为长期财政承诺和或有负债安排预算比较困难，容易出现因预算不足而拖延支付的现象。作为应对，可在预算中安排或有储备专项资金，或者设立或有负债专项基金，保证此类支付。

第 2 节　中国 PPP 政策体系

一、中国 PPP 政策制定的原则

PPP 政策体系的原则有以下 5 点。

（1）依法合规。将政府和社会资本合作纳入法制化轨道，建立健全制度体系，保护参与各方的合法权益，明确全生命周期管理要求，确保项目规范实施。

（2）重诺履约。政府和社会资本法律地位平等、权利义务对等，必须树立契约理念，坚持平等协商、互利互惠、诚实守信、严格履约。

（3）公开透明。实行阳光化运作，依法充分披露政府和社会资本合作项目重要信息，保障公众知情权，对参与各方形成有效监督和约束。

（4）公众受益。加强政府监管，将政府的政策目标、社会目标和社会资本的运营效率、技术进步有机结合，促进社会资本竞争和创新，确保公共利益最大化。

（5）积极稳妥。鼓励地方各级人民政府和行业主管部门因地制宜，选择试点符合当地实际和行业特点的做法，总结提炼经验，形成适合我国国情的发展模式。坚持必要、合理、可持续的财政投入原则，有序推进项目实施，控制项目的政府支付责任，防止政府支付责任过重加剧财政收支矛盾，带来支出压力。

二、中国 PPP 政策体系的基本框架

1. 中央政策体系框架

（1）政策指导类。国务院、相关部委及行业主管部门都积极出台了政策推进 PPP。比如：《国务院办公厅转发财政部、发展改革委、人民银行关于在公共服务领域推广政府和社会资本合作模式指导意见的通知》，发改委《国家发展改革委关于开展政府和社会资本合作的指导意见》，财政部出台《关于推广运用政府和社会资本合作模式有关问题的通知》，等等。

（2）行业指导类。为了更好地推进 PPP 在各行各业的应用，政府对于各个主要的行业都有关于 PPP 应用方面的政策。例如，在农业方面出台了《关于推进农业领域政府和社会资本合作的指导意见》，提出了农业领域 PPP 的重点领域与路径。在重点领域方面，重点支持社会资本开展高标准农田、种子工程、现代渔港、农产品质量安全检测及追溯体系、动植物保护等农业基础设施建设和公共服务；引导社会资本参与农业废弃物资源化利用、农业面源污染治理、规模化大型沼气、农业资源环境保护与可持续发展等项目；鼓励社会资本参与现代农业示范区、农业物联网与信息化、农产品批发市场、旅游休闲农业发展。在林业方面出台《关于运用政府和社会资本合作模式推进林业建设的指导意见》同时规定了运用 PPP 模式推进林业建设的三大原则、5 个重点实施领域和 5 个完善扶持政策意见。

（3）PPP 工作机制健全类。首先，政府相关部门积极推动 PPP。国家发改委、财政部等相关部门根据各自的职能，推进 PPP 项目实施。其次，建立 PPP 工作领导小组。2014 年，财政部成立了政府与社会资本合作工作领导小组，财政部副部长担任领

导小组组长，金融司、经建司、条法司、预算司、国际司、中国清洁发展机制基金管理中心相关负责人为领导小组成员，办公室设在金融司。最后，成立政府与社会资本合作中心。2014 年底，财政部政府和社会资本合作（PPP）中心正式获批，主要承担PPP 工作的政策研究、咨询培训、信息统计和国际交流等职责。

（4）PPP 发展资金支持类。财政部《关于在公共服务领域推广政府和社会资本合作模式的指导意见》提出，引导设立中国 PPP 融资支持基金。研究出台"以奖代补"措施，引导和鼓励地方融资平台存量项目转型为 PPP 项目。财政部已联合中国建设银行股份有限公司、中国邮政储蓄银行股份有限公司、中国农业银行股份有限公司、中国银行股份有限公司、中国光大集团股份公司、交通银行股份有限公司、中国工商银行股份有限公司、中国中信集团有限公司、全国社会保障基金理事会、中国人寿保险（集团）公司 10 家机构，共同发起设立中国政府和社会资本合作（PPP）融资支持基金。基金总规模 1800 亿元，将作为社会资本方重点支持公共服务领域 PPP 项目发展，提高项目融资的可获得性。与此同时，整合财政资金，对运用 PPP 项目予以财政支持。比如，《城市管网专项资金管理暂行办法》（财建〔2015〕201 号）提出，对按规定采用政府和社会资本合作模式的项目予以倾斜支持。

（5）积极推进示范项目类。截至 2017 年底，财政部已推出 3 批 PPP 示范项目。2014 年 11 月，财政部公布了首批 30 个政府和社会资本合作示范项目，涉及供水、垃圾处理、交通等多个领域。2015 年 9 月，财政部推出第二批 206 个 PPP 示范项目，河南、内蒙古、云南上报的项目量位居前列，但多数省市的动作不大。2016 年 10 月，财政部公布了第三批 PPP 示范项目，共 516 个。第三批 PPP 示范项目的一个特点是，地方对 PPP 的积极性很高，文件准备更加专业，财政部甚至对地方申报项目的数量进行了限制。另一个特点是 20 个部委的首次参与，在后期评审中各部委都派了专家和观察员，将行业的要求直接反映到了评审之中。发改委也选取部分推广效果显著的省区市和重点项目，总结典型案例，建立案例库，组织交流推广。2015 年 5 月，发改委以各地已公布的项目为基础，经认真审核后建立了 PPP 项目库，集中向社会公开推介，发布的 PPP 项目共计 1043 个，总投资 1.97 万亿元。

2. 地方政策体系框架

（1）简政放权，营造良好政务环境。为落实中央政府简政放权、审批制度改革政策，各地纷纷出台了《政府核准的投资项目目录》，简化并下放行政审批事项和权力，几乎各地都对简化 PPP 项目审批程序做出相关规定，依情况出台了差异化的优化审批程序。

（2）财税支持政策。为鼓励社会资本参与提供公共服务，全国多数地方政府制定了相应的财税支持政策，如：在财政政策支持方面，一些地方规定了社会资本平等获得财政支持的权利，给社会资本创造与其他资本主体公平的竞争环境；一些地方还规定了相关 PPP 项目奖励条款等。

（3）融资、土地等配套政策。许多地方通过设立财政专项资金实现对本区域内 PPP 项目的融资支持，有些还设立了 PPP 发展基金。为鼓励和支持社会资本参与公益性项目建设，地方出台了土地配套支持条款，优先安排基础设施建设用地，还根据《全国工业用地出让最低价标准》实施相应优惠政策。

第 3 章

中国 PPP 发展中的政策冲突和存在问题

从我国现行 PPP 模式的推进过程来看，确实存在着多头管理和政出多门的现象，同时还存在中央政策体系和地方政策体系不完全一致的两套政策体系现象。

以上判断从 2016 年 7 月 7 日的国务院常务会议披露的信息就可以得到证实，在谈到推广 PPP 模式时提出，国务院常务会议厘清了有关部门的职责，即由国家发改委牵头负责传统基础设施领域 PPP 项目推进，财政部要发挥好在公共服务领域推进 PPP 工作的牵头作用，至此两家 PPP 主要推进部门的分工由国务院进行了划分。

但是业内人士普遍认为，上述分工明显有违 PPP 基本定义，是不利于实务操作的一种安排。这种多头管理虽然可以让更多的部门参与到 PPP 政策的制定，以便能系统全面地把握 PPP 政策的制定，让 PPP 政策能够更好地推动 PPP 在中国的发展。但各管理部门之间缺乏有效的沟通、PPP 界定的不合理、地方政策不能配合中央政策等情况的出现，也是 PPP 政策冲突和存在问题的根源。

如何才能最大限度地避免政府职能交叉、政出多门、多头管理呢？问题就是在政府的工作安排中，将那些职能相近、业务范围雷同的事项由一个部门统一进行管理，可以最大限度地避免了政府职能交叉、政出多门、多头管理，从而达到提高行政效率，降低行政成本的目的。

第 1 节　中国 PPP 政策冲突的基本表现

一、中国 PPP 政策冲突的范围

PPP 政策含有两个层面的理解，既包括财政部、发改委和国家其他政府行政机关所制定的行为规则也包括相关的行为准则，如法律、条例、指南、决议、公告、办法、

规划、流程等。因此，本报告所研究的 PPP 政策冲突是指国家政府部门所制定和实施的 PPP 政策之间的冲突。PPP 政策冲突是指在政策网络和政策体系之中由国家部委和地方各级政府部门间所制定的 PPP 政策之间的相互矛盾、相互对立、相互抵触的一种本质属性的态势和现象。换一种更为通俗的说法就是"同一管理或同一规定的文件内容在打架"。对此，本报告认为只要 PPP 政策之间存在矛盾、对立、对抗、抵触等表征化的现象都属于 PPP 政策冲突的范畴，而不仅仅是 PPP 政策之间处于严重的对抗状态才是 PPP 政策冲突。换言之，PPP 政策冲突涵盖了从政策不协调到政策之间的完全对立这些不同程度的表征化的矛盾现象。并且，PPP 政策之间非表面化的，属于不同种类政策之间的潜伏状态的矛盾也属于本报告的研究范围。

二、PPP 政策制定的部门冲突

2013 年 7 月，国务院总理李克强提出，利用特许经营、投资补助、政府购买服务等方式吸引民间资本参与经营性项目建设与运营。2013 年 11 月，十八届三中全会进一步明确，允许社会资本通过特许经营等方式参与城市基础设施投资和运营，标志着中国 PPP 模式正式开启，此后国务院同意推行 PPP 模式。2014 年 5 月，财政部成立 PPP 工作领导小组，发布了不少关于 PPP 的相关政策文件和 PPP 示范项目。但是发改委作为综合研究制定国家经济和社会发展政策的职能部门，需要对政府发起的项目投资管理负责，因此也下发了一些关于 PPP 方面的政策文件。自此，在中国 PPP 市场上出现了两个部委、两套政策并行的状况。发改委和财政部在 PPP 的立法、指导意见、操作指南、项目推介等方面，因为各有重点，因此出现一些分歧甚至冲突也是在所难免。例如，2014 年 12 月 4 日，财政部发布了《关于政府和社会资本合作示范项目实施有关问题的通知》和《政府和社会资本合作模式操作指南（试行）》。《关于政府和社会资本合作示范项目实施有关问题的通知》公布了财政部第一批 30 个 PPP 示范项目，《政府和社会资本合作模式操作指南（试行）》从项目识别、准备、采购、执行、移交等方面规范了操作流程。在同一天，发改委也出台了《关于开展政府和社会资本合作的指导意见》以及《政府和社会资本合作项目通用合同指南（2014 版）》，要求地方发改委 2015 年 1 月按月报送 PPP 项目，建立发改委的 PPP 项目库。2015 年 1 月 20 日，发改委公布《基础设施和公用事业特许经营管理办法》，同一天，财政部也公布了《关于规范政府和社会资本合作合同管理工作的通知》，并发布《PPP 项目合同指南》。由于在 PPP 管理上两个部位职能界定不清，也出现了一些政策重叠甚至冲突现象，造成地方政府无所适从。

2016 年 1 月 20 日，发改委与联合国欧洲经济委员会正式签署合作谅解备忘录，双方将在合作推广政府和社会资本合作（PPP）模式方面加强交流合作。这是中国政府机构与联合国有关机构首次签署 PPP 领域合作协议，标志着中国推广 PPP 模式进入了国际合作新阶段。此后，发改委将与联合国欧洲经济委员会在 PPP 理论研究、经验交流、业务培训、实际操作等方面开展全方位合作，包括支持设立 PPP 中国中心。在国家发改委支持下，清华大学、香港城市大学和欧洲经委会签署 UNECE PPP 中国中心的共建合作协议，三方将利用 PPP 中国中心这一综合性、全球化的合作平台，携手推动 PPP 的多维度研究，同时促进 PPP 模式在中国的应用。这几则消息也引发了一些业内人士的担忧，因为早在 2014 年 12 月，财政部也成立了政府和社会资本合作（PPP）中心，该中心主要承担 PPP 工作的政策研究、咨询培训、信息统计和国际交流等职责。

三、已出台 PPP 政策的内容冲突

2015 年是各级政府和社会资本合作的元年，这一年，PPP 政策密集出台；2016 年迎来 PPP 政策发布大潮。目前，国家部委出台的政策主要是对 PPP 模式的使用项目范围、操作过程、操作模式选择、投融资方式、利益分配和风险分担机制等方面的内容进行相关规定。

1. 使用范围

关于 PPP 模式使用范围的政策包括：2014 年 9 月，财政部发布的《推广运用政府和社会资本合作模式有关问题》；2014 年 11 月，财政部发布的《关于印发政府和社会资本合作模式操作指南（试行）的通知》；2014 年 11 月，国务院发布的《关于创新重点领域投融资机制鼓励社会投资的指导意见》；2014 年 12 月，发改委发布的《关于开展政府和社会资本合作的指导意见》；2015 年 5 月，财政部、发展改革委和人民银行共同发布的《关于在公共服务领域推广政府和社会资本合作模式的指导意见》。综合来看，各部委的相关政策主要集中在市政工程、公共服务、水利、环保等领域，但是部委政策界定的 PPP 模式具体使用范围还是所差异，对于地方政府在执行过程中参照的标准不一，这也是 PPP 政策在使用范围内的冲突表现。

2. 操作过程

关于 PPP 模式操作过程的政策有：2014 年 11 月，财政部发布的《关于政府和社会资本合作模式操作指南（试行）》；2014 年 12 月，发改委发布的《关于开展政府和社会资本合作的指导意见》；2015 年 2 月，财政部发布的《关于市政公用领域开展政

府和社会资本合作项目推介工作的通知》；2015 年 5 月，财政部、发展改革委、人民银行《关于在公共服务领域推广政府和社会资本合作模式的指导意见》。这几个政策对于 PPP 的项目识别、项目准备、项目采购的几个阶段以及项目的物有所值评价、财政承受能力验证等操作过程进行了规范，但是在《关于政府和社会资本合作模式操作指南（试行）》和《关于在公共服务领域推广政府和社会资本合作模式的指导意见》这两个政策中，就规范项目识别、准备、采购、执行、移交各环节操作流程等，都明确了操作要求，并指导社会资本参与实施，但是政策内容存在明显的重叠以及规定标准不一样的地方，导致在实施过程出现问题，这也 PPP 政策在操作过程中存在的政策冲突。

3. 风险分担机制

《关于开展政府和社会资本合作的指导意见》和《关于政府和社会资本合作模式操作指南（试行）》均规定，对于项目的建设、运营风险由社会资本承担，法律、政策调整风险由政府承担，自然灾害等不可抗力风险由双方共同承担。但是对于项目的设计等内容，《关于政府和社会资本合作模式操作指南（试行）》政策上有具体规定，但是在《关于开展政府和社会资本合作的指导意见》中却没有。对于 PPP 推进时，是否要承担这一风险，明显存在政策方面的冲突。

第 2 节　中国 PPP 政策冲突的原因

一、缺乏明确的 PPP 牵头部门

目前出台 PPP 政策的领导机关有国务院、发改委、财政部和地方各级政府等。由于他们自身的职能不同，所以对于 PPP 政策出台的角度不相同。中华人民共和国国务院，即中央人民政府，是最高国家权力机关的执行机关，也是最高国家行政机关，所以在 2014 年 PPP 兴起时，于 2014 年 11 月出台《关于创新重点领域投融资机制鼓励社会投资的指导意见》。发改委的主要职能是：实施国民经济和社会发展战略、中长期规划和年度计划；提出国民经济发展和优化重大经济结构的目标和政策；提出运用各种经济手段和政策的建议；受国务院委托向全国人大作国民经济和社会发展计划的报告。所以 PPP 作为重要的融资手段，发改委是非常有必要进行相关政策的制定与协调的。财政部是中华人民共和国国务院的组成部门，是国家主管财政收支、财税政策、国有资本金基础工作的宏观调控部门，主要职责是：拟定和执行财政、税收的发展战略、方针政策、中长期规划、改革方案及其他有关政策；参与制定各项宏观经济政策；

提出运用财税政策实施宏观调控和综合平衡社会财力的建议；拟定和执行中央与地方、国家与企业的分配政策。因此制定与 PPP 相关的政策也理所应当。由于当前国家还没有具体明确规定 PPP 的牵头部门，所以彼此之间为了分管的 PPP 工作顺利推进，出台相似和冲突的政策也就在情理之中了。

二、PPP 中国化进程时间短

中国在 20 世纪 80 年代已经开始进行以外资为主的 BOT 项目，但是我国的 PPP 项目一直处于不温不火的状态。而 2010 年，国务院发布了《关于鼓励和引导民间投资健康发展的若干意见》（新"非公经济 36 条"），随后国务院各部委也出台了一系列落实新"非公经济 36 条"的细则，鼓励民营企业健康发展，共享"四万亿"计划的大蛋糕，我国的 PPP 项目也没有大力兴起。2014 年以后，中国 PPP 正式进入全国推广阶段。党的十八届三中全会推出"允许社会资本通过特许经营等方式参与城市基础设施投资和运营"方针政策，拉开了 PPP 全面发展的序幕。2014 年 5 月，财政部成立政府和社会资本合作（PPP）工作小组，2015 年 6 月出台《基础设施和公用事业特许经营管理办法》。这期间，全国各地 PPP 项目申报发改委和财政部的 PPP 项目库的热情也是前所未有的，PPP 在中国的进程显著加快。短短几年的发展，虽然有关 PPP 的政策还在不断地出台，但是明显能够看出，政府部门对于 PPP 相关政策的完善还在不断地摸索之中。

三、PPP 模式缺乏应用于新兴领域的经验

虽然我国 PPP 模式已在包括能源、交通运输、水利、环境保护、农业、林业、科技、保障性安居工程、医疗、卫生、养老、教育、文化、市政工程、政府基础设施、片区开发、旅游、社会保障等 19 个公共服务领域推广，然而许多新兴领域还缺乏 PPP 模式应用经验，近年来兴起的特色小镇就是典型的代表。住建部《关于推进政策性金融支持小城镇建设的通知》（建村〔2016〕220 号）在第 4 条"加强项目管理"中提到："中国农业发展银行各分行要积极配合各级住房城乡建设部门工作，普及政策性贷款知识，加大宣传力度。各分行要积极运用政府购买服务和采购、政府和社会资本合作（PPP）等融资模式，为小城镇建设提供综合性金融服务，并联合其他银行、保险公司等金融机构以银团贷款、委托贷款等方式，努力拓宽小城镇建设的融资渠道。"建议特色小镇的建设可以应用 PPP 模式进行。发改委《关于开发性金融支持特色小（城）镇建设促进脱贫攻坚的意见》（发改规划〔2017〕102 号）在第 2 条"主要任务"里，第 5 点"加大金融支持力度"中指出："开发银行加大对特许经营、政府购买服务等

模式的信贷支持力度,特别是通过探索多种类型的 PPP 模式,引入大型企业参与投资,引导社会资本广泛参与。发挥开发银行'投资、贷款、债券、租赁、证券、基金'综合服务功能和作用,在设立基金、发行债券、资产证券化等方面提供财务顾问服务。发挥资本市场在脱贫攻坚中的积极作用,盘活贫困地区特色资产资源,为特色小(城)镇建设提供多元化金融支持。各级发展改革部门和开发银行各分行要共同推动地方政府完善担保体系,建立风险补偿机制,改善当地金融生态环境。"也明确要求特色小镇建设可以应用 PPP 模式。特色小镇本身便是一个新兴概念,各地政府对于如何申报、包装、建设特色小镇还在不断的实践中,所以政府部门出台政策利用 PPP 模式建设特色小镇,难免引起政策不衔接或冲突。

四、行政化的管理体制

中国推进 PPP 模式最本质的意义在于两点:① 利用社会资本参与基础设施和公共服务领域的建设;② 引进民营资本先进的管理理念和技术,增加公共产品和公共服务的供给水平。但是对 PPP 的管理,往往是自上而下的一种形式,整个体制和运作方面与行政管理在体制和运作方面基本是一个流程。例如,发改委和财政部就是整个权力体系中的两个行政单位,同时两者在各自内部也是按照行政化结构来搭建的,在两者内部形成了明显的科层化等级结构。两者结构的行政化,必然导致在推广 PPP 时行政化色彩明显,同时 PPP 业务也具有了行政化特色。最突出的表现是政策出台是一种自上而下的行为,并具有突然性和不确定性。

目前我国 PPP 模式大多在利用社会资本建设基础设施和公共服务设施。而民营资本的管理理念和技术,有时受限于行政化管理体制约束,PPP 本质的意义只能实现其中一点。因此,政府在出台政策时,大多是以行政化的政令来实行。而 PPP 模式的初衷在于利用民营资本的活力,但是过于行政化的管理和体制,导致部门与部门之间缺乏一定的沟通和交流,在本质上会造成部门之间的政策冲突。

第 3 节　中国 PPP 政策目前存在的问题

一、政策出台的频率过高

国务院在大力倡导推行 PPP 模式后的 2014 年,财政部就成立了 PPP 工作领导小组,并出台了不少关于 PPP 的政策性文件,还公布了两批 PPP 示范项目。而发改委作为综合研究制定经济和社会发展政策的职能部门,政府发起的投资主要由其负责,所以发改委也先后下发了多个关于 PPP 的政策文件。由于发改委和财政部两部门在 PPP 的立法、指导意见、项目、推介等方面各有重点，虽然可以看出中央政府各部门对于 PPP 的重视，但是如此频繁地出台政策性文件近百个，确实给地方政府学习和贯彻带来了一定的困难。

二、政策出台部门的权责不明

发改委、财政部、住建部、银监会等都曾出台过关于 PPP 的政策性文件，但由于对 PPP 的主管部门，国务院并没有明确界定。显然任何一个部门组织和推动的权威性都是不够的。在实际操作中，地方政府也反映一个管项目一个管资金哪个都绕不开，所以两者出台的政策，在相似的地方，也会存在巨大的差异。

正如本书所说，不同的政府部门出台 PPP 政策时，都会从自己的角度来看待问题。如发改委和财政部两部门在 PPP 的立法、指导意见、项目、推介等方面，就是各有重点。比如，2014 年 12 月 4 日，财政部发布了《关于政府和社会资本合作示范项目实施有关问题的通知》和《政府和社会资本合作模式操作指南（试行）》，公布了财政部第一批 30 个 PPP 示范项目，并从项目识别、准备、采购、执行、移交等方面规范了操作流程。同样，发改委也颁布了《关于开展政府和社会资本合作的指导意见》，从项目适用范围、部门联审机制、合作伙伴选择、规范价格管理、开展绩效评价、做好示范推进等方面，对开展 PPP 提出具体要求。因此，如果两部委之间职能界限划分得不清晰，就难免会出现部门职责重复、立法资源浪费甚至冲突的情形。

三、配套政策不够细化

PPP 作为财政支出方式创新的重要形式，能够克服传统财政投入的缺点，利用政府和社会合作的机制去实现公共目标，未来这种形式可能还要继续深化。政府如何采取各种措施推动 PPP 的健康平稳发展会是未来的重要内容。从"补项目"到"补运营"的转变，是一系列政策保障措施之一，社会资本关注的是从 PPP 项目中获得持续、稳定的收益，以及在 PPP 运营中顺利退出。政府要采取措施消除社会资本的顾虑，保障合理的成本补偿。政策层面还是要尽可能按照收益分享、风险共担相匹配的原则推动 PPP 的实施，对于收益的不确定性和风险的不确定性等一系列问题，要进一步细化，要有可操作的细则。但是在已经出台的 PPP 政策性文件中，对于 PPP 的具体操作指南文件太少，现行的操作性文件还是早前出台的，与现行的 PPP 模式多少会不太相符，所以必须进一步对 PPP 操作规则进行细化。

PPP 项目的顺利实施，与配套政策是否健全密切相关，虽然 PPP 政策出台不少，但是大多局限于 PPP 模式在不同领域的应用，与现行投融资、税收、财政补贴机制及 PPP 运作没有形成配套合力。同时地方政府在理解和认识上存在偏差而缩手缩脚，社会资本方因此也疑虑重重、参与度不高，PPP 合作谈得多而结果少，很多项目只停留在申报、谈判、招投标等决策层面上，真正能够落地的项目（指已经融资到位）偏少。当务之急是要加快制度建设，进一步细化部门职责，完善财税、金融、土地、融资等一系列的政策体系，为地方政府指明方向，为社会资本方谋取合理收益。

四、PPP 政策不够连续

从整个 PPP 的政策体系来看，政策的连续性是比较严重的问题。用公共选择理论将"经济人"的假设运用到政府出台政策的领域上来，认为个人在政策出台领域都是"经济人"追求自身利益最大化的原则。在我国现有的行政管理体制下，政府官员交流、调任等制度频繁开展，并且我国政府官员的执行能力也在不断提升。但是作为"经济人"属性的官员在较短的任期内，倾向于追求自身利益最大化的原则。这就会产生在追求自身利益最大化的情况下，会忽略一些 PPP 政策连续性管理的情况。在这样的情况下，中央和地方政府如何让 PPP 政策具备连续性的问题日益突出起来。

现行的官员政绩考察制度和外部约束条件没有完善的情况下，无论是中央还是地方政府在制定 PPP 政策时，往往会缺少连续性。在 PPP 政策还未优化的情况下，我国的离任审计制度和轮岗制度，以及地方政府对于 PPP 政策的响应性，都存在很大的问题。地方政府对短期政绩的片面追求，如为了加快推动地方经济发展，需要增加该地方的道路和桥梁时，而地方政府受困于财政压力，往往会采取 PPP 模式，为了吸引社会资本方，往往会信誓旦旦的许诺优惠政策。一旦 PPP 项目的投资不到位，地方政府不仅会将原有的优惠政策打折甚至取消，而投资者也会成为某些管理部门的谋取利益对象。为了追求本届政府和领导个人的政绩，一些地方政府往往会乱上 PPP 项目，乱铺摊子，毫不顾忌下届政府的偿还能力，形成一届政府一套 PPP 政策，一任领导一种 PPP 运作思路，相互之间各行其是。而由于 PPP 投资大、周期长、操作复杂等原因，政策的连续性非常重要。

第 4 章

中国 PPP 政策环境构建的三项建议

中国 PPP 进入推广阶段以后，对于政策的制定，由于不同部委之间职能界限划分不太清晰，从而出现部门政策重复出台、行政资源浪费甚至工作上出现冲突的情形。

因此本书认为，完善和规范 PPP 的政策环境，已经显得非常迫切。以下三节内容为具体建议。

第 1 节　完善 PPP 政策制定的体制机制

一、政策制定应注重解决 PPP 模式目标及功能定位问题

PPP 模式的健康发展，首要任务是解决目标及功能定位的问题，这种定位不仅体现在文字表述上，更要体现在具体政策措施的目标导向上。比如，政府文件虽然提出推广应用 PPP 模式的目的是要提高公共服务供给的质量和效率，但具体政策措施却体现为如何通过引入 PPP 模式来绕开公开招标，成为事实上的争夺 PPP 项目工程施工等具体业务方面，这种文字表述就变得毫无意义[①]。

因此完善 PPP 政策制定的体制机制，首要任务即为将政策制定的重点转向解决我国 PPP 发展的目标及功能定位问题。具体而言，PPP 政策的制定应着重关注以下三个方面。

---

① 李开孟：《我国促进 PPP 模式健康发展的十大举措》。访问网址：https://mp.weixin.qq.com/s?__biz=MzI1MDA2ODgxMw==&mid=2655593589&idx=1&sn=c501816b6608633b6a2a9eaf2770808d&chksm=f23a6e57c54de7415a76aa560d5cf1cf9af41d882f407d8cafd97b51164842b52c69ac4f8364&mpshare=1&scene=1&srcid=0326L1hPxqONWphWzDdY5dIi#rd。访问日期：2018 年 3 月 26 日。

（1）聚焦公共治理体系。进一步通过重新构建法规政策体系、强化 PPP 项目前期论证等手段明确 PPP 作为公共治理体系深化改革的重要工具，其目的是提高公共服务供给的效率和质量。

（2）瞄准四大重要任务。PPP 政策的制定应体现推进结构性改革、激发民间投资活力、创新投融资体制机制、理顺政府与市场关系这四大重点任务。

（3）完善顶层制度设计。PPP 政策的制定应进一步完善顶层制度设计，切实解决当前制约我国 PPP 模式健康发展的体制机制障碍，通过制定系统完整的 PPP 项目监管制度体系以避免制度空白和部门冲突。

二、解决政出多门、多头管理的体制性问题

要彻底解决 PPP 政出多门、多头管理的问题，实行对 PPP 政策的统一制定和协调管理工作，首要的问题就是按照统一组织和协调推进的思路，调整不同政府部门的职责分工。这不仅可以大大减少政府部门之间职能交叉、重叠，政出多门，沟通难、协调难等方面的问题，同时通过相关工作的整合和调整，能进一步理顺部门之间的职能，减少政策制定的数量，减少过多的部门间协调和沟通的环节，同时对提高各级政府的行政效率，降低行政成本也具有重要意义。

从当前的现状来看，由于发改委和财政部在 PPP 推进中的分工尚不明确，因此也导致了不少地方的政府部门在推进 PPP 工作时，出现了一定的难度。因此，这需要中央政府尽快明确部门分工，谁负责推进，谁制定政策。当然这种调整无疑会对当前政府部门间的管理和运行产生一些影响，特别是目前，有的地区是由发改委部门牵头推进 PPP 工作，也有的地区是由财政部门牵头推进 PPP 工作的情况下，如何形成部门合力，务实有效地推进中国 PPP，这是从根本上解决政出多门、多头管理的方法。建议成立由发改、财政、金融及相关部门共同参与的 PPP 深化改革跨部门协调小组，研究推进本级 PPP 制度完善和协调推进问题，厘清各部门的相关职责，强化行业主管部门与地方政府的责任，形成完善 PPP 政策环境的工作体制机制。

三、健全 PPP 政策制定与执行监督机制

按照"决策、执行、监督"相互协调、相互监督制约的改革思路，重构中国 PPP 政策的制定、执行和监督机制，为全面推广和实施 PPP，提供政策依据和组织保障。

健全 PPP 政策制定与执行监督的机制，就需要对政府部门和相关机构的功能和作用进行分解。有些部门和机构专门行使决策权，有些部门和机构专门行使执行权，有些部门和机构专门行使监督权。这实际类似国外政府机构实行决策权和执行权的相分

离，执行机构内部也可以引入市场机制，实行弹性管理。比如《政府采购法》颁布实施后，在中央政府层面，财政部就是政府负责采购政策制定的机构，但不是具体执行机构。政府采购的执行权交给了设在国务院办公厅下、由国务院机关事务管理局代管的国务院政府采购中心。这样就把决策权和执行权分开了。当然，对这类部门和机构的约束监督，更值得我们关注的还是如何从外部对其进行监督。实践证明，对公权力的制约，最有效的还是外部的监督，特别是人大、司法、公众、媒体等方面的作用，这样才会形成外部监督力量。

四、建立有效的 PPP 协调推进机构

PPP 全生命周期涉及 10 年以上，其资质审批、合同管理、投融资环境、价格制定、绩效监管等多领域，关系到多个政府部门。目前，发改委、财政部不仅都推出了各自的 PPP 项目库以及相关政策，同时上级频繁地发文给地方政府、社会资本以及相关主体带来了较高的适应成本和操作困惑。加上 PPP 适用领域广泛，涉及行业较多，无论从规划、建设和运营监管的角度，行业主管部门的介入已显得迫切和重要。因此，明确牵头部门、参与部门和行业主管部门等不同部门在 PPP 发展过程中的相应职权，建立一个高效的 PPP 协调推进机构也应该提到议事日程。

成立 PPP 协调推进机构，就是要通过跨部门的组织建立，在一个更高的层面上，成立一个日常议事机构，重点选择那些职能交叉突出、涉及面广泛、外部呼声比较大的工作，集中研究和协调，在统一思路和政策的基础上逐步推开。

此外建议在成立议事机构的同时，建立一个高层次的专家委员会，借助社会各界专家的力量，加上民众的讨论，使 PPP 的政策经过充分而系统的论证后再颁布实施。这样可以最大限度减少部门间或领导者个人喜好的因素，对 PPP 的政策产生影响。同时也能够坚持科学性，立足长远，用智慧和制度来规范中国 PPP 的发展。通过一个有效沟通和循序渐进的过程，把政府部门的职能划分和工作定位进行有机的结合。

五、发挥行业主管部门对 PPP 的支撑作用

以往，我国基础设施和公共服务的投资、建设、运营和监管，统一由政府负责。这种政府监管体制实际采用的是多部门分业、分散监管模式，即政府行业主管部门负责制定并执行相应行业的公共政策、发展规划、技术标准，并负责投资、建设、运营和监督管理。过去行业主管部门集投资、建设、运营和监管于一身，既是公共服务的政策制定者，又是政策执行者和行业监管者，角色混同、权力分散，在客观上制约了基础设施和公共服务的一体化综合管理，公共服务效能也不高。

在 2013 年全国大面积推广 PPP 模式以后，作为行业主管部门来说，其参与 PPP 的程度与发改和财政部门相比并不算高。因此，为了避免政府在 PPP 项目规划、决策、实施与监管功能的错位，必须尽快以法律形式明确行业主管部门在 PPP 项目规划、项目决策与 PPP 项目谈判、项目运营监管等方面的主体责任。同时，以法律手段建立一个有别于政府 PPP 决策、实施部门且独立地执行监管政策的监管机构，也是非常重要的。这样的监管机构应该是依据法律授权独立设立的专业性的公共机构，人员构成一般以技术、法律、财务、审计等方面专业人员为主，人员任用选拔不受利益集团的影响并保持队伍的相对稳定；监管机构财权与事权必须双重独立并依法行使，非依法定程序不受任何组织的非法干预。实现政府决策和监管的责权分离，必须依法保障监管机构实体化和监管处置权程序化，让监管机构独立享有 PPP 项目监管权并依法承担监管责任。

遗憾的是到目前为止，各级政府仅仅对 PPP 项目的融资和建设关注比较多，而对 PPP 项目实施与监管分离的价值并没有清醒的认识。包括《基础设施和公用事业特许经营管理办法》相关规定，仍然没有改变政府决策制定、项目实施与市场监管主体与职能"一统"的运行体制。其第 7、第 8 条分别规定："国务院发展改革、财政、国土、环保、住房城乡建设、交通运输、水利、能源、金融、安全监管等有关部门按照各自职责，负责相关领域基础设施和公用事业特许经营规章、政策制定和监督管理工作。""县级以上地方人民政府发展改革、财政、国土、环保、住房城乡建设、交通运输、水利、价格、能源、金融监管等有关部门根据职责分工，负责有关特许经营项目实施和监督管理工作。""县级以上地方人民政府应当建立各有关部门参加的基础设施和公用事业特许经营部门协调机制，负责统筹有关政策措施，并组织协调特许经营项目实施和监督管理工作。"由此可以看出，我国在推进 PPP 模式发展的过程中，还有大量的工作需要完成。首先包括将行业主管部门的作用发挥好，使得行业主管部门参与到 PPP 项目的政策制定、决策支持与监管中来。其次需要以发展的观点，快速建立起 PPP 的运营监管体系，包括建立一个独立的专业性的运营监管机构。

第 2 节　完善 PPP 政策的"三性"特征建设

一、政策的前瞻性

PPP 政策的前瞻性，是指政府决策部门预先对影响 PPP 发展的因素进行识别、分类，做好风险规避或方向引导，提前制定好相应的政策。影响 PPP 发展的因素包括：

重诺履约的环境、更加开放的市场、政府在 PPP 领域的专业能力、成熟的项目机制、多元的市场融资手段、有效的监管体制、其他配套支持性政策等。具体表现在以下几个方面。

（1）为营造重诺履约的环境，政府必须树立起契约理念，维护自身的公信力，合作时双方的责任与回报对等，同时应致力构建起政府与社会资本的长效信任机制。

（2）为进一步开放市场，政府应当有序放开电力、电信、石油、铁路、供水、供热、供气等公用行业和垄断行业的竞争性环节，让民营资本能够参与经营。

（3）为提高政府 PPP 领域的专业能力，既可以展开工程技术、金融财务、合约管理和法律法规等多领域的内部培训，也可通过聘请专业咨询机构辅助决策，同时建立起咨询机构的竞聘机制。

（4）成熟的项目机制是 PPP 成功落地的核心，政府需要完善 PPP 实际操作指引和项目管理办法，为 PPP 的开展提供规范的参照和指导。

（5）PPP 项目通常需要较大的资本，制定政策时需要动员财政部门、银行、基金公司、保险公司和证券公司等主体，利用以奖代补、政府引导基金、政策贷款、ABS、保险投资等工具为 PPP 的融资提供便利。

（6）PPP 的监管政策需要体现统一管理和失策的思路，避免多头管理和协调。

（7）其他政策包括税收政策、土地政策、环保政策、PPP 审批政策和信息公开政策等，政府的决策要考虑这些方面，积极做好规范和引导。

二、政策的稳定性

PPP 政策是政府各部委输出的主要产品，是联结政府和社会资本合作的基本纽带，政府各部委正是通过一系列的 PPP 政策，实现政府与社会资本合作领域的事务管理，塑造良好的 PPP 生态发展环境。PPP 政策持续的稳定性是有效地调节 PPP 发展秩序的提前，因而也是塑造良好的政策秩序的基础。PPP 政策的稳定性意味着在政策条款中明确规定 PPP 事务的有效期限，在这个有效期限内，政府各部委应采取各种手段来维护已出台的 PPP 政策的有效性和权威性；非因特殊原因不得对其进行重大调整或甚至废弃之；在必要的政策调整过程中，尽量保持原有 PPP 政策的连续性和继承性，同时，对利益受到损害的有关社会资本方进行适当的补偿。政策的不稳定性会带来以下几个不良影响。

（1）PPP 政策的稳定性是政策公正的基础，PPP 政策频繁变动往往会导致政策失去公正。

（2）PPP 政策的频繁变动导致政府成本增加和资源浪费。

（3）PPP 政策频繁变动造成普遍的、结构性的短期行为。

（4）PPP 政策频繁变动，还可能导致政府和社会资本之间信赖关系的破裂。

（5）PPP 政策缺乏稳定性可能导致非正式秩序的存在。

因此，各政府各部委出台的 PPP 政策实际上可以看成是政府和有关的社会资本方之间的一种社会契约。这种特殊的契约关系一旦通过政策手段确定下来，政府各部委必须通过运用政治权力的特殊的权威性强制、说服和刺激社会资本方支持它，并在政策的约束和指引下从事基础设施和公共服务领域的合作，这便是政府制定政策的公信力。只有 PPP 政策保持良好的稳定性，精确的、可度量的互惠性，社会资本方相信 PPP 政策及贯彻实施会实现他们的利益要求，社会资本方才能全心全意地支持它，自觉地在它的条件下约束自己的行为，并因为 PPP 政策持续的稳定性，形成持久的公信力。

三、政策的系统性

目前，PPP 基础性的制度框架已经建立，但是相关的政策性保障还需要进一步提升，PPP 政策涉及面广，税收、土地、价格、融资等配套政策都急需进一步完善。例如，当 SPV 公司成立和 PPP 项目进行资产移交阶段的税收处理问题，公用领域价费体系和供水、供气、供热的上下游价格联动机制问题，社会资本进入和退出渠道问题，PPP 项目融资需求与供给不匹配问题等。

就如用地政策，PPP 项目公司应如何获得项目土地使用权？如何确保获得项目特许经营权的社会资本能同时通过招拍挂获得项目的土地使用权？这些问题的解决从政策上也不得而知。

目前，项目土地的获得渠道有划拨、出让、租赁和作价出资或入股 4 种模式，根据《中华人民共和国土地管理法》第 54 条，城市基础设施用地和公用事业用地，经县级以上人民政府依法批准，可以以划拨方式取得。但各地的操作和认识并不统一，如某市同一时期运作的两个 PPP 项目，一个是自来水供应项目，另一个是污水处理项目，均通过公开招标完成，从社会资本性质看，前者为中外合资有限公司，后者是外商独资有限公司。政府与社会资本签署的《特许权协议》约定，"甲方应确保有权土地管理部门在生效日期前与项目公司签订《土地使用权划拨合同》，以确保在整个特许期内，项目公司以划拨方式取得项目场地土地使用权，有权为本项目之目的合法、独占性地使用项目场地，并以获得土地使用权证为证明"。本以为在这层保障下，项目公司可以安心静候土地使用权证，但是结果却出人意料。污水处理项目公司经过 10 年漫长的等待，终于得到了划拨土地使用权证，但自来水项目公司却未能如愿以偿。对此，该市国土管理部门的答复是："若确定项目用地主体是国有企业，以非营利方式运营，经批准后，其用地可按划拨方式供地；若确定项目用地主体为外商投资的特许经营单位，应依规办理土地有偿使用手续，可选择土地出让或土地租赁方式办理用地手续。"可是，为何污水处理项目能得到划拨土地使用权证，相关部门却无法给出理由。

土地使用权出让是政府比较乐见的方式，但依然存在一些疑虑。如果协商后确定由政府将土地使用权在一定年限内出让给社会资本，通常有协议出让和招拍挂两种方式，但协议出让有明确的程序性限定，根据《协议出让国有土地使用权规定》第 3 条："出让国有土地使用权，除依照法律、法规和规章的规定，应采用招标、拍卖或挂牌方式外，方可采取协议方式。"协议出让属于控制比较严的出让方式，其有相应的前置条件。而即使满足了协议出让的前置条件，也未必能一对一协议转让，因为根据该规定第 9 条："（即使是协议出让地，如果土地供应计划公布后）在同一地块有两个或两个以上意向用地者的，市、县人民政府国土资源行政主管部门应当按照《招标拍卖挂牌出让国有土地使用权规定》，采取招标、拍卖或挂牌方式出让。"如果采用招拍挂方式，除了要支付相应的土地出让金，增加社会资本的资金投入外，还有一些顾虑，特许经营权的招标和项目土地使用权的招拍挂是分开的两个流程，并不能保障获得项目特许经营权的社会资本能同时竞得土地使用权，从而增加了项目的不确定性。

另外，对于 PPP 项目在不同地区和行业的用地政策亦存在差异。北京市、四川省、河南省等地分别发布相关用地政策，指导 PPP 项目的土地使用，相关部门出台铁路交通、养老服务、文化产业等行业 PPP 项目的土地供应方式，但整体上还不太系统，较为分散。因此，应尽快弥补国土资源部的缺位，积极发挥作用，制定全面的 PPP 项目用地政策，明晰 PPP 项目土地的取得方式。

第 3 节　完善 PPP 配套政策

PPP 项目能否顺利实施，与配套政策是否健全密切相关。现行投融资、税收、财政补贴机制与 PPP 运作没有形成配套合力，地方政府在理解和认识上存在偏差而缩手缩脚，社会资本方因此也疑虑重重及参与度不高，PPP 合作谈判多而结果少。当务之急是要加快制度建设，进一步细化部门分工，完善会计、税收、金融支持、土地、财政补贴等一系列的 PPP 配套政策体系。

一、完善 PPP 相关会计政策

PPP 项目由于投资金额巨大、操作步骤烦琐、建设经营周期长、涉及政府和社会资本等多方利益等特点，其财务管理区别于一般的项目显得尤其复杂。目前我国针对 PPP 项目财务管理指导和规范的规定主要分散在一些综合性 PPP 政策里，并没有专门针对 PPP 项目的相关会计政策。2017 年 7 月国务院出台的《基础设施和公共服务领域政府和社会资本合作条例（征求意见稿）》对于 PPP 项目财务管理方面涉及的也不多，基本一笔带过。完善 PPP 财务管理政策对于正确定性 PPP 服务属性，统一收益口径和税负标准，维护政府和社会资本双方核心利益，营造相对公平合理的市场环境等方面具有重要意义。

（1）对现有的 PPP 政策涉及财务管理的部分进行补充、完善、修订。诸如收益率指标含义及其合理的水平范围，税收优惠与收益率的关系，项目服务属性认定与增值税适用税率，项目基础设施的产权归属及其对核算的影响，服务收入确认及其对项目测算的影响，禁止的固定回报与政府付费或政府缺口付费的区别，资产控制与公司控制及其对并表的影响，政府付费中可用性付费和绩效付费的权重和金额划分等内容，应进一步完善并统一内涵、统计口径与方法、合理的范围与水平等，方便 PPP 项目的高效推进，减少财务管理方面的争议。

（2）加快推进专门针对 PPP 项目会计相关政策法规的制定。重点加强对 PPP 项目风险识别及控制体系、资金预算管理和成本控制、完善定价机制、合理确定收益水平等方面的政策指导，确保处理 PPP 财务问题时有章可依、有证可循。

二、完善 PPP 税收优惠政策

2016 年 7 月，财政部下发了《关于支持政府和社会资本合作（PPP）模式的税收优惠政策的建议》的征求意见稿，建议对于 PPP 项目两个环节免税：免除 PPP 项目在项目公司成立阶段发生的有关资产转移所涉及的税收，免除 PPP 项目执行到期后发生的有关资产转移所涉及的税收。此次税收优惠政策的制定基本原则还是维持税收中性的原则，不开特别的口子。财税部门认为现行税收政策体系对公共基础设施和公共服务领域已经给予了一系列优惠政策，PPP 项目可以按照规定平等享受，所以在主体税种方面，不宜对 PPP 项目的正常经营活动给予特殊的优惠政策，但对于因引入 PPP 模式而额外增加的税收负担，基于税收公平、中性原则要予以免除。然而在 PPP 的实际操作中，当前我国的税收优惠政策却并不适合 PPP 模式。当前 PPP 项目存在难以享受现行的土地使用税、房产税、契税等针对政府及事业单位的优惠政策的问题，且针对公共服务实施的税收优惠范围又较窄，难以覆盖 PPP 的全方位实施范围，此外税收优惠较短，无法满足 PPP 20~30 年的建设运营周期。因此需进一步完善建立 PPP 发展需要相适应的税收优惠政策体系。

（1）完善现有的与 PPP 模式相关的税收优惠政策。一是将针对政府及事业单位的土地使用税、房产税、契税等优惠政策服务范围扩大到 PPP 涉及的基础设施建设和公共服务领域。二是扩大针对公共服务领域的税收优惠范围，覆盖 PPP 所有的实施领域，并且将优惠期限延长至 PPP 项目结束。

（2）建立与 PPP 模式发展相适应的税收优惠政策体系。对现行相关税收优惠政策进行系统梳理，针对性地提出与 PPP 模式发展相适应的税收政策。在建立和完善 PPP 税收优惠政策体系时，需要以政府和社会资本合作提供的公共服务作为出发点，而不是将政府、事业单位作为提供主体实施优惠政策。

（3）出台针对 PPP 项目移交阶段的税收优惠政策。随着 PPP 模式推进，应提前应对 PPP 项目移交中可能产生较高税负的问题。对于增值税，可以有针对性地出台 PPP 项目资产移交项目的增值税减免税政策，降低企业负担。对于企业所得税，可以考虑对因移交产生的应纳税所得额采取递延纳税的优惠政策，或者针对 PPP 项目出台相关税收优惠政策以延长其弥补亏损的年限。对于土地增值税，建议出台相关优惠政策减免交付阶段的土地增值税。

三、完善 PPP 金融支持政策

当前，针对我国 PPP 开展的金融支持，除国开行参与制定了《关于推进开发性金融支持 PPP 有关工作的通知》外，中信银行等金融机构也为 PPP 项目融资积极布局。但总体来看，金融部门并没有过多地参与其中，也未专门出台针对性的 PPP 金融支持政策文件。由于 PPP 大多属于公益性项目，其相关设施及土地使用权基本都具有公共属性，相比一般贷款期限更长，政策环境、市场环境发生变化的可能性较大。因此，商业银行对 PPP 项目提供融资的积极性不高、比例不高，金融机构参与 PPP 的方式以债权为主，已经签约的 PPP 项目基本都是在股东担保前提下完成融资。PPP 项目的顺利开展离不开金融支持，应进一步完善 PPP 金融配套政策，加强对 PPP 项目的金融支持力度。

（1）监管部门加强政策支持，明确金融支持 PPP 的政策要求和方式。虽然为防范金融风险，金融监管的加强是近年来我国金融市场的主流趋势，但是鉴于推广 PPP 模式对促进供给侧结构性改革、稳定经济增长等方面具有重大意义，相关金融监管部门理应进一步加强对 PPP 模式的金融政策支持，积极探索，破除体制机制障碍，勇于吸收新理念，消除现有的金融政策法规与 PPP 模式之间的冲突矛盾。监管部门应出台综合完善的金融服务配套支持政策以及金融支持 PPP 模式的具体指导意见，明确金融支持 PPP 的政策要求和方式，优化精简审批程序，为 PPP 融资开辟"绿色通道"。

（2）金融机构要加大服务力度，不断创新金融产品和金融服务。鼓励银行、保险公司等金融机构加大金融产品和服务方式创新力度，适应市场需求，针对不同类型主体、不同类型的交易结构创新金融产品类型，推广差异化的 PPP 融资服务。充分发挥开发性、政策性金融机构中长期融资优势，为 PPP 项目提供投资、贷款、债券、租赁等综合金融服务，提前介入并主动帮助各地做好融资方案设计、融资风险控制、社会资本引荐等工作，拓宽 PPP 项目的融资渠道，加大对城市供水、供热、燃气、污水处理等市政公用行业的融资支持力度。鼓励银行业金融机构在风险可控、符合金融监管政策的前提下，通过资金融通、投资银行、现金管理、项目咨询服务等方式积极参与 PPP 项目，积极开展特许经营权、购买服务协议预期收益、地下管廊有偿使用收费权等担保创新类贷款业务，做好在市政公用行业推广 PPP 模式的配套金融服务。支持相关企业和项目通过发行短期融资券、中期票据、资产支持票据、项目收益票据等非金融企业债务融资工具及可续期债券、项目收益债券，拓宽市场化资金来源。

四、完善 PPP 土地政策

自 2014 年 4 月国土资源部办公厅出台《国土资源办公厅关于印发〈养老服务设施用地指导意见〉的通知》（国土资厅发〔2014〕11 号），目前我国已发布五十多部与 PPP 相关的土地政策颁布实施，主要有《国务院办公厅转发财政部、发展改革委、人民银行关于在公共服务领域推广政府和社会资本合作模式指导意见的通知》（国办发〔2015〕42 号）、《国土资源部办公厅关于印发〈产业用地政策实施工作指引〉的通知》（国土资厅发〔2016〕38 号、《关于联合公布第三批政府和社会资本合作示范项目加快推动示范项目建设的通知》（财金〔2016〕91 号）等。对于 PPP 土地使用前提、程序合法性的规定最为直接的政策即为财金 91 号文。91 号文规定 PPP 项目用地应当符合土地利用总体规划和年度计划，依法办理建设用地审批手续，严禁直接以 PPP 项目为单位打包或成片供应土地。该政策的出台将有效遏制通过 PPP 项目违规取得未供应的土地使用权、变相取得土地收益、借未供应的土地进行融资等问题。但与此同时，这种所有 PPP 项目不得打包土地的"一刀切"的做法，可能对市政道路、公园等非经营类、准经营类项目以及轨道交通、城际铁路等交通项目造成负面影响，因此需进一步改进 PPP 项目的土地相关配套政策。

完善 PPP 土地政策的重点应为协调 PPP 项目用地与现行 PPP 土地政策之间的矛盾，既避免 PPP 项目通过打包土地违规取得未供应的土地使用权、变相取得土地收益、借未供应的土地进行融资等问题，又能保障市政道路、公园、轨道交通、城际铁路等宜采用土地资源补偿模式或综合开发的非经营类及准经营类 PPP 项目的合法性。应进一步出台针对不同类型 PPP 项目的特定土地政策细则，避免"一刀切"的问题。探索将宜采用土地资源补偿的非经营性、准经营性项目以及适合沿线土地综合开发的交通项目排除出禁止土地捆绑之列，将周边土地开发视为 PPP 项目的一部分，与主体项目进行整合，通过协议出让而非招拍挂的方式，将土地出让给项目开发者。

五、完善 PPP 财政补贴政策

当前，中央和地方政府主要通过财政补贴和产业投资基金的形式，给予 PPP 项目财政支持。一方面，财政补贴对 PPP 项目的直接扶持力度不断加大。2015 年 11 月，发改委出台了《PPP 项目前期工作专项补助资金管理暂行办法》，对各地开展的 PPP 项目开展前期工作补助。2015 年 12 月，财政部公布《关于实施政府和社会资本合作项目以奖代补政策的通知》，对中央财政 PPP 示范项目中的新建项目，按照项目投资规模给予一定奖励。其中，化解地方政府存量债务规模的存量项目，给予 2%奖励。另一方面，产业投资基金对 PPP 项目的间接扶持力度在加大。除直接的财政补贴外，中央和地方政府还通过财政出资建立 PPP 基金，为 PPP 项目提供直接融资渠道，实现以少量财政撬动社会资本，发挥财政资金的金融杠杆作用。目前 PPP 产业基金已在国内如雨后春笋，层出不穷。客观来说，当前我国 PPP 财政补贴政策力度还是比较大的，但是由于 PPP 投资成本过高并且具有项目失败的风险，政府对于 PPP 财政补贴力度过高可能会导致政府债务风险加大，因此完善 PPP 财政补贴政策应以控制合理补贴强度和范围为重点，避免补贴用力过猛，造成财政资金浪费。

（1）规范 PPP 项目的补贴制度，保障补贴投放到位。当前，PPP 市场上有的 PPP 项目名不副实，出现大量"伪 PPP"项目，套取财政补贴。应进一步规范 PPP 财政补贴制度，将"伪 PPP"项目剔除在财政补贴范围之外，以确保各类补贴资金能够投放到位。对于不属于基础设施和公共服务领域的纯商业性项目，或者能够完全进行市场化运作的项目，均不得以奖补资金、政府专项投资、转移支付等任何名义进行财政资金补贴。

（2）提高 PPP 信息公开程度，控制财政补贴强度。当前，PPP 项目补贴的制定和实施由于政出多门，存在着多重补贴问题。针对这种情况，应加大信息公开程度，尤其公示市（县）的财政补贴和土地、公共产品价格指导等方面的使用情况。另外，政策应适当控制财政补贴的补贴强度，例如将财政补贴转为"补运营"、减少对 PPP 项目奖励金、取消不必要 PPP 产业基金等，降低政府债务风险。

（3）建立 PPP 项目补贴分级机制，控制财政补贴范围。在公共产品和公共服务的不同领域，适用 PPP 模式的程度也应有所不同，建议应按照当前国内各领域的开发成熟程度和 PPP 模式适用程度进行分类，具有较高盈利能力和现金流保障的经营性项目，可由政府自主建设，降低适用商业项目的 PPP 财政补贴，珍惜和节约有限的财政资金。

第 3 部分

同舟共济篇
——论中国 PPP 发展的法律环境

摘要：PPP 是指政府和社会资本通过合作为社会公众提供相关公共产品和服务，并共同承担风险、共享收益的一种机制安排。从 PPP 发展具有代表性的国家和地区的现状看来，PPP 领域的立法已趋于完善。而 PPP 在中国的发展出现于改革开放以后，至今已超过 30 年，尤其迅猛。但我国 PPP 在发展历程中也存在着立法不完善、现有法律及政策性文件之间内容冲突等问题，对 PPP 项目的运作造成了一定的困扰。

针对 PPP 模式在中国发展进程中存在的问题，我国的政策法规制定者也做出了积极的努力，中国的 PPP 立法进程有望加快。本部分通过对中国 PPP 立法现状与争议的梳理，在明确 PPP 立法对中国 PPP 发展重要作用和意义基础上，针对当前 PPP 立法存在问题和争议，提出了构建中国 PPP 发展良好法律环境的具体建议。

关键词：PPP 发展历程；PPP 立法；法律框架

PPP 的含义，具体可追溯到英国的"公共私营合作融资机制"，中文直接翻译为"公私合作伙伴关系"。中国 PPP 模式出现于改革开放，经过 30 多年的发展，在制度建设方面，与发展初期相比，制度体系已初具雏形；在涉及领域方面，已涵盖能源、交通、运输、农林业等十几个行业；在发展规模方面，项目数量和金额均有较大提升，并呈现西、中、东地区阶梯状下降的特点。近几年，在中国政府大力推广 PPP 的大背景下，PPP 逐渐成了社会的热点话题。

PPP 合作方式对政府和社会资本方来说是一种双赢的选择，一方面它给社会资本方提供了一种新的投资渠道，另一方面政府调动的社会资金又能缓解大部分的财政压力，提高公共产品和服务的质量和效率。因此，PPP 有序、健康、规范发展具有重要意义。但从现阶段我国 PPP 发展状况来看，其运作还存在着许多问题。只有从当前的情况出发，具体分析这些问题并找出问题的根源，加快 PPP 立法进程，以构建发展 PPP 的良好法律环境，对于今后中国 PPP 的可持续发展具有重要意义。

第 1 章

中国 PPP 发展中法律环境建设的
内涵和主要内容

第 1 节　中国 PPP 发展中法律环境建设的内涵

　　法律环境是社会环境的一部分，对社会经济的发展起着重要的作用。但是，通过对有关资料的搜集和查阅，发现学界并没有直接对法律环境进行剖析，而是从某一个特定的角度如商业法律环境、生态法律环境、竞争法律环境等具体分析。少数学者对法律环境做了简单的定义，如学者陈解在《企业与法律环境》一书中认为"法律环境是指法律的内容及其实施对相关事物所形成的外部客观条件和基本氛围"。另一学者钱怀瑜认为"法律环境是指由法律制度、法律机制和法律关系纵横交错网络而成的有机统一、活动发展的活的社会环境"。也有学者认为法律环境是在主体为某一事物，客体为法律环境本身的情况下，法律环境以这一事物为中心并对其产生影响的所有法律事务所构成的外部条件①。

　　从不同定义中可看出，一些学者主张从法律制度层面理解法律环境，另一些学者主张对法律环境做扩大解释，将其延伸至执法、司法等层面。本书认为，将法律环境理解为以某一事物为中心并对该事物产生影响的外部法律条件较为合适。建立在这种理解的基础上，法律环境会随着中心事物的变化而变化，会形成中心事物所特有的法律环境，这实际上是对法律环境做扩大解释说明。从这个视角出发，我们可以深入剖析 PPP 发展的法律环境并得出以下观点。

---

① 符琪、刘芳：《试论法律环境的含义》，载《法制与社会》2015 年第 7 期，第 7 页。

（1）PPP 发展的法律环境是指以 PPP 这一模式为中心并对其产生影响的所有外部法律条件的集合。

（2）PPP 发展的法律环境的具体内容会随着 PPP 发展的变化而变化，形成 PPP 所特有的明显区别于其他事物的法律环境。

（3）PPP 发展的法律环境从法律制度的完备性这一静态评价标准出发，可以理解为是我国的法律和制度所构成的社会环境；从动态的立体式社会环境视角出发，PPP 法律环境可理解为由 PPP 立法、执法、司法和守法及对 PPP 法律实施的监督活动和过程构成的社会环境。

第 2 节   中国 PPP 发展中法律环境建设的主要内容

法律环境建设的内容主要包括法律意识形态及与之相适应的法律规范、法律制度、法律组织结构、法律设施所形成的有机整体。它主要包含内外两个方面：一是外显的表层结构，即法律法规、法律制度、法律组织机构及法律设施；二是内化的里层结构，即法律意识形态。根据这一理解并结合 PPP 发展法律环境内涵，PPP 法律环境建设的内容包括 PPP 法律法规体系、PPP 主管主导部门体系、PPP 立法、执法、司法和守法、对 PPP 法律实施的监督活动。

一、PPP 法律法规体系建设

法律法规体系的建设在法律环境建设中起着引领作用。PPP 是理论界和实务界之间讨论最多的词汇之一，为了服务我国 PPP 模式的发展，以财政部和发改委为主，我国出台了很多部门规章及规范性文件。目前，PPP 运作涉及的法律有《中华人民共和国政府采购法》《中华人民共和国招标投标法》《中华人民共和国公司法》《中华人民共和国合同法》等，但是在 PPP 适用过程中相关法律之间存在着一定的冲突。此外，现有中央和地方颁布的法规、规章及其他规范性文件也是参差不齐、各行其是。总体上来说，现有的法律法规位阶较低、不规范、相互之间冲突，并没有形成一个完善的法律法规体系。

二、PPP 主管主导部门体系建设

目前我国法律法规之间相互冲突，没有明确统一的主管主导部门是一大原因，PPP 主管主导部门体系建设就显得越发重要。近几年，我国 PPP 主管主导部门体系建设取得了一定的成效：2014 年 5 月，财政部成立了 PPP 领导小组；2014 年底，财政部和

社会资本合作（PPP）中心正式获批，主要承担 PPP 工作的政策研究、咨询培训、信息统计和国际交流等职责。除了中央层面，各省级政府也在积极设立 PPP 中心、PPP 管理中心等机构。在今后的工作中，应明确相关 PPP 领导和协调推进机构之间的职责分工，避免再次出现在法律法规与政策制定之间冲突的情形。

三、PPP 立法、司法、执法和守法制度建设

PPP 立法、司法、执法和守法实际上是对 PPP 法律环境的扩大解释，涉及众多参与方法律意识的建设。首先，从 PPP 立法上来说，立法机关起到了关键作用，如何处理好目前存在的诸多问题，建立一部适合中国 PPP 发展的良法是立法机关所要思考的重大问题。其次，从司法上来说，司法部门严格按照法律法规规定和程序办事，也是促进 PPP 有序发展的一大推动力量。今后，在 PPP 良法的基础上，守法就有了明确的法可依据。再次，从执法层面上说，执法部门也要依法执法，避免执法不严不力、滥用执法权力的情况发生。最后，从守法的角度出发，就需要各参与方了解 PPP 相关法律法规，依法行事。

四、对 PPP 法律实施的监督活动

当建立完善的 PPP 法律规范体系后，有效实施这些法律规范并对实施过程进行监督，也是 PPP 法律环境建设的一个重要环节。而监督的主体不仅包括政府监督部门，还包括社会资本的监督和社会大众的监督等。

第 2 章

法律环境建设对中国 PPP 发展的
作用与意义

伴随着我国新型城镇化进程的加快，城镇基础设施建设、公共服务设施建设、环保等方面的资金需求日益增长，PPP 模式被全社会寄予了厚望。作为一种投融资模式和制度创新，PPP 在新型城镇化建设中将发挥越来越重要的作用。大力推广 PPP 模式，不仅有利于提升公共产品和公共服务水平，同时也有利于控制和防范地方政府债务风险，符合公共财政和政府治理现代财政的内在要求。2013 年以来，我国 PPP 模式进入全面推广阶段，各项政策密集出台，基础性 PPP 制度框架基本建立，但专门立法的缺失给 PPP 模式的发展带来了极大的困扰，加快 PPP 立法，进行法律环境建设对我国 PPP 发展的作用与意义十分重大。

第 1 节　立法对中国 PPP 发展的作用

一、统一对 PPP 的根本认识

建设 PPP 的法律环境，对统一 PPP 的根本认识具有重要意义。关于 PPP 的定义，国际上还没有形成统一的定论，但从国际发展历程，PPP 虽然最初是作为一个宽泛的概念提出来的，但经过反复的实践，其使用领域、主要模式逐渐明朗化、具体化。在国内，社会各方对 PPP 还没有形成统一的共识，PPP 模式实质性进展仍十分缓慢。首先，对 PPP 模式及相关概念的认识上，相关机构之间也存在不同程度的偏差和混乱，甚至专业的法律人士也无法准确理解 PPP 模式和特许经营等概念之间的关系，使得 PPP 项目在落地上存在争议和困惑。其次，在对推广 PPP 的目的认识上，很多地方政府认为 PPP 只是政府融资的手段之一，忽略了 PPP 模式更重要的是在于能够通过社会资本方,为政府提供更好的技术、经验、人才等资源,以此提升公共服务供给的质量和效益。最后,在对 PPP 项目收益和类型的认识不够准确。一些地方政府和社会资本方认为只有向社会收费的项目,才能获得收益,才值得进行投资。实际上,在 PPP 项目中,财政补贴、基金扶持、资源补偿等都可以构成项目的收益来源,合理搭建收益结构才是吸引社会资本的重要途径。因此,通过立法,在更高的法律层级上对 PPP 模式及相关内容进行规定,有助于统一各方对 PPP 的根本认识,能够有效避免 PPP 模式操作中出现的原则性错误。

二、界定好 PPP 的三大特征

PPP 模式具有三大特征,这也是政府和社会资本之间共同遵守的基本准则。通过立法,界定好 PPP 的三大特征,有助于保障各方恪守契约精神,追求长期稳定的合作。

(1)伙伴关系。这是政府和社会资本合作的首要问题,也是 PPP 的首要特征。PPP 中政府和社会资本合作的这种伙伴关系明显区别于其他关系的地方就是两者所达到的最终目标是一致的,只有形成了这种相互合作的伙伴关系,才能顺利开展项目。它着重强调了各参与方平等协商、共同参与,共同遵循法治环境下的"契约精神",建立具有法律意义的奇缺伙伴关系,这是 PPP 项目的基础所在。通过立法明确 PPP 协议性质,有助于促进 PPP 模式的伙伴之间共同实现目标。

(2)利益共享。需要明确指出的是,这里所指的利益共享并不是双方简单地分享利润。由于 PPP 项目的开展最终是为了将产品和服务提供给广大人民群众,因此任何一个 PPP 项目或多或少都带有公益性的特点,政府要控制社会资本的高额利润,也要使其投资回报相对平和及稳定,这样才能维持好长期的伙伴关系。构建 PPP 的法律环境,有利于优化 PPP 各方利益共享机制,促进 PPP 的稳定健康发展。

(3)风险共担。合理的风险分配机制则是落实共担的关键,双方之间如果没有风险分担,那么共享利益则无从谈起,两者也无法形成持续稳定的伙伴关系。通过立法,政府和社会资本按照风险分担原则建立风险分担机制,妥善地共担风险,进而将项目整体风险最小化,这不仅降低了整个 PPP 项目的成本,而且能巩固双方合作伙伴关系。

三、规范中国 PPP 的运作模式

PPP 运作模式指政府和社会资本为提供公共产品或服务,共同将资金或资源投入项目,并由社会资本建设和运营的一种合作关系,可分为服务外包、特许经营、完全私有三种类型,中国 PPP 模式分类如表 3-2-1 所示。目前在我国采用最多、适应范围最广的模式,大体有 BOT、BOO、TOT、ROT、TBT 这几种(参见清华大学 PPP 研究中心编制的《中国 PPP 年度发展报告》)。财政部和发改委并没有对 PPP 的具体合作形式做非常严格的限定,主要是对政府部门和社会资本各自要承担的主要职责进行描述。由于 PPP 模式在我国尚属新生事物,缺乏成熟的实践经验和规范的实施标准,因此在运作中面临着诸多问题与挑战,变相融资、明股实债、固定回报、政府保底、回购承诺、提供担保等违规操作问题不利于 PPP 模式的健康发展。加强 PPP 立法,通过完善的法律法规对各运作模式进行界定,规范 PPP 的运作模式,对参与双方的行为进行有效的约束,能够最大限度地发挥出各方优势、弥补不足。

表 3-2-1　中国 PPP 模式分类

外包类	模块式外包	服务外包
		管理外包
	整体式外包	设计—建设(DB)
		设计—建设—主要维护(DBMM)
		经营和维护(O&M)
		设计—建设—经营(DBO)
经营类	转让—经营—转让(TOT)	购买—更新—经营—转移(PUOT)
		租赁—更新—经营—转移(LUOT)
	建设—经营—转让(BOT)	建设—租赁—经营—转让(BLOT)
		建设—拥有—经营—转让(BOOT)
	其他	设计—建设—转移—经营(DBTO)
		设计—建设—融资—经营(DBFO)
私有化类	完全私有化	购买—更新—经营(PUO)
		建设—拥有—经营(BOO)
	部分私有化	股权转让
		其他

第 2 节　立法对中国 PPP 发展的重大意义

一、对规范当前 PPP 运作的意义

PPP 项目参与主体众多,法律关系、交易结构复杂,涉及投融资、特许经营、招投标、预算等众多法律门类,但 PPP 的顶层立法的缺乏给 PPP 运作带来障碍。从我国 PPP 运作模式看,典型的做法是政府与社会资本方共同合作,双方签订相应的合同,通常情况下由政府负责项目前期工作,社会资本方负责融资、投资建设、运营,待特合作期满以后社会资本方就将项目移交给政府。这样的运作模式如果没有立法方面的

保障将很难解决双方之间在开展合作过程中遇到的问题。如 PPP 项目的运作需要在法律层面上对政府和社会资本在项目中应承担的责任、义务和风险等进行明确界定，以保护双方的利益。政府部门希望成功运作 PPP 模式，应建立对 PPP 投资良好的收益预期和收益保障，增强社会资本信心，不仅需要政策法规的引导，还需要法律保障。出台 PPP 法能有效规范当前 PPP 运作流程，使其"规范、公开、透明"。依据 PPP 法能够合规地发起项目、充分论证项目、选择合作伙伴、组建项目公司、制订和履行项目合同、制定风险分担和收益共享机制等。从最终运作的效果来看，立法能有效改变政府和社会资本独立做事、缺乏沟通协作的情况，能够使双方"共舞"，最终实现"政府、社会资本、其他参与方共赢"的目标。

二、对引导未来 PPP 发展的意义

当前，我国 PPP 发展还存在着无统一立法，法律层次低、效力不高，法律体系不完整，PPP 相关政策法规与现有的法律制度之间冲突，可操作性不强等法律适用问题，以及政府角色定位不清，政府部门职责分工不明确，风险分担和利益分配不合理，PPP 项目审批程序烦琐、相关工作不透明等一系列问题。PPP 立法就要考虑并解决这些问题，引导我国未来 PPP 发展更上一层楼。可从政府、社会资本和社会的角度分析 PPP 立法的引导作用。

首先，从政府的角度看，出台 PPP 法不仅弥补了顶层立法的缺失，更完善了我国法律法规体系的建设，充分体现了国家立法部门和政府部门作为法律法规制定者和支持者角色下所履行的义务和践行的责任。PPP 法律的出台将使我国 PPP 模式发挥其最大效益，有效缓解政府的财政支出压力。政府能通过未来更可观的运营收入增加对社会资本方的适当补贴，增强社会资本方参与项目全生命周期的兴趣，营造我国 PPP 发展的良好合作氛围。

其次，从社会资本的角度看，立法从法律意义上肯定了其与政府之间平等合作伙伴的地位，从法律上对其收益进行了保障，这相当于给了企业一颗"定心丸"，使其放下许多顾虑参与合作，对促进投资主体的多元化，加快 PPP 项目建设的步伐，传播最佳管理理念和经验有重要意义。不仅如此，立法确定了我国 PPP 模式及其范围，拓宽了企业的发展空间，社会资本方不再只是局限于传统行业的发展，可以延伸到基础设施等领域，业务布局实现进一步拓展。

最后，从社会角度看，通过立法界定我国 PPP 模式，将彻底突破传统的政府和社会资本的分工边界。公共产品的新产权关系将重新构建，政府的政策措施、社会目标

及社会资本的运营效率、竞争压力等一系列优势将结合起来，充分提高公共产品的供给效率。

三、对 PPP 相关理论研究和实务操作的意义

1. 对 PPP 相关理论研究的意义

理论界研究 PPP 是从社会治理的角度出发的，受到了新公共管理理论和网络技术发展两个因素的影响。从社会治理角度来说，这对 PPP 并没有明确的定义，研究中着重强调了双方合作中的组织与管理问题。正因为如此，PPP 被认为是 20 世纪 80 年代新公共管理运动的一种延伸，或者说是新公共管理理论实践所需的一种工具。除此之外，另一个影响因素就是网络技术的发展。21 世纪以来，网络技术的迅速发展使得政府和私人部门之间的联系日益密切，双方之间的依赖程度不断提高，以往由政府主导的治理格局也逐渐被打破。基于 PPP 理念的政府与社会的共识模式正在形成，以共同治理理念推动 PPP 立法的呼声越来越高。

在理论界，PPP 立法对 PPP 相关理论研究的影响主要体现在以下几点。第一，从公共产品理论来讲，一般来说，公共物品只能由政府部门供应，而政府部门供应公共物品主要是两种渠道，第一种就是通过税收等手段筹集资金以生产公共物品；第二种就是私人部门参与进来，也就是通过开展 PPP 这种方式来提供产品和服务。公共物品理论从经济学的角度解释了 PPP 模式存在的必要性。立法确保了政府和社会资本方之间的平等地位，对于风险分担和收益分配机制也做出了相应的保障。社会资本参与提供公共产品的渠道更加广阔和合理，能够发挥双方各自的优势，实现"1+1>2"的效果。同时，风险通过合理分担得到控制，能实现"帕累托最优"。第二，从政府失灵[①]理论来说，正因为在公共物品的供给中存在着政府失灵的情况，社会资源很有可能造成极大的浪费。立法说明了私人部门参与 PPP 的必要性，对研究政府失灵理论有着重要意义。第三，从委托代理理论来说，在 PPP 项目的委托代理过程中，政府通过与企业签订一份契约，企业根据契约组织实施，通过企业的努力，排除外界负面因素，得到的产出包括社会福利与运营收入，企业根据契约获得其固有收益和提成，其余利润归政府所有[②]。立法表明了政府通过激励约束和竞争机制，规范和引导社会资本行为，

[①] 政府失灵指的是政府在对社会和经济进行干预的过程中，由于主观或者客观因素的影响，资源配置无法达到最优状态。

[②] 韩美贵、蔡向阳、张悦、陈纯：《风险规避视角下 PPP 项目中的政府作为研究——基于委托代理理论》，载《建筑经济》2016 年第 9 期，第 17 页。

使之与公共利益最大化相吻合，确保整个机制的"激励相容"[1]。第四，从信息不对称理论来讲，在 PPP 项目中，如果没有做到信息公开透明，那么就永远存在着信息不对称的情况。政府参与社会资本组成项目公司能够更好地掌握建设运营等信息，通过立法，确立信息公开透明机制，能够有效改善信息不对称问题。

2. 对 PPP 实务操作的意义

PPP 涉及的资金规模巨大，在实际操作中存在风险大、收益小、民间参与信心不足、积极性不高等问题，最主要的是顶层立法的缺失。因此，PPP 立法是大势所趋。而 PPP 立法将会对理论界和实务界产生一定的影响，也会指导理论界和实务界对其发展予以法治化的推进。

在实务操作中，PPP 立法的重要作用体现在以下几点。第一，PPP 立法将有效指导 PPP 项目识别、项目准备、项目采购、项目执行、项目移交等各个环节的责任利益划分，提高 PPP 运作效率。第二，PPP 立法将进一步处理好 PPP 与政府特许经营权关系不明晰的问题。第三，由部委牵头起草相关法律文本始终会存在着一定的利益冲突，如果将法律文本的起草任务分配给任何一个中立的部门，将大大提高效率，也可增加其可行性。第四，在财政风险防范方面，通过 PPP 立法对其进行明确的界定和规范，加强财政风险评估，有效降低财政风险发生的概率。第五，完善 PPP 立法，减少社会资本方后顾之忧，社会资本投资积极性将提高，将会有更多的民营资本参与一些大型的 PPP 项目，改变由国企为主的局面，进一步激发社会资本活力。第六，有了法律保障，政策性金融机构为 PPP 项目提供长期、大额、低利率的资金，有效降低了社会资本的融资压力。第七，将完善投融资体制，积极推进股权、信贷、债券等多渠道融资，解决融资难题；可以解决部门规章、地方性法规和其他规范性文件的实践操作性差，以及法律效力低等一系列问题，进而做出明确的规定和说明。

---

[1] 中国 PPP 产业大讲堂：《PPP 模式核心要素及操作指南》，北京：经济日报出版社 2016 年版，第 215 页。

第 3 章

目前中国 PPP 立法的情况及争议

第 1 节　目前中国 PPP 立法情况

与国外相比，我国 PPP 模式的实践时间较短，在法律规范方面存在着较多问题，目前的法律法规不能完全适应 PPP 模式的发展。

一方面，当前我国还未有专门针对 PPP 的立法，且 PPP 项目法律规范体系还尚未完全构建完毕。虽然《中华人民共和国政府采购法》《中华人民共和国招标投标法》《中华人民共和国预算法》等一系列法律都涉及 PPP 的相关内容，但这些法律仅仅是针对 PPP 的某一方面，无法全面涵盖 PPP 的有关问题。另一方面，为规范 PPP 模式的发展，国务院、发改委、财政部、住建部以及地方政府部门等颁布了众多政策法规，逐步形成了一套 PPP 模式的监管制度，特别是随着我国 PPP 模式进入普及发展阶段，各项法规的紧密出台（见表 3-3-1），与 PPP 相关的法律法规也在不断地完善之中，但这些文件大多局限于一个或多个行业、一个或多个地域，存在法规政策较为分散，法律层级较低的问题，无法形成一套系统的法律体系。同时受部门职权限制，不少问题难以在部委层面解决，各部门之间管理权限划分不明晰，导致在某些特定的 PPP 项目中会出现双重管理或多重管理，甚至无人管理的现象。

因此，亟须由更高层来统筹 PPP 立法，促进 PPP 的顶层设计，构建良好的法律环境。在 2016 年 7 月 7 日的国务院常务会议上，发改委和财政部两部委分别提请了《基础设施和公用事业特许经营法（征求意见稿）》和《中华人民共和国政府和社会资本合作法（征求意见稿）》的意见，其中存在许多内容交叉重复甚至相冲突的现象。李克强总理明确提出由国务院法制办牵头，将两部法律合二为一，加快 PPP 的立法工作，以更好的法治环境更大激发社会投资活力。国务院 2017 年立法工作计划将此项列为"全面深化改革急需的项目"。2017 年 7 月 21 日，国务院法制办、发改委和财政部共同起草的全国首部 PPP "条例"——《基础设施和公共服务领域政府和社会资本合作条例（征求意见稿）》公开向社会征求意见，总共 7 章 50 条 6000 余字，对 PPP 的适用范围、项目发起、实施、监督管理、争议解决以及违反条例需承担的法律责任都做出了规定。该条例将弥补 PPP 领域尚无国家层面的顶层设计的方案这一空白，为今后 PPP 项目的开展奠定了良好的基础。

《基础设施和公共服务领域政府和社会资本合作条例（征求意见稿）》也同样面临着法律层级不够高的问题，但是，PPP 模式较为复杂，我国在 PPP 模式方面的相关理论与操作经验仍旧不足，建立完善的 PPP 法律体系不能一蹴而就。今后的 PPP 立法应采取逐步推进的方式，随着 PPP 操作经验的积累，国务院也将逐步出台 PPP 领域的行政法规，来完善 PPP 法律法规体系。

表 3-3-1　2014 年以来 PPP 法律法规政策汇总

	法律法规
1	《中华人民共和国政府采购法（2014 修正）》（主席令第 14 号）
2	《中华人民共和国政府采购法实施条例》（国务院令 658 号）
3	《中华人民共和国招标投标法》（主席令第 21 号）
4	《中华人民共和国招标投标法实施条例》（国务院令第 613 号）
5	《中华人民共和国预算法（2014 修正）》（主席令第 12 号）
	国务院关于 PPP 的文件
6	《国务院关于进一步促进资本市场健康发展若干意见》（国发〔2014〕17 号）
7	《国务院关于加强地方政府性债务管理的意见》（国发〔2014〕43 号）
8	《国务院关于深化预算管理制度改革的决定》（国发〔2014〕45 号）
9	《国务院关于创新重点领域投融资机制鼓励社会投资的指导意见》（国发〔2014〕60 号）
10	《关于促进服务外包产业加快发展的意见》（国发〔2014〕67 号）
11	《关于做好政府向社会力量购买公共文化服务工作意见的通知》（国发〔2015〕37 号）
12	《关于在公共服务领域推广政府和社会资本合作模式指导意见的通知》（国发〔2015〕42 号）
13	《关于推进城市地下综合管廊建设的指导意见》（国发〔2015〕61 号）
14	《关于推进海绵城市建设的指导意见》（国发〔2015〕75 号）
15	《关于促进和规范健康医疗大数据应用发展的指导意见》（国办发〔2016〕47 号）
16	《关于进一步做好民间投资有关工作的通知》（国办发明电〔2016〕12 号）
17	《关于发布政府核准的投资项目目录（2016 年本）的通知》（国发〔2016〕72 号）
18	《关于加强政务诚信建设的指导意见》（国发〔2016〕76 号）
19	《国务院关于印发"十三五"现代综合交通运输体系发展规划的通知》（国发〔2017〕11 号）
20	《关于进一步激发社会领域投资活力的意见》（国发〔2017〕21 号）

续表

	发改委关于 PPP 的文件
21	《关于开展政府和社会资本合作的指导意见》（发改投资〔2014〕2724 号）
22	《政府和社会资本合作项目通用合同指南》（2014 年版）
23	《关于切实做好〈基础设施和公用事业特许经营管理办法〉贯彻实施工作的通知》（发改法规〔2015〕1508 号）
24	《基础设施和公用事业特许经营管理办法》（2015 第 25 号令）
25	《关于进一步鼓励和扩大社会资本投资建设铁路的实施意见》（发改基础〔2015〕1610 号）
26	《关于切实做好传统基础设施领域政府和社会资本合作有关工作的通知》（发改投资〔2016〕1744 号）
27	《关于开展重大市政工程领域政府和社会资本合作（PPP）创新工作的通知》（发改投资〔2016〕2068 号）
28	《国家发展改革委、中国证监会关于推进传统基础设施领域政府和社会资本合作（PPP）项目资产证券化相关工作的通知》（发改投资〔2016〕2698 号）
29	《关于进一步做好收费公路政府和社会资本合作项目前期工作的通知》（发改办基础〔2016〕2851 号）
30	《关于进一步下放政府投资交通项目审批权的通知》（发改基础〔2017〕189 号）
31	《关于进一步做好重大市政工程领域政府和社会资本合作（PPP）创新工作的通知》（发改投资〔2017〕328 号）
32	《关于印发〈政府和社会资本合作（PPP）项目专项债券发行指引〉的通知》（发改办财金〔2017〕730 号）
	财政部关于 PPP 的文件
33	《财政部关于推广运用政府和社会资本合作模式有关问题的通知》（财金〔2014〕76 号）
34	《关于政府和社会资本合作示范项目实施有关问题的通知》（财金〔2014〕112 号）
35	《关于印发政府和社会资本合作模式操作指南（试行）的通知》（财金〔2014〕113 号）
36	《关于规范政府和社会资本合作合同管理工作的通知》（财金〔2014〕156 号）
37	《关于印发〈政府和社会资本合作项目政府采购管理办法〉的通知》（财库〔2014〕215 号）
38	《关于印发〈政府采购竞争性磋商采购方式管理暂行办法〉的通知》（财库〔2014〕214 号）
39	《关于印发〈政府和社会资本合作项目财政承受能力论证指引〉的通知》（财金〔2015〕21 号）
40	《关于市政公用领域开展政府和社会资本合作项目推介工作的通知》（财建〔2015〕29 号）
41	《关于进一步做好政府和社会资本合作项目示范工作的通知》（财金〔2015〕57 号）
42	《关于印发〈PPP 物有所值评价指引（试行）〉的通知》（财金〔2015〕167 号）
43	《关于规范政府和社会资本合作（PPP）综合信息平台运行的通知》（财金〔2015〕166 号）
44	《关于进一步共同做好政府和社会资本合作（PPP）有关工作的通知》（财金〔2016〕32 号）
45	《关于在公共服务领域深入推进政府和社会资本合作工作的通知》（财金〔2016〕90 号）
46	《关于印发〈政府和社会资本合作项目财政管理暂行办法〉的通知》（财金〔2016〕92 号）
47	《关于印发〈财政部政府和社会资本合作（PPP）专家库管理办法〉的通知》（财金〔2016〕144 号）

续表

	财政部关于 PPP 的文件
48	《关于印发〈政府和社会资本合作（PPP）咨询机构库管理暂行办法〉的通知》（财金〔2017〕8号）
49	《关于深入推进农业领域政府和社会资本合作的实施意见》（财金〔2017〕50号）
50	《关于规范开展政府和社会资本合作项目资产证券化有关事宜的通知》（财金〔2017〕55号）
	其他部门关于 PPP 的文件
51	《中国银监会办公厅关于推进简政放权改进市场准入工作有关事项的通知》（银监办发（2014）176号）
52	《关于鼓励和引导民间资本参与农村信用社产权改革工作的通知》（银监发〔2014〕45号）
53	《关于城市地下综合管廊实行有偿使用制度的指导意见》（发改价格〔2015〕2754号）
54	《关于进一步完善城市停车场规划建设及用地政策的通知》（建城〔2016〕193号）
55	《关于进一步鼓励和引导民间资本进入城市供水、燃气、供热、污水和垃圾处理行业的意见》（建城〔2016〕208号）

第 2 节　目前中国 PPP 立法争议

一、关于 PPP 合同性质的争议

当前关于 PPP 合同性质存在着诸多争议，主要有以下几个观点。有学者认为 PPP 合同应定性为民事合同，主要是从以下几点来考虑的：第一，合同的基础为当事人意思自治；第二，合同权利义务关系；第三，从实践的便利角度出发考虑。还有一部分学者认为 PPP 合同是行政合同，主要是从合同当事人的角度、合同目的的角度以及合同内容角度出发的。也有学者认为 PPP 合同虽兼具两种合同的特征，但本质属性是经济行政合同[①]。理论界和实务界也存在行政合同和民事合同之争，理论界持行政合同的观点，而实务界则持民事合同的观点，双方之间的争议僵持不下。理论界认为从合同的主体来说应是政府，因为政府在整个项目中所扮演的角色是最重要的那一方，从订立合同的目的说也是为大众提供产品和服务，因而最终带有公益性。实务界认为在 PPP 特许协议中双方应当是平等的，享有同样的法律地位。因为在实际实施的过程中两者的权利和义务也是基本对等的，虽然 PPP 提供的产品具有公益性，但它们并不是免费的。实务界认为采取民事合同更符合市场交易的内在规律。近几年来随着 PPP 模式的发展变化，国内的一些学者意识到它具有两种合同的属性，认为应将其定性为一

---

① 李莹莹：《PPP 合同法律性质探析》，载《理论导刊》2016 年第 5 期，第 107-109 页。

种新合同——混合性质合同。目前出台的法律法规也并未对合同定性,《最高人民法院关于适用〈中华人民共和国行政诉讼法〉若干问题的解释》中则将政府特许经营协议定性为行政协议。但对此最高院并未做进一步解释。

二、PPP 与特许经营之间的关系

《基础设施和公用事业特许经营管理办法》的出台虽然解决了 PPP 发展的某些问题,但也有不利的一面。财政部始终主张广义的 PPP 概念,将 PPP 分为经营性、准经营性和非经营性三类,按照财政部的定义特许经营只是 PPP 项目中的一类,PPP 理念所包括的范围较特许经营更广阔。原本 PPP 与特许经营之间就存在着争议,然而《基础设施和公用事业特许经营管理办法》却采用了特许经营理念,这样不仅模糊了两者的界限,而且 PPP 定性困惑也增多不少,给 PPP 相关方也带来了很多困难①。

目前,对于"特许经营"的理解分为三种观点:第一种观点认为特许经营是一种项目类型,这种项目具体说来不包括政府付费的项目,而是指使用者付费的项目;第二种观点认为特许经营是一种权利,对于权利内涵又分为特许经营是一种垄断性行业的独家经营权和特许经营是一种对使用者的收费权;第三种观点认为特许经营是一种公共服务的管理模式。在发改委印发的《传统基础设施领域实施政府和社会资本合作项目工作导则》第 3 条前段里把特许经营定位为一种使用者收费的项目,然而在财政部印发的《政府和社会资本合作项目财政管理办法》却将其定位为一种对使用者进行收费的权利,并要求社会资本方购买这项权利。两种定位之间发生了冲突,对特许经营的理念至今还没有统一的说法。而 PPP 与特许经营之间的关系到底如何,目前所出台的文件中也没有给出具体的规定。正因两者之间关系界定不清,导致在实际操作中出现了二者之间两两独立,或者将二者混同,抑或将二者作为两种法律关系安排的做法。由此产生了 PPP 项目和特许经营项目如何适用法律规范、如何确立两种项目发生争议的裁决机制等一系列问题。

三、《中华人民共和国政府采购法》和《中华人民共和国招标投标法》之争

在 PPP 项目的执行和采购过程中,一直有一个问题困扰着相关的参与方。为了规范政府采购行为和规范招投标活动,国家分别制定了《中华人民共和国政府采购法》和《中华人民共和国招标投标法》。《中华人民共和国政府采购法》是为了规范政府采

---

① 周兰萍:《PPP 的八喜八忧——六部委〈基础设施和公用事业特许经营管理办法〉解读》,载《施工企业管理》2015 年第 8 期,第 70-72 页。

购行为，提高政府采购资金的使用效益，维护国家利益和社会公共利益，保护政府采购当事人的合法权益，促进廉政建设而制定的法律，自 2003 年 1 月 1 日起施行。而《中华人民共和国招标投标法》的立法初衷是规范招标投标活动，保护国家利益、社会公共利益和招标投标活动当事人的合法权益，提高经济效益，保证项目质量，自 2000 年 1 月 1 日起施行。二者的立法主体均为全国人大常务委员会，法律效力一致。但这两部法在立法目的、使用范围、规范主体、监管主体方面都有所差别，二者之间存有一定的交叉与冲突，两部法虽然以公开招标为主要方式，招标程序也很严格，但是对于期限较长的合同双方之间根本没有协商的余地，这让 PPP 项目参与方无所适从。发改委和社会资本方更愿意选择《中华人民共和国招标投标法》，因为与他们所接触的工程方面更接近，对招投标法比较熟悉；财政部门方面则更愿意选择《中华人民共和国政府采购法》，他们认为大多数的 PPP 项目都需要财政性资金，因此这种政府向社会购买公共服务应属于政府采购范围。为此，这两部法之争也是 PPP 立法存有争议问题的根源。

四、基础设施和公共服务边界争议

由于政府部门职责分工不明确，导致了在长期实践工作中存在两套细则。在 2016 年 7 月召开的国务院常务会议上，提出了由财政部和发改委分别统筹在公共服务和基础设施领域推广 PPP 模式。但在 PPP 项目实际开展工作过程中，对于如何区分公共服务和基础设施这两个领域的边界还没有明确的定论，由此给实际操作带来了诸多难题。目前对于公共服务的定义也较多，代表性观点有三个：从产出形式的角度来定义公务服务，认为公共服务是公共物品的一部分；从公共物品理论来定义公共服务，认为公共服务等同于公共物品；结合我国实际情况来看，公共服务比公共物品更宽广。而基础设施一般是指为社会生产和居民生活提供公共服务的物质工程设施，是用于保证国家或地区社会经济活动正常进行的公共服务系统。基础设施不仅包括公路、铁路、机场、通信、水电煤气等公共设施，而且包括教育、科技、医疗卫生、体育、文化等社会事业即"社会性基础设施"。《基础设施和公共服务领域政府和社会资本合作条例（征求意见稿）》被认为是更高层面上统一政策口径的文件，不过一些业内人士表示，《基础设施和公共服务领域政府和社会资本合作条例（征求意见稿）》并未从根本上解决财政部与发改委的职能分工问题，因为它不仅在名称上没有区别公共服务与基础设施的关系，在具体内容中关于两部委的边界还是没有清晰的确认和划分。同时征求意见稿引入的"基础设施和公共服务项目指导目录"机制具体如何操作还有争议性，对于该指导目录的制定主体，业内人士建议由国务院主持制定，假如国务院有关部门均可分别制定，难免会使得基础设施和公共服务的边界更加模糊。[①]

五、"一部法"还是"多部法"之争

PPP 统一立法究竟是一部法还是两部法甚至多部法，并不是说没有争议。目前，为避免加剧政策冲突，包括全国人大代表、地方政府、行业协会、企业主体、业界专家在内的社会各界人士，强烈呼吁同一领域不要搞两部立法。大部分人持这种意见，他们认为目前 PPP 领域政策不衔接、相互冲突已经给开展实际项目带来了很多的问题，严重影响了项目的有效落地，如果在同一领域还搞两部甚至多部并行立法的话，政策冲突的问题将会更加严重。当然，也有观点认为鉴于 PPP 内涵、外延和实施模式的不确定性，对 PPP 进行统一立法难度较大。且纵观世界 PPP 开展较成熟和成功的国家如英国、澳大利亚等国家，也并没有专门立法，但开展情况也是有目共睹的，没有必要非要通过专门一部法做出规定。

上述问题，实际上也给上层的决策者们提出了另一个严峻的问题，即在现阶段：PPP 立法真的是那么迫切和需要吗？如果匆忙出台的法律对当前操作中的具体问题都没有清晰和彻底的解决办法，那么对影响现有 PPP 项目操作最直接和最现实的两部法律——《中华人民共和国政府采购法》和《中华人民共和国招标投标法》进行修改，是否比为 PPP 立法而立法更有价值呢？

---

① 徐蔚冰：《聚焦 PPP 立法的五大问题》。来源：中国经济时报。访问网址：http://www.sohu.com/a/163547003_115124。访问日期：2018 年 3 月 13 日。

第 4 章

目前中国 PPP 立法存在的六大问题

第 1 节 专门立法的缺失

目前我国国家层面适用 PPP 模式的法律主要有《中华人民共和国政府采购法》《中华人民共和国招标投标法》《中华人民共和国公司法》《中华人民共和国合同法》等，各个法律配合使用，互为补充。但因 PPP 涉及的影响因素复杂多变，如《中华人民共和国政府采购法》和《中华人民共和国招标投标法》在项目适用范围、监管主体及招标方式等方面的规定存在较大的差异，因此政府和社会资本方对两者之间的选择也有较大的分歧。

此外，现有的规定原则性太强，对 PPP 模式没有做出清晰的界定，导致了实际实施中可操作性不强的问题。虽然我国现行的关于 PPP 的法律法规比较多，但绝大多数都是部委规章和地方性的管理办法和规定，并没有专门的 PPP 法，也没有对 PPP 立法的原则、适用范围、PPP 模式、社会资本的投资回报、风险控制等内容进行明确。统一立法的缺失，也导致无法以此建立健全 PPP 法律制度体系。

第 2 节 现行法律层次低、效力不高

适用 PPP 的法律有《中华人民共和国政府采购法》《中华人民共和国招标投标法》《中华人民共和国合同法》《中华人民共和国预算法》，相关的部门规章和规范性文件，比如建设部的《市政公用事业特许经营管理办法》、财政部的《关于推广运用政府和社会资本合作模式有关问题的通知》《政府和社会资本采购管理办法》《关于规范政府

和社会资本合作合同管理工作的通知》及 PPP 项目合同指南等，这些规章或规范性文件对 PPP 项目合同的订立、履行、变更和终止等事项以及 PPP 项目的具体实施做出了专门的规定。但这些规范性文件大多由国务院各部委或地方政府有关部门制定，相关的 PPP 规范性文件大多采用意见或通知形式，存在立法水平低，法律效力不高等问题。法律起草部门自身的局限性以及对部门利益、地方利益的考量，往往会造成对草案涉及的权利与义务的调研和论证不够深入。如果没有稳定的法律保障，社会投资人所处的地位将一直持续尴尬状态。因此可以说，目前在中国实施的 PPP 项目，并没有完备的法律体系支撑。

第 3 节　政府角色定位不清、职责分工不明确

从 PPP 内涵中我们看到政府部门和社会资本方两者是合作伙伴关系，然而在实际实施过程中却存在政府部门角色定位不清的问题。在现在的 PPP 合作中，部分地方政府还把自己定位为"管理者"角色，对 PPP 伙伴关系了解不够，仍停留在传统的强势地位上，严重影响了 PPP 项目的实施。而且在目前的 PPP 协议中，政府和社会资本对违约责任和义务的规定有时也是不平等的，它更强调社会资本的责任和义务，对地方政府违约缺乏约束，很明显没有把两方放在平等地位上考虑问题，破坏了社会资本方参与 PPP 的信心。当前，PPP 相关法律法规之间存在不一致甚至冲突，缘于政府部门职责分工不明确、缺乏有效沟通所致。虽然都本着推动 PPP 的发展的态度，然而具体工作中却存在差异。

第 4 节　风险分担和利益分配不合理

PPP 明确了政府和社会资本方是风险共担、利益共享的伙伴关系。然而在实际实施中，如何共担风险、共享利益又是摆在两方面前的一大难题。政府部门希望社会资本方出资并多担风险和责任，同时还不损害自己的利益。社会资本方觉得自己出了资本，政府部门应承担剩下的任务，最终自己的利益也要得到保证。总而言之，两方都在为自己争利益，减责任。在大部分的政策文件中，对于项目风险的防范和分担都只是泛泛而谈，并没有明确界定社会投资者的风险，更没有进一步构建政府和社会资本合作的风险分担矩阵，就拿《政府和社会资本合作模式操作指南（试行）》来说，只是提出建立双方的风险分担框架，并没有进一步细分两者分担内容，对于社会资本方

承担的风险及面临的风险分担没有做明确的界定。对于政府和社会资本方的收益保障，相关政策文件并不是很明确，在《中华人民共和国政府和社会资本合作法（征求意见稿）》中规定，PPP 项目的收益要合理，避免收益过高或过低。然而项目收益的过高或者过低的量化标准又是一大难题，这对社会资本方来说投资是冒着较大风险的，挫伤了其参与 PPP 项目的积极性。

第 5 节　PPP 项目操作流程烦琐、相关工作不透明

众所周知，PPP 项目是一个所需资金较多、建设时间较长、牵涉主体较多的复杂项目，且我国 PPP 项目发展尚未成熟，正处于起步阶段。按照发改委和财政部的指导意见，PPP 项目从发起到实施阶段需要经过一系列复杂流程，初审、可行性评估、联审、政府审核、公开推介、采购、谈判、公示等程序，还需要提交发起材料、实施方案、可行性评估报告、物有所值评估报告、财政可承受能力评估报告、资产评估报告等材料，除此之外，按照相关法律法规，还需经过土地、规划、申请、审批、环评、能评等一系列评估手续，所需时间在一至两年左右，花费了大量的时间，造成了较大的成本浪费。为了规范 PPP 项目的运作，财政部出台了《政府和社会资本合作项目财政承受能力论证指引》和《物有所值论证指引》，为了节省时间，很多 PPP 项目面对这样烦琐的操作流程都会走个形式。再加上 PPP 相关工作不透明，比如操作流程不透明，在实际实施中许多项目没有通过竞标这一公开透明的程序。这些程序的设置是为了规范 PPP 前期工作进而更好地规范 PPP 项目，促进我国 PPP 项目的健康发展，然而过于烦琐的程序却让很多参与方走个形式，那这些规范就形同虚设，无法发挥其作用了。

第 6 节　现阶段 PPP 立法仍然解决不了现有法律冲突

我国现行的与 PPP 密切相关的法律，如《中华人民共和国政府采购法》和《中华人民共和国招标投标法》，在制定时并没有考虑到 PPP 操作方面的需求。并且中国经济和社会发展经过这么多年的变化，这些法律已经有不少方面存在问题或不适应现实状况。

适用范围不同是两法最大的不同：《中华人民共和国政府采购法》适用于各级国家机关、事业单位和团体组织，使用财政性资金采购依法制定的集中采购目录以内的

或者采购限额标准以上的货物、工程和服务；而《中华人民共和国招标投标法》多用于工程建设项目的招标投标活动，包括大型基础设施、公用事业等关系社会公共利益、公众安全的项目，全部或者部分使用国有资金投资或者国家融资的项目，使用国际组织或者外国政府贷款、援助资金的项目三类。

那么问题来了，二者适用于大多数 PPP 项目，但是不能涵盖所有的 PPP 项目：有些 PPP 项目是由使用者付费，不需要财政进行补贴，不适用于《中华人民共和国政府采购法》；有些 PPP 项目并不涉及工程建设，不适用于《中华人民共和国招标投标法》。因此要同时满足两部法律的 PPP 项目——由财政补贴的工程建设项目可能会因两部法律存在冲突而无所适从。采购法中规定政府采购工程进行招标投标的，适用于《中华人民共和国招标投标法》，但是在两法的冲突之处，如联合体选择标准不一致的情况下，该以何为依据？同时两部法律均不满足的 PPP 项目——即由使用者付费的非工程建设项目将无法可依。

因此，在 PPP 立法过程中应充分考虑到上述问题，对 PPP 模式的适用法律予以明晰，避免争议的产生。同时应当对采购规则做出慎重考虑，与《中华人民共和国政府采购法》和《中华人民共和国招标投标法》做好衔接，如难以在立法条文中具体规定采购规则，则应当在做出原则规定、突出竞争性的前提下，授权有关部门另行制定具体采购规则，以适应 PPP 项目特殊采购需求。否则，原有的冲突没有解决，新的问题又要出现，将大大降低 PPP 立法的效用。

综上所述，笔者认为，对现行的《中华人民共和国政府采购法》《中华人民共和国招标投标法》等法律进行修订修改，比起现在就为 PPP 专门立法显得更加必要和更有价值。

第 5 章

国外及我国台湾地区 PPP 立法状况及其启示

从国外 PPP 发展情况看，PPP 并不是一个新生事物，已经成为世界各国公共治理体系深化改革的重要工具，而且在某些国家 PPP 立法已经发展得较为成熟。从区域看，拥有专门立法的国家分布较广。图 3-5-1 为 PPP 立法最具代表性的国家和地区所属法律体系。英国、法国、德国、澳大利亚、日本、韩国、加拿大、我国台湾地区都对 PPP 立法有专门的规定，美国一些州也对 PPP 进行地方立法。据不完全统计，世界上共有 52 个国家拥有 PPP 法或特许经营法及其相应政策。尽管各个国家的法律法规及政策不尽相同，但从总体上来说，PPP 法律框架下，既有专门的 PPP 法，也有特许经营法、私有化法案、采购法以及与规制相关的法律法规等。下面我们对几个 PPP 立法发展最具代表性的国家及我国台湾地区进行分析。

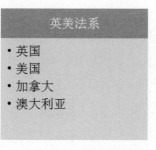

图 3-5-1　PPP 立法最具代表性的国家和地区所属法律法系

第 1 节　英国 PPP 立法及其发展情况

一、英国 PPP 立法及发展情况

英国的 PPP 模式起源最早，发展也较快，是 PPP 模式应用非常成功的一个国家，各项相关的法律法规也比较成熟。但是，英国没有一个综合的 PPP 法，而是采用了标准化 PPP 合同。

英国对于 PPP/PFI（Private Finance Initiative，私人主动融资）项目的法律法规可以划分为 3 个层次[①]：第一，作为英国政府采购法的来源，欧盟的政府采购指南是最重要的；第二，英国的《公共设施合同法》和《公共合同法》，这两部法律主要是用来规范政府采购行为的；第三，英国财政部制定的一些实施细则和标准指南。英国财政部颁布了一系列 PPP 指导文件，如 PPP 政策和指导、PF2 标准化合同、采购和合同管理、使用私人资本的物有所值分析、金融指引、PPP 基础设施指导、PPP 预算和会计安排。1999 年英国政府颁布了《标准化 PFI 合同》第一版，然后在 2002 年、2004 年和 2007 年分别颁布了第二版、第三版和第四版。2012 年，英国政府在总结以往 PFI 不足的基础上做了修订，颁布了《PPP 新路径》，也就是后来的 PF2[②]。2012 年 12 月，英国财政部正式出版了《标准化 PF2 合同》。

《标准化 PF2 合同》的发布标志着英国 PPP 以 2012 年为时间轴被划分为 PFI 和 PF2 两个阶段。在 2012 年以前，PFI 模式涉及的领域包括了一系列的公用设施建设，是当时应用最广泛的模式。然而，按照英国的立法体系，英国的 PFI 模式还是存在很多问题。首先，PFI 模式并不适用所有的工程项目，因其程序极其复杂，所花费的成本也比较高，对投资金额有明确的要求，它的起价必须是 5000 万英镑，局限在那些大标的金额的项目。其次，PFI 合同一旦签订，后续 PPP 实施过程中很难随着项目实际需要进行修改，缺乏相应的灵活性。对于最终购买服务的人群来说，PFI 缺乏相应的透明度，这也引起了他们的不满。政府部门将风险转嫁给私人部门，私人部门也趁此要求获得更多的回报，两者之间风险分担不合理。为了吸引民间投资，PFI 项目融资实行高杠杆率，其中股本占 10%、市场融资占 90%，这样导致私人投资者有利可图，即使项目失败也不用承担很大的损失，而项目成功以后将获得高额回报，这有悖于项

[①] 莫莉：《英国 PPP/PFI 项目融资法律的演进及其对中国的借鉴意义》，载《国际商务研究》2016 年第 5 期，第 56 页。

[②] 张曙光：《论我国 PPP 的立法完善》，载《内蒙古师范大学学报》2016 年第 2 期，第 67 页。

目物有所值理论，在当时也受到了广泛的争议。因此，2012 年英国政府对 PFI 总结反思后，对《标准化 PFI 合同》进行了修订，出台了《标准化 PF2 合同》。针对之前存在的问题，PF2 做出了如下几个方面的改进。

1. 改革原有的股权结构

在 PFI 模式下，私人融资股权就占了 90%，政府部门仅仅只占了 10%，PF2 的政府参股投入部分资本金这项措施有效解决了这一问题。英国政府要求私人投资提高资本金比例，政府以小股东身份投入部分资本金，股本金比例由原先的 10% 提高到了 20% ~ 25%，双方之间的合作得到了进一步的提升。在英国的 PPP/PFI 项目中，项目的建设和运营由主要投资者负责；财务投资者仅仅需要出资，最后获得相应的回报；机构投资者是次级投资者，其参与 PPP 项目能获得长期稳定的回报。总体来说，政府部门参与投资入股但并没有控股，融资结构更加多元化了，通过这次改革，PF2 项目增加了获取长期债务融资的机会。

2. 改革项目采购机制

英国政府开展 PFI 模式所需专业能力不足，开展 PFI 模式缺乏相应的实践和经验，所制定的招商采购流程过于烦琐，成本浪费比较严重。此后，随着 PFI 模式的深入开展和经验的日益积累，政府部门在 PF2 中提出了提高效率和节省成本的措施[①]：依托英国财政部及基础设施局 IUK 的专业力量，着力推广集中采购这一采购方式；项目采购流程化、简单化和标准化，着力推广使用 PF2 标准合同和规范文本，加强对日常开支的监管；启动政府能力建设培训计划，改革服务机制；除取得财政部长同意，规定了一般的 PF2 项目从投标到中标的时间不能超过 18 个月。

3. 提高合同灵活性

为了解决原先合同一旦签订就不能随着项目实际需要进行变更的问题，在新修订的 PF2 里，在双方签订合同时重申了可随项目实际需要做出一定变更的要求，政府部门也可在项目运营过程中选择添加或者删除一些服务的可选项等。

4. 改革信息透明机制

原先因信息不透明在英国引起了很大争议，在重新改革的 PF2 模式里，信息公开与透明是核心内容。对于政府所有参股项目的财务信息每年都要一一公布，包括 PF2 项目的负债情况、私营部门实际的和预测的净资产收益率。对于项目的审批流程也要让投资商逐一了解，增强投资商参与 PF2 项目的信心和积极性。此外，在项目的采购

[①] 王增忠：《公司合作制（PPP）的理论与实践》，上海：同济大学出版社 2015 年版，第 143 页。

阶段，还会引入第三方财政审查来加强对项目的监管。

5. 改革风险分担机制

在传统的 PFI 模式下，政府部门都是以转嫁风险给私人部门的方式来逃脱一定的责任。PF2 则对此进行了改革，明确了政府需要承担的风险，包括因政策和规划变更引起的项目投资和运营成本上升的风险、项目用地所牵涉的法律风险、第三方引起的污染风险、超量使用引起成本上升的风险、服务流量不足的风险[①]。明确政府责任，政府才能更好地承担责任，避免发生推诿推卸的情况，私人部门也不用承担过多风险以求获取高额回报。

二、英国 PPP 模式的特点

英国自 1980 年以来，在将传统基础设施和公共服务项目推向市场的同时，对于必须由政府承担提供公共服务责任的领域，通过推行私人融资计划（PFI/PPP 模式），通过政府采购服务的方式来实现市场化改革，通过重新构建法规制度体系、强化项目前期论证、加强专业机构能力建设、信息公开及公众参与、完善配套金融服务等综合措施，发挥市场机制和政府部门的双重作用。

英国 PPP 模式有着自身的特点。首先，英国 PPP 很少使用特许经营这一方式，PFI/PF2 模式最为常见。其次，项目覆盖的行业范围较广，囊括了教育、医疗、交通、废弃物处理、健康等多种类别。再次，英国 PPP 项目运营期限整体较长，在 20～30 年的项目占 80% 以上，甚至有 40 年以上的项目。最后，对于政府财政支出有着严格的控制，每年都要统计库存 PFI 项目以后各财政年度的政府支出需求以便做好规划。总体说来，英国 PFI、PF2 开展取得了丰硕的成果，也积累了大量的经验，值得我国借鉴。

第 2 节　法国 PPP 立法及其发展情况

法国虽然与英国同在欧洲，但二者属于不同法系。法国是大陆法系国家中最具代表性的。法国的 PPP 法律框架包含了法典、条令等，PPP 开展的形式很多，与这些 PPP 形式匹配的合同类别也多种多样，可以说非常复杂。法国的特许经营制度非常成熟，据此还发展了伙伴关系合同制度。在罗马帝国时代，"特许经营"就已经出现了。16 世纪到 17 世纪，随着经济的发展，政府将运河和桥梁的修建特许给私人，特许经

[①] 王增忠：《公司合作制（PPP）的理论与实践》，上海：同济大学出版社 2015 年版，第 144 页。

营开始步入新发展时期。18 世纪，铁路、供水、供电等建设运营也特许给私人。19 世纪，又增加了高速路、废水处理等项目。

由此可见，法国特许经营项目的范围越来越广。基于其成效明显，在 18 世纪特许经营制度正式确立，并于 19 世纪发展出"租赁"制，即在政府监管的前提下，由私人提供公共服务，并以使用者付费形式获得回报。法国伙伴关系合同制度是为了解决在传统特许经营实施过程中产生的问题而产生并发展起来的。1980 年乃至 10 年后，由于采购不透明问题频繁出现，法国推行了政府付费的 PPP 合同。然而随着推广范围的扩大，政府出现了较为严重的财政赤字，为此在 2004 年确定了伙伴关系合同定义、范围、采购程序等。2008 年和 2009 年，根据实际实施情况做出了相应的调整。伙伴关系合同主要是对英国 PFI 制度的借鉴，区别在于它还考虑到了法国市场的特殊性，并通过立法授予公共机构与私人承包方签订协议的权力，包括融资、建设、资产转移、运营或维护公共部门资产以及提供必要的对公共服务绩效产生影响的服务[1]。

第 3 节　加拿大 PPP 立法及其发展情况

一、加拿大 PPP 立法及发展情况

根据加拿大 PPP 委员会的定义，PPP 是指公共部门和私人机构之间建立在双方优势和专业技术之上的合作，通过合理的风险分担、资源和收益共享来满足清晰界定的公共需求[2]。加拿大是国际上公认的 PPP 运用最好的国家之一，这得益于加拿大各级政府对 PPP 模式的重视和支持，加拿大 PPP 项目推进有力、项目运作规范，各级采购部门经验丰富，服务效率和交易成本的优势显著[3]。

加拿大政府对 PPP 的支持主要体现在法律顶层设计和组织保障两方面。在法律顶层设计方面，自 20 世纪 90 年代，加拿大政府就开始对 PPP 进行立法管理，至今联邦、省、地方三级政府都有各自的法律法规及管理政策。但是加拿大并没有制定统一的 PPP 法律，作为典型的普通法系国家，加拿大主要通过政策而非立法规范 PPP 项目，而且各省的政策规范有所不同，其中以英属哥伦比亚最成体系。加拿大政府积极制定

---

① 裴俊巍、王洁：《法国 PPP 中的伙伴关系合同》，载《中国政府采购》2016 年第 7 期，第 39 页。

② 裴俊巍、包倩宇：《加拿大 PPP：法律、实践与民意》，载《中国政府采购》2015 年第 8 期，第 49 页。

③ 杨晓敏：《PPP 项目策划与操作实务》，北京：中国建筑工业出版社 2015 年版，第 4 页。

基础设施规划，对 PPP 采购流程不断改善。2003 年，加拿大工业部出版了《对应公共部门成本——加拿大最佳实践指引》和《PPP 公共部门物有所值评估指引》，到目前为止，这是加拿大 PPP 项目运作的主要依据[1]。此外，还有 2002 年加拿大联邦政府通过的《加拿大战略基础设施资金法案》，各省发布的新不伦瑞克省高速公路公司法、安大略高速公路 407 法案、魁北克基础设施法交通基础设施伙伴关系法、英属哥伦比亚交通投资法、卫生部门伙伴关系协议法、安大略基础设施项目公司法等。

在组织保障方面，加拿大将 PPP 归于政府采购管辖范围，各省都有专门的采购机构或办公室负责 PPP 采购。为了推广 PPP，1993 年，加拿大政府成立了加拿大 PPP 国家委员会（CCPPP）。2007 年，加拿大还组建了国家层级的 PPP 中心，其主要职责是负责协助政府推广 PPP 模式、参与具体 PPP 项目开发和实施、审议和建议联邦级的 PPP 项目、负责与地方级 PPP 中心的合作。同年，加拿大政府还设立了一个总额为 12 亿加元"加拿大 P3 基金"，由 PPP 中心负责管理和使用，为 PPP 项目提供不超过 25% 的资金支持。该基金为 PPP 项目的开展提供了强有力的支持，在交通、水务、能源、安全、体育等众多领域发挥了重要的作用。

从加拿大政府发布的关于 PPP 的统计数据看来，1993—2013 年，加拿大 PPP 项目启动 206 个，总价值超过了 630 亿美元，涵盖了全国 10 个省，涉及交通、医疗、司法、教育、文化、住房、环境和国防等行业。2003—2012 年，加拿大共有 121 个 PPP 项目完成了融资方案，进入建设或者运营阶段。这些项目的成功开展，创造了就业机会、拉动其他行业的发展、为国内生产总值贡献了力量，PPP 在加拿大经济发展中的地位举足轻重，民众支持度也在不断上涨。

二、加拿大 PPP 模式的特点

加拿大 PPP 模式有着自己独特的特点[2]。第一，社会资本方参与 PPP 项目并不是单纯地为基础设施项目融资，项目最终的目标是为群众提供公共服务。第二，具有专业技术和经验优势。加拿大成立了专业的组织机构负责审核 PPP 项目复杂的交易结构等。第三，引入竞争。为了鼓励创新和降低成本，加拿大鼓励国内外的私人投资者参与到 PPP 项目的竞标中。第四，资本市场融资。加拿大建立了为 PPP 项目提供资金的项目债券融资市场。第五，注重推广和创新。加拿大 PPP 中心与国内各省同行分享交流经验，同时借鉴 PPP 经验，根据不断变化的外部环境做出相应的调整。

---

① 王增忠：《公司合作制（PPP）的理论与实践》，上海：同济大学出版社 2015 年版，第 148 页。
② 杨晓敏：《PPP 项目策划与操作实务》，北京：中国建筑工业出版社 2015 年版，第 5 页。

第 4 节　澳大利亚 PPP 立法及其发展情况

一、澳大利亚 PPP 立法及发展情况

同为典型的普通法系国家,澳大利亚也没有专门针对 PPP 进行统一立法,主要通过政策规范 PPP 的运作,各个州有自己的 PPP 政策,最早可以追溯到维多利亚州 2000 年出台的《维多利亚伙伴关系政策》(The Partnership Victoria policy)。从国家层面上说,澳大利亚联邦政府统一了各州对 PPP 的认识,并于 2008 年出台了《国家 PPP 政策框架》(National PPP Policy Framework)、《国家 PPP 指南细则》(National PPP Guidelines Material) 和《国家 PPP 指南概览》(National PPP Guidelines Overview)。根据规定,澳大利亚基础设施 PPP 模式分为两类,即社会性基础设施和经济性基础设施。两种模式各自适用不同类型的项目,经济性基础设施项目包括通信、道路、铁轨和港口等,由使用者付费;传统采购方式用于政府购买基础设施产品,主要是社会性基础设施项目,包括监狱、教育设施、卫生保健设施、公共住房设施和法院设施等,由政府保留控制权。从投资总额看,经济性基础设施占比比社会性基础设施略高一些。

澳大利亚 PPP 运作由投资者联合成立的"特殊目标公司"(SPV) 和政府签订协议,协议期限一般为 20～30 年。融资方对 SPV 的股东通常是无追索权或者有限追索权。贷款采取子弹式还款方式,到期一次性还本,在贷款存续期间,融资方可以通过在金融市场上再融资的方式转让贷款份额[①]。除此之外,SPV 还会跟政府就 PPP 项目任务等签署协议,明确双方的权利义务,出现风险和失败的情况下追究责任等。

2008 年,澳大利亚组建了国家级的 PPP 管理机构——澳大利亚基础设施局,其主要职责是确定好各级政府基础建设的需求和制定相应的政策。2008 年,澳大利亚基础设施局会同澳大利亚全国 PPP 论坛,制定了全国性的 PPP 政策框架和标准。此后,各级政府在此基础上制定各个地方的 PPP 操作指南。在这些指南里,PPP 项目的决策过程分为投资决策和采购决策两个阶段,前一阶段是确定项目经济和财务的合理性和可行性,后一阶段主要是比较 PPP 项目是否在投资、工期、成本、服务质量、效率、风险等方面优于传统采购项目。

在《澳大利亚:传统政府采购与 PPP 绩效比较》研究报告中曾把 21 个 PPP 项目

---

① 孟刚:《澳大利亚基础设施公私合营（PPP）模式的经验与启示》,载《海外投资与出口信贷》2016 年第 4 期,第 38 页。

与 33 个传统政府项目的数据进行对比，根据对比结果发现 PPP 在两方面的优势都很明显。其一是 PPP 项目成本效益更高，无论是在发起阶段还是项目交付阶段，PPP 都比传统采购项目节省 10%~30%的资金。其净成本超支额度也较传统采购项目小。其二是从时效性结果来看，PPP 项目的整体进度较快，一般的 PPP 项目都比预期竣工时间要快。据此分析，PPP 项目更加透明，数据更丰富，优势特征也更明显。

二、澳大利亚 PPP 模式的特点

澳大利亚的 PPP 模式有着自身显著的特点。第一，专业、高效的专门管理机构。澳大利亚基础设施局专门的 PPP 管理机构，主要负责管理和审批所有的 PPP 项目。除此之外，州政府还设立了 PPP 指导委员会，为各州 PPP 发展提出指导意见。第二，确定项目标准。PPP 项目需要明确的标准：项目所具有的价值和规模标准；所采取技术的复杂程度和新颖程度的标准；政府和社会投资方风险分担的标准；项目公司具有的 PPP 项目实施能力标准等。第三，公私部门明确自身的角色和责任。对于公共部门和私人部门有着明确的风险划分，前者承担土地风险，后者承担建设风险。在整个 PPP 融资项目中，私人部门可负责建设或者运营，政府部门负责监管。第四，确保私人部门利益。在澳大利亚只要符合政府要求并投入运营的 PPP 项目，政府都会向私人部门付费。有时，政府还会给予私人部门一些优惠使其有利可图，确保私人部门利益是提高其参与 PPP 项目的积极性的重要举措。第五，有效的风险管理机制。遵循合理分担风险的原则，将风险分配给最有能力、最能控制风险且能产生最大项目效益的那一方[①]。第六，建立严格的审计和绩效评价机制。在 PPP 项目中，政府和私人部门通过签订合同的方式来明确双方的权利和义务，并明确在政策变更或者环境变化时可商谈的条款，保证合同的公正公平合理。澳大利亚还有专门的合同法来保证双方合同的履行，设立了相应的奖惩措施及相应情况下的处理方式。

第 5 节 美国 PPP 立法及其发展情况

美国和加拿大同在北美洲，二者都是世界上私人参与公共服务提供较为典型的国家，但两国的 PPP 发展却并不一致。美国 PPP 模式以政府采购为主，政府机构将服务外包（Comtract Out）给私人，并由政府购买。在组织管理方面，美国没有统一推

---

① 王增忠：《公司合作制（PPP）的理论与实践》，上海：同济大学出版社 2015 年版，第 153 页。

动 PPP 的政府机构，财政部、能源部、交通部、劳工部等都参与了 PPP 的推动过程，此外，还有一些非政府组织和机构也一直在为推动 PPP 而努力，如全国公私伙伴关系理事会（National Council for Public Private Partnerships, NCPPP）和市长商业理事会（the Mayors Business Council）等[①]。

美国也没有专门设立统一的 PPP 法律，美国是联邦制国家，总体上以联邦法律为主线，权利划分后在 PPP 实行的过程中主要适应相关的州立法，可以说美国 PPP 相关立法散见于联邦立法和州立法之中。1991 年，美国政府颁布的《多式联运陆路运输效率法案》（Intermodal Surface Transportation Efficiency Act, ISTEA），开启了非州际公路收费的先河，并允许州政府使用联邦资金与州政府资金或私人部门资金相结合用于非州际收费公路。还有 1995 年颁布的《国家高速公路法》（National Highway Designation Act, NHDA）、1998 年颁布的《交通基础设施融资和创新法案》（Transportation Infrastructure Finance and Innovation Act, TIFIA）、2005 年颁布的《安全、可靠、灵活、高效的运输公平法案：留给使用者的财产》（Safe, Accountable, Flexible, Efficient Transportation Equity Act: A Legacy for Users, SAFETEA-LU）、2014 年颁布的《收费公路 PPP 模式特许经营合同核心指南》（Model Public-Private Partnerships Core Toll Concessions Contract Guide）等，都从国家层面为美国 PPP 的规范化运作提供了制度保障。2010 年，美国出台了《公共交通 PPP 立法者工具包》（Public-Private Partnerships in Transportation - a Toolkit for Legislators），又于 2014 年 11 月出台《公共设施公私伙伴关系立法指导》（Public-Private Partnerships for Public Facilities-Legislative Resource Guide），这些对州和地方的 PPP 立法工作提供了重要参考。

美国的 PPP 项目分为"绿地"（Green Field）项目和"棕地"（Brown Field）项目两种类型。前者主要是新建基础设施，而后者是对现有基础设施进行修缮、翻新和运营。美国的 PPP 一般被认为是项目融资的一部分，因此与其他类别的项目融资类似。美国 PPP 涉及无追索或有限追索的、资本密集的基础设施项目投资，主要集中于公共交通领域，包道路、桥梁、高速公路、港口和机场等。美国交通部还专门开辟了 PPP 专栏，介绍国内案例和法律政策。其他的社会性公共设施，如学校、法庭、医院等也都有 PPP 项目的参与[②]，甚至在军事、航空航天等领域都有私人部门的参与，而且私

① 中驻美使馆经济处：《美国 PPP 发展情况和借鉴：已延伸至所有的公共部门》。访问网址：http://www. caigou2003.com/gj/ gwzf/2528813.html。访问日期：2016 年 10 月 27 日。
② 傅宏宇：《美国 PPP 法律问题研究——对赴美投资的影响以及我国的立法借鉴》，载《财政研究》2015 年第 12 期，第 95 页。

人部门的作用越来越突出。

第 6 节　我国台湾地区 PPP 立法及其发展情况

在我国台湾地区，并不称其为 PPP，而是 PPIP（民间参与公共建设），其运作模式与 PPP 基本是一致的。1980 年，台北市发布了《台北市奖励投资兴建公共设施办法》，由此拉开了台北开展 PPIP 的序幕。此后，随着 1994 年《奖励民间参与交通建设条例》及 2000 年《促进民间参与公共建设法》的颁布，台湾地区的政府和社会资本模式如雨后春笋般迅速推广开来。

《促进民间参与公共建设法》及其配套制度对台湾地区开展 PPIP 发挥了重要作用，具体内容如下[1]。

（1）《促进民间参与公共建设法》规定："本法所称公共建设，指下列供公众使用或促进公共利益之建设：一、交通建设及共同管道。二、环境污染防治设施。三、污水下水道、自来水及水利设施。四、卫生医疗设施。五、社会及劳工福利设施。六、文教设施。七、观光游憩重大设施。八、电业设施及公用气体燃料设施。九、运动设施。十、公园绿地设施。十一、重大工业、商业及科技设施。十二、新市镇开发。十三、农业设施。"

（2）台湾地区的 PPIP 有专门的管理机关，并分为主管机关和主办机关两个层次，主管机关主要负责监督管理，而主办机关主要负责具体项目实施。两个机关分工明确，各司其职，对 PPIP 的开展起了较大的推动作用。

（3）民间参与 PPIP 的方式多样化，主要有 BOT、BTO、ROT、OT 和 BOO 5 种方式，其他方式还可以根据该规定有关方面实施。

（4）在项目开展之前，投资者和政府双方当事人已约定好特许协议，法律也已明确了协议条款的主要内容并确认双方具有平等地位。约定特许协议旨在规范双方的权利义务，分散投资中的风险，推动 PPIP 项目的开展。

（5）在提供融资及税收优惠方面做得很到位，在《促进民间参与共建设法》第 3 章还专门设立了"融资及租税优惠"条款，主要措施体现在对主办机关的要求上，要求其按照预算管理做出政府贴息或者投资安排、协调金融机构或特种基金提供民间机

---

[1] 牛要聚：《台湾地区政府和社会资本合作的主要做法及启示》，载《中国财政》2015 年第 15 期，第 70-71 页。

构中长期贷款、对参与重大公共建设的民间投资方给予税收优惠等。

（6）为了使民间投资者有平等机会参与 PPIP，对于项目建设、营运规划内容及申请人资格条件等相关事项，具体到项目计划性质、基本规范、投资权利义务等先期公告，还设立甄审委员会设立甄审标准一并公告，这就做到了公开透明，充分保障了民间投资者的权利。

（7）加强政府监管也是值得称赞的一方面。政府监管涉及的内容比较多，主要包括以下内容：公用事业收费标准参照因素和调整运营费率方面；提供税收优惠方面；涉及投资合同相关权利方面；涉及特许经营资产和设备转让及出租方面；经营期限满时相关设备移交方面；在民间机构参与建设公共项目时，发生了比较严重的事情诸如施工进度严重落后、工程质量存在较严重的问题、经营管理不善等问题，主办机关行使强制接管权或者让其他方接管等方面。在这些方面行使监管权能有效防范及减少风险，很值得大陆地区借鉴。

中国台湾地区 PPIP 模式取得的成效也非常显著。一是政府和社会资本合作模式在公共建设投资中所占的比例很高。2002—2010 年，所占比例高达 13%，与 PPP 开展较早且成熟的国家如英国、韩国等比较都处于领先地位。二是有效地弥补了政府资金不足的缺点，吸引的民间投资金额较大，有效地推动了 PPIP 的开展，还创造了很多就业机会。三是项目相关产业整体发展水平得到了很大的提升，参与 PPIP 项目的企业不仅提升了筹资、设计、施工还是营运管理水平，而且获得了长期且稳定的收益。四是民众使用公共产品或者服务的满意度非常高，甚至超过了英国和加拿大群众的满意度。五是履约争议逐渐减少。双方的合作难免产生争议，英国虽然开展 PPP 较成熟，但还是有 17%左右的争议比例，中国台湾地区的争议逐年减少，甚至低于英国的比例。

第 7 节　其他地区 PPP 立法及其发展情况

一、日韩等其他亚洲地区 PPP 立法情况

韩国和日本在亚洲都属于 PPP 立法比较成熟的国家。韩国很早就制定了 PPP 法律。1994 年制定了《促进私人资本参与社会间接资本投资法》(Act on Promotion of Private Capital into Social Overhead Capital Investment)。1998 年和 2005 年对其进行了相应的修改，并两次更名。2005 年的修订版更名为《民间参与基础设施法》(Act on Private Participation in Infrastructure)。1999 年，韩国还出台了《私人参与基础设施执行法》，在此后的时间里根据 PPP 实际发展不断调整。

日本的 PPP 模式主要源于英国的 PFI。1999 年日本颁布了日本 PFI 法，即《利用民间资金促进公共设施等设备相关法》，并于 2001 年、2005 年和 2011 年进行了修订。日本还先后出台了《物有所值指南》《进程指南》《风险共享指南》《合同指南》和《监督指南》等具体引导规则。亚洲其他国家如菲律宾、斯里兰卡、柬埔寨等都制定了 PPP 法案，总体上说亚洲地区 PPP 开展的国家比较多。

二、非洲地区 PPP 立法情况

受经济发展的影响，非洲的 PPP 发展比较缓慢，2005 年以后才开始推行 PPP 的立法。其中，南非的立法在非洲各国来说是最领先的，1999 年颁布的《公共财政管理法》和 2000 年颁布的《优先采购政策法》起着统帅作用，与其后颁发的其他政策法规等形成了一套较为完善的 PPP 法律体系。

其他国家如贝宁、毛里求斯、安哥拉等都有 PPP 法，塞内加尔、摩洛哥、突尼斯等国也有相关的法律法规。拉丁美洲国家受到私有化潮流的影响，各国纷纷实行国有企业私有化，随着公私合营规模不断扩大，各国的 PPP 法案发展越来越齐全。智利于 1980 年就开始将公共财产私有化，其中较有影响的主要是 1991 年制定的《智利特许经营法》和《智利特许经营规范》两部法，对智利开展 PPP 起到了规范作用。其他国家如阿根廷和巴西也分别颁布了《促进私人参与基础设施法》和《投标和 PPP 项目合同法》。

第 8 节　国外及我国台湾地区 PPP 立法经验对我国的启示

PPP 在世界各国都取得了一定的发展，颁布的法律法规也都是结合各国自身实际和所属法系，尤其是英国、法国和美国等国家以及我国台湾地区的 PPP 法律环境建设较为完善，PPP 发展也较为成熟，对于我国 PPP 立法有着重要的借鉴意义。

一、英国 PPP 立法对我国的启示

第一，立法必须明确"物有所值"这一基本原则，这是 PPP 项目的一个核心特质，也是 PPP 项目所要实现的根本目标。目前我国 PPP 立法采用哪种模式并没有明确的定论，但关键的是无论是哪种模式下都应将物有所值作为最基本的一个原则，并建立与之配套的风险分担制度。无论是社会投资方、融资方还是政府部门和发起人或者项目公司，都应坚持"物有所值"这一原则。社会投资方坚持这一原则是承担社会责任，同时也是实现自身价值的表现；融资方坚持这一原则，能够有效地核算融资成本、设

计融资结构、控制融资风险；政府部门坚持这一原则以维护社会公众的利益，发起人或者项目公司在项目设计、建设和运营环节坚持这一原则，并按其要求和目标履行相应的义务。

第二，PPP 立法必须要明确 PPP 项目融资的有限追索。PPP 融资是项目融资的一种，就必然要包括有限追索这一特征。目前我国开展 PPP 项目，融资困难又成了一大难题。虽然我国颁布了一些政策性法规，要求金融机构给予一些优惠，然而对于 PPP 项目国内金融机构其实是持着保守谨慎的态度，要求项目公司的母公司甚至是政府部门以传统融资方式提供完全的担保。传统的融资方式中抵押融资和担保融资是最常见的，然而在实际实施过程中，PPP 项目公司的多数资产属于公益性资产，无法使用抵押贷款这一方式。除此之外，PPP 项目所需资金数额较大，项目公司的母公司也无法实现全额担保，让政府部门为项目担保无疑是让政府陷入职能不清的困境。因此，最根本的方法在于通过 PPP 立法，明确指出 PPP 项目融资是有别于传统抵押和担保融资的一种新融资模式，政府部门通过特许经营和购买服务等而不是提供担保的方式来保证 PPP 融资目标的实现。为了实现融资目标，政府部门和融资方之间可以签订融资协议，在必要的情况下可以赋予融资方一定的介入权，介入期间双方的权利义务应在立法中明确要求。

第三，PPP 项目所需时间较长，在这样较长的项目期内，原先所拟定的融资结构和融资方案会随着项目的推进做出一定的调整。当出现融资金额不足时，项目公司还需通过再融资的方式对融资结构进行调整以满足项目的需求。再融资是确保资金链延展的一种相对快速的方法，能有效解决 PPP 项目建设中资金不足的问题，获得收益。财政部颁发的《PPP 项目合同指南（试行）》规定在某些 PPP 项目合同中，再融资是被允许的。但是需要满足再融资不能影响项目的实施并且应当增加项目的收益，签署再融资协议必须政府批准等条件。然而，仅仅依靠这些规定并不能发挥再融资的最大效益，必须在立法中明确再融资的条件、程序、审批标准等[1]。

二、加拿大 PPP 立法对我国的启示

第一，明确各政府部门责任划分，加快 PPP 立法进程。加拿大和美国都属于联邦制国家，加拿大联邦政府的 PPP 管理条文整体上起到了宏观指导的作用，主要是对 PPP 的定义、基本模式的界定、基本目标等做了规定。加拿大各级政府的 PPP 法律政

---

[1] 莫莉：《英国 PPP/PFI 项目融资法律的演进及其对中国的借鉴意义》，载《国际商务研究》2016年第 5 期，第 57-60 页。

策都以自身责任为界,只针对自身责任范围内的公共产品和服务进行规定,从不越权。此外,加拿大明确了省内基础建设其省级政府为主要的承担者,并明确了省级政府对 PPP 的项目类型、合作程序、流程等进行管理。加拿大市政府主要是负责供给地方服务,其管理更加具体化。我国 PPP 管理制度也应构建一种各级政府分工合作的框架:明确各级政府的权利,政府针对自身范围内的权限制定相应政策,多加交流和沟通,避免越权行为。在各级政府制定 PPP 政策的过程中明确分工,扮演着独立又联系紧密的三种角色①:中央政府注重从全国范围内宏观引导,制定方向性、框架性以及基本政策规范(例如 PPP 定义、PPP 模型);省级政府在中央政府政策框架内,以省内资金缺口较大的公共服务领域为重点进行管理;地方政府注重具体项目管理及实施。

第二,明确 PPP 的定义、模式及主管机构。关于 PPP 的概念目前并没有一个公认的定义,但加拿大联邦政府结合 PPP 实践,出台了法律,明确了 PPP 的概含义、合作模式、风险管理等。虽然目前我国中央政府不同部门和机构也出台了相关规范文件,但并没有明确在我国制度背景下 PPP 统一定义。我国应借鉴加拿大三级政府对 PPP 的法律管理经验,中央政府出台的法律文件进行框架性界定,地方政府再据此制定相应的地方政策。

第三,明确 PPP 可适用的公共服务领域。加拿大政府对 PPP 进行定义时,就在《加拿大战略性基础设施基金法》内明确指出采用 PPP 的公共项目包括六类以公共利益为目标的固定资产项目。而在我国《国务院办公厅转发财政部、发展改革委、人民银行关于在公共服务领域推广政府和社会资本合作模式的指导意见的通知》(国办发〔2015〕42 号)中提出要"在能源、交通运输、水利、环境保护、农业、林业、科技、保障性安居工程、医疗、卫生、养老、教育、文化等公共服务领域,鼓励采用政府和社会资本合作模式,吸引社会资本参与"。并没有明确哪类项目可以做 PPP,在未来 PPP 发展中如果能够明确哪些项目能够采用 PPP 方式,我国 PPP 的运用将有望集中到基础设施建设项目。

第四,正确认识 PPP 可能存在的风险。加拿大无论是联邦政府还是地方政府,都强调通过 PPP 将风险转移到私人部门,强调 PPP 项目应注重风险防范和管理。但目前我国过多将关注点放在 PPP 带来的利益及影响、减少政府债务等方面,忽略了 PPP 可能存在风险及风险防范管理方面,特别是在 PPP 成为一股流行浪潮的当下,我们

---

① 杨雅琴:《加拿大运用 PPP 投资公共项目的经验借鉴》,载《地方财政研究》2016 年第 4 期,第 44 页。

应该重视 PPP 更多是"一个管理模式而非融资模式",正视由于管理不善可能引致的风险①。

三、澳大利亚 PPP 立法对我国的启示

第一,设立专门的 PPP 政府管理机构,并且保持政策法规公开透明是非常有必要的,这是澳大利亚 PPP 发展一大推动因素。澳大利亚设置了基础设施和区域发展部,其主要职责是统计各级政府 PPP 项目开展需求、出台相应的指引政策等。该部门结合自身国情,积极探索并在 2008 年推出了全国 PPP 政策框架,对 PPP 项目实施中政策做了详尽的描述。我国应借鉴其成功经验,设立专门统一的主管机构,法规政策要做到健全完善并且公开透明,便于各参与方能了解 PPP 的具体政策和规定,推动 PPP 的有序开展。

第二,澳大利亚政府强调制定全流程的绩效监管体系,通过产出和结果的绩效评估要求,促使社会资本确保所提供的产品或服务的质量并提高效率②。与大多数人理解的监督对象不同,澳大利亚监督的重点对象是最终产出的产品和服务的质量和数量,其次才是社会资本方在项目运作过程中的具体行为等。澳大利亚参与分划分为社会资本、政府和第三方三个层次,对于每一层次的人都有具体的分工,社会资本主要负责项目的质量管理环节,比如制订计划、搜集监管数据和编写监管报告等;政府部门主要是对社会资本负责的工作做进一步审查、评估并进行相应的奖惩;第三方负责独立审计、争议处理等。我国政府部门职能分工并不明确,应当将主管部门、监督部门明确区分开来,参考澳大利亚政府的做法,制定符合我国具体实际的 PPP 监管体系。

第三,制定合理的项目标准,在对公共服务需求的认定和评估上地方政府操作粗放,缺乏项目所需的客观标准。因此,可以借鉴澳大利亚 PPP 模式的经验,出台专门的项目物有所值评估指引,将项目全生命周期内政府支出成本现值与公共部门比较值进行客观比较,确保项目选择 PPP 模式是提升效率、降低成本的最优选择③。

第四,澳大利亚 PPP 开展的成功原因之一就是政府和社会资本的有效合作,而在我国,政府和社会资本方双方争议还比较多,这也成了阻碍 PPP 发展的一大障碍。因

---

① 杨雅琴:《加拿大运用 PPP 投资公共项目的经验借鉴》,载《地方财政研究》2016 年第 4 期,第 45 页。

② 孟刚:《澳大利亚基础设施公私合营(PPP)模式的经验与启示》,载《海外投资与出口信贷》2016 年第 4 期,第 38 页。

③ 孟刚:《澳大利亚基础设施公私合营(PPP)模式的经验与启示》,载《海外投资与出口信贷》2016 年第 4 期,第 41 页。

此，各级政府部门应统一思想、明确职责分工、适当简政放权、提高 PPP 专业知识技能。

四、美国 PPP 立法对我国的启示

尽管我国与美国的国情不同、体制不同、社会发展阶段也不同，但美国 PPP 发展过程中的经验和问题对我国更好地推进 PPP 模式提供了多方位的思考和启示。

因为美国是联邦制国家，PPP 项目大都集中在各州、郡、市等地方政府层面，所以美国基本没有国家级顶层设计，包括立法、实施等主要交由地方政府自行决定，但美国的全国性非政府组织或行业协会发挥了积极的作用。结合我国的国情和体制，一方面我们必须努力搞好国家的顶层设计，包括 PPP 的国家统一立法和统一规制，中央政府及其有关部门统一高效的协调推进工作机制；另一方面，要充分调动地方政府应用 PPP 模式的积极性，鼓励地方政府在规范有序基础上的创新发展。

州立法作为美国 PPP 法律体系的重要组成部分，有一些成功的做法很值得我国学习：① 确定政府的责任重点；② 赋予州的一个行政部门（如州长办公室）适当的法律权力；③ 为顾问专家配备充足的人员和资金支持；④ 州政府对于支持 PPP 的人或事予以鼓励；⑤ 详细规定招标流程；⑥ 明确要求政府在购买土地、达到环境要求方面承担责任；⑦ 明确规定如何确保州政府获得所需的资金。

五、台湾地区开展 PPIP 对我国大陆地区的启示

从台湾地区开展 PPIP 的情况，我们可以获得如下启示。

第一，积极探索我国大陆地区存在的问题，加强立法。虽然我国颁布的法律法规较多，但是并没有专门立法，法律制度的缺失成为阻碍 PPP 发展的最大障碍。因此，非常有必要结合我国的实际，尽快开展 PPP 立法工作。

第二，明确主管部门，加强监督工作。目前我国大陆地区因为没有明确主管部门，在 PPP 实践中也主要是参照国务院意见并依据投资的具体性质分属不同部门，没有统一的标准很容易造成无序状态。台湾地区开展 PPIP 设了主办机关和主管机关，两个机关相互协作、合理分工，对促进政府和社会资本模式的开展起了很大的推动作用。我国大陆地区可以参考台湾地区的做法，设定监督管理部门和推广实施部门两个主管层次，监督管理部门主要负责相关制度与政策的制定以及各主办机关业务的协调与监

督，推广实施部门则负责相关项目的具体事务。①

第三，台湾地区民众使用公共产品的满意度很高，且双方争议率和合同终止率也在逐年下降，这主要依赖于台湾地区各参与方尤其是政府依法履职、诚信守约。我国地方政府随意违约的现象比较严重，要想双方的合作更上一层楼，政府推广部门应该树立平等意识，推行合作观念，无论是制定政策、规划发展工作还是在市场的监督管理和指导服务上，都应率先而为，在平等的伙伴关系的基础上，根据相应原则和指南，结合具体的项目实际订立项目合同。还应加强合同双方的法律意识、契约意识和信用意识的培养，杜绝随意违约和终止合同的现象发生。

第四，台湾地区的政府和社会资本模式开展成功还得益于双方之间风险防范和分担做得很完善，政府在项目准备前就将各种信息先期公告以确保公平公正。我国应借鉴台湾地区信息公开透明这一做法，根据项目实际情况，既要保护社会投资方的商业秘密又要保障公开公正，包括风险分担和利益共享等方面，既要充分调动社会资本方的积极性，又要确保利益的平衡和群众使用产品的服务的满意程度。

---

① 牛要聚：《台湾地区政府和社会资本合作的主要做法及启示》，载《中国财政》2015 年第 15 期，第 71 页。

第6章

中国 PPP 法律环境建设的六项措施

第1节 有序推进 PPP 立法进程

加快 PPP 立法进程是大势所趋，也是适合我国国情的。当前，PPP 立法需要直面当前 PPP 存在的争议和矛盾。首先是 PPP 合同性质的争议问题，必须要在立法中明确定性。贾康院长认为，将 PPP 合同定性为行政合同就默认了政府和社会资本是隶属关系，如此看来根本不需要合同，兼有两种合同性质的说法又会在实际执行过程中出现混乱的局面，将其定性为民事合同最符合对 PPP 定义的阐述[①]。既然 PPP 定义中强调了双方是伙伴关系，合同性质就要明显体现出这点，政府和社会资本方以平等的民事主体身份去签合同，将其定性为民事合同最适合。

其次是 PPP 与特许经营之间的界定问题。《基础设施和公用事业特许经营管理办法》中采用了特许经营的理念，但"特许经营"作为舶来词语翻译的概念，其本身与法律属性无关。从目前的情况来看，我国 PPP 的内涵比特许经营更广泛，对此王守清教授认为，两者之间的差别并没有那么大，都是引进社会资本提供公共产品和服务的一种创新模式，所以并不需要在这两个名词上纠结，只需要在立法和条例中明确这两个用词的内涵和原则，两者有所区分就好，不需要想得那么复杂[②]。政府采购法和招投标法虽然都适用大部分 PPP 项目，但两者还是有所偏差，招投标法适用范围更广，

[①] 陈昶彧：《贾康:PPP 条例立法应不回避现有矛盾问题》，载《中国政府采购》2016 年第 6 期，第 26-27 页。

[②] 陈昶彧、王洁、江畅：《期待我国 PPP 在更有顶层设计和协调下可持续发展——专访清华大学 PPP 研究中心首席专家王守清教授》，载《中国政府采购》2016 年第 6 期，第 28-29 页。

政府采购法主要适用于使用财政性资金采购的情况。

　　PPP立法要解决好当前的争议和矛盾，还应切合实际、博采众长，保护公众、社会资本、政府的合法权益[①]。立法既要保护投资者的合法权益，也要把保护公众合法权利放在位置重要，充分体现出运用PPP的目标，这需要在立法中明确体现出来。在PPP立法中应当对非公有制企业有一定的政策支持，使其参与PPP的渠道更加通畅。除此以外，立法也要保护社会资本的资产安全、保障其收益，盈利但不暴利。

第2节　进一步加快PPP法律环境建设进程

　　法律环境是PPP项目存在的制度土壤和基本保障，没有完善的法律环境，PPP项目很有可能半路夭折[②]甚至举步维艰。为了推动我国PPP工作有序健康发展，针对理论界和实践中存在的诸多问题，进一步改善PPP法律环境建设是当前第一要务。

　　首先，要解决法律法规不健全、相互冲突的问题。这就亟须出台专门的PPP法律发挥引领作用，对现有操作中存在的冲突、矛盾和不明确问题进行清晰界定，从而通过PPP立法建立起一套完善的法律法规。其次，是政府主管部门体系建设，在当前明确统一主管部门很有必要。李克强总理在2016年召开的国务院常务会议上指出："建设法治政府，国务院法制办一定要超越部门利益。在起草相关法律法规条例过程中，既要充分听取相关部门的意见和建议，更要站在'法治'的高度，超越于部门利益之上。在这一点上，法制办必须要有权威。"这使我国PPP立法主管部门之争迎来了曙光。在法制办统一牵头PPP立法的情况下，财政部、发改委及其他部门之间的职责分工可以更加明确化，构建统一的PPP政府主管部门体系指日可待。再次，从PPP法律执行视角出发，PPP法律环境改善是推动PPP项目落地的重大力量。当前PPP项目签约难、落地难现象严重，除了缺乏完善的法律规范体系和顶层立法的指引外，PPP法律执行过程也亟须规范。司法部门、执法部门、PPP项目参与方、社会大众等多了解PPP法律，树立PPP法律意识，共同致力于营造良好的法治氛围。最后，要加快建设PPP法律实施的良好监督环境，"完善的PPP法律法规——PPP法的良好实施——对PPP法律法规执行的有效监督"是PPP成功发展的最佳运行环境，政府、社

---

① 孙洁：《PPP在立法时应切合实际、博采众长》，载《中国政府采购》2016年第6期，第31-32页。

② 吉文惠：《完善PPP法律环境》，载《中国城市报》2016年6月9日，第008版。

会资本、社会大众共同营造良好的监督氛围，推动 PPP 的发展。

第 3 节   建立适应中国 PPP 发展的法规体系

现有的规范性文件层级低、效力低、交叉和冲突较多，还没有形成协调的法律体系，有些操作规则与现有的法律制度存在冲突。亟须加快 PPP 立法进程，建立健全适应中国 PPP 发展的法规体系，使其形成一个完善的法律规范系统。在 PPP 立法的基础上，国务院、国务院有关部委、地方人大及其常委会、地方政府也可以根据需要再颁布一些规定，形成多位阶、多层次、效力不同的有机统一的 PPP 法律体系[①]。

PPP 涉及的法律领域和法律关系较广，某些方面还存在交叉重叠的地方，但无论是公法还是私法，只要是其涉及的范围都应该纳入 PPP 法律规范系统这个庞大的集合里面。PPP 法律规范系统仍属于系统的范畴，系统应该具有整体性、结构功能性、层级性及综合性这些特点[②]。PPP 法律规范系统是一个"子体"包含在"母体"上的集合，这些若干个"子体"必须依附在"母体"身上，依靠其给予的"养分"生存及发展。PPP 法律规范系统必须将 PPP 项目中的民事法律关系和行政法律关系整合起来、将经济效益和社会效益结合起来，实现整体性功能。其次，PPP 法律规范系统应该具有结构功能性，子系统之间的相互作用和方式就是系统的结构，这些子系统须具备自己特定的功能。要构建好 PPP 本身的法律系统，还需建立健全相关制度，如 PPP 融资、立项、审批、运营等方面。再次，PPP 法律规范系统应具有层次性，专门的 PPP 立法将起统帅作用，其下的子系统将依据其依附的以上层级法律来运转和操作，通过这些层次鲜明的法律法规，将逐步构建出完备的 PPP 法律系统。最后，PPP 法律规范系统要具有综合性。PPP 法律规范系统是包含民事、行政等规范的体系，这些规范体系应当统一，统一协调民事、行政等法律关系是法律规范系统综合性的客观要求[③]。

---

① 王勇：《我国 PPP 立法存在问题及对策研究》，载《特区实践与理论》2016 年第 1 期，第 77 页。
② 张曙光：《论我国 PPP 的立法完善》，载《内蒙古师范大学学报》2016 年第 2 期，第 68-69 页。
③ 张曙光：《论我国 PPP 的立法完善》，载《内蒙古师范大学学报》2016 年第 2 期，第 69 页。

第 4 节　明晰政府角色定位、确立其职能合理分工

一、明晰政府部门角色定位

政府部门的角色定位不明，是 PPP 在实际开展过程中存在问题的重要根源之一。在大力推广 PPP 过程中，政府部门应定位好自己的角色，既履行好自身职责，又要避免将手伸得太长。中共十八大提出，要让市场在资源配置中起决定性作用，政府角色亟须转换。

首先，政府部门应明晰自己的角色。我国现有的 PPP 法律法规之间互相冲突，顶层立法缺失，政府应积极支持立法工作。其次，作为顶层设计者，政府要事先制定出相应的推进工作计划，再将计划落实到项目中去，根据推进工作计划对 PPP 项目进行科学筛选和合理排序，使得 PPP 项目不仅仅解决当地政府的经济压力，同时还要解决公众的需要、提升公众的生活质量。

作为规则制定者，政府应积极总结我国成功的 PPP 项目经验。作为项目审核批准者，在审核批准的过程中要确保使其符合 PPP 推进工作计划，对于国家或者区域性战略项目给以一定支持，避免浪费国家资源。作为监督管理者，政府的重要课题是，如何对不同行业和细分市场的 PPP 项目监管确立一套行之有效的绩效考核指标，以法律法规的形式设立考核标准，创建考核工具及设计监管体系，以推进公共服务 PPP 项目的质量监管的精益化管理进程，保障 PPP 项目施工质量和最终提供服务的质量，在最大程度上保障公众的权益，真正做到采购的物有所值[①]。政府还应根据开展阶段的不同承担不同的角色，做好 PPP 项目的规划和发起工作，在项目建设和运行过程中政府应履行其保障者角色的义务。政府要根据项目实际开展情况转变自己的角色，与社会资本方共同开展好 PPP 项目，促进我国 PPP 的发展。

二、确定政府部门之间合理分工

政府各部门之间职能分工不明确会对 PPP 的发展造成深远影响。尤其是财政部和发改委之间的职能安排上存有一定冲突，这给地方政府部门开展工作带来了诸多不便。

---

① 崔丽君：《两会 PPP 热点：首要明确政府角色定位》。访问网址：http://www.caigou2003.com/zhengcaizixun/PPPdongxiang/2096725.html。访问日期：2017 年 10 月 10 日。

我国应借鉴国外在政府和社会资本合作方面的职责分工经验。加拿大和澳大利亚政府就都设置了统一的、高效率的 PPP 主管机构,并且政府部门之间分工合理,形成了完善的、有层次的、灵活的政府职能管理与协调体系。为了加强政府自身能力建设,还聘请了专门的 PPP 咨询机构提供专业化支持。我国应结合自身实际,在 PPP 立法中明确构建主次分明、各司其职、各尽其责的政府职能体系。建议首先以国务院名义出台正式的《政府和社会资本合作项目管理条例》,更好地统筹各职能部门间的协作,提高执行力,从而构建发改委、财政部门、其他各职能部门间分工明确、协调统一的工作管理体系。

第 5 节　健全 PPP 发展良好的争议解决机制

一、健全和统一 PPP 纠纷解决机制

由于对 PPP 合同法律性质认识的不统一,因此在 PPP 理论和实践中出现了一系列 PPP 纠纷解决机制问题,阻碍了 PPP 项目健康、有序发展的脚步。构建一套公平、高效、统一的纠纷解决机制,既关系到各方主体参与 PPP 项目的积极性,也关系到投资者的切身利益,甚至在一定程度上影响到 PPP 模式的发展[1]。因此,健全和统一 PPP 纠纷解决机制显得尤为重要和迫切。

健全和统一 PPP 纠纷解决机制需要从宏观上加强立法工作,以及从微观上设置完备的争议解决条款这两个方面进行推进。

1. 尽快推进健全和统一 PPP 纠纷解决机制的立法工作

目前,虽然学界已经从最初对 PPP 合同的性质存在争议,到逐渐意识到 PPP 合同同时具有民事和行政两方面的性质,进而将 PPP 合同定性为混合性质合同,但仅凭此定性并不能解决具体纠纷。由于立法层面对 PPP 合同性质的定性不明确,导致在不同的法律规范性文件中对 PPP 的纠纷解决机制存在相互抵触的规定。《国务院办公厅转发财政部、发展改革委、人民银行关于在公共服务领域推广政府和社会资本合作模式指导意见的通知》(国办发〔2015〕42 号)中指出:"政府和社会资本的法律地位平等,权利义务对等,必须树立契约观念。"财政部强调 PPP 合同是民事合同,这一点不因为政府是合同当事人而有所改变。立法层面的不确定性以及司法裁判层面的不确定性,直接影响了 PPP 合同当事人对纠纷解决机制的选择。因此,在立法层面上健全

---

[1] 孙哲昊、尹少成:《PPP 项目发生争议和纠纷怎么办,有哪些解决机制?》,来源:PPP 知乎。

和统一 PPP 纠纷解决机制势在必行。

第一，应从立法上细分并正确界定因 PPP 合同产生的纠纷的法律性质，保障当事人对纠纷解决途径的选择权。立法上应当接受学界对于 PPP 合同的定性，认定 PPP 合同为混合合同，并赋予双方当事人灵活的纠纷解决方式。PPP 合同中涉及政府具体行政行为、行使行政职权的纠纷属于行政纠纷，双方当事人应选择行政复议、行政诉讼等解决行政纠纷的争议解决方式；至于其他因履约行为等产生的纠纷则属于民事纠纷，当事人可以选择调解、诉讼、仲裁等解决民事纠纷的争议解决方式。PPP 合同中可能涉及的行政纠纷事项主要有：政府对项目实施机构的授权、经营权的授予及强制性提前收回、项目规划及审批、项目产出强制性标准、定价机制的确定及调整、政府接管。而可能涉及的民事纠纷主要有： PPP 合同效力认定、项目设施权属、收益取得及分配方式、投融资方式、施工建设问题、项目移交、违约责任、合同终止及解除等。立法上可以采取概括加列举的方式对因 PPP 合同产生的纠纷的法律性质进行明确，从而解决目前实践中的冲突，使合同双方在签订合同时就能够明确约定双方的争议解决方式，同时为合同双方解决争议提供明确的法律依据。由于我国正处于 PPP 模式大力发展的阶段，随着 PPP 项目的全面深入推进，PPP 纠纷会不断涌现，与其在个案判例中积累总结，不如预先对 PPP 项目可能出现的纠纷进行较为细致的分类，对不同类别的纠纷进行性质界定，预先制定关于不同性质 PPP 纠纷的解决机制的裁判规则。

第二，由于 PPP 项目涉及公共利益，因此在产生纠纷时应允许行政机关在一定程度上行使行政职权解决纠纷，以保障 PPP 纠纷不会损害社会公共利益。由于行政机关的职权来源于法律的授权，立法上应当允许行政机关在 PPP 纠纷中行使合理的行政职权，赋予行政机关介入行为的正当性。与此同时，为了保障社会资本的合法权益，立法也应当对行政机关的行政职权进行限制。PPP 纠纷中，行政机关介入民事纠纷领域不可避免，问题的关键不在于限制行政机关介入民事纠纷领域，而是要通过相应的制度设计为其提供正当性基础，并为权力行使设置合理的限度，同时通过法律授权、正当程序、司法审查以及行政机关的自我拘束等机制防止权力滥用①。

---

① 赵银翠：《行政过程中的民事纠纷解决机制研究》，北京：中国人民大学博士学位论文，2008 年。

2. 设置完备的争议解决升级条款

PPP 项目的生命周期较长，各参与方之间出现争议和纠纷往往是难以避免的，重点是如何去处理好这些争议和纠纷。为了使各方能够顺利开展合作、降低成本、争取物有所值，在 PPP 合同中设立争议解决升级条款很有必要。在争议出现时，可用"三阶段"战略解决。第一阶段即和解、协商或第三方调解；第二阶段即专家建议或决定；第三阶段即根据争议性质提起民事诉讼或仲裁（在争议性质属于民事纠纷时），或者提起行政复议或行政诉讼（在争议性质属于行政纠纷时）。通过 PPP 合同中争议处理升级的精致安排，合同有关方在争议发生后可以按照完善的争议处理条款妥善地处理争议[1]。

二、完善风险分担、收益分配解决机制

PPP 模式追求政府与社会资本风险共担、利益共享，关于风险分担、收益分配的约定是解决 PPP 纠纷的主要依据，不合理的约定会损害其中一方的权益，从而可能会进一步阻碍项目的进展。预先建立一个风险分担、收益分配解决机制，可以指导督促双方的履约行为，减少各参与方在合作中的摩擦，从源头上降低发生 PPP 纠纷的数量和概率。

首先，应找到一个风险分担和收益分配的平衡点，通过合理的风险分担机制将风险控制在可处理的范围之内，并做到风险和收益相对等。风险分担应遵循以下三大原则：第一，风险控制中最有应对能力的那一方承担一定的风险；第二，承担风险的多少要与最终所得到的报酬相匹配；第三，承担的风险不能没有上限[2]。PPP 项目的风险一般包括政策风险、汇率风险、技术风险、财务风险、运营风险等。目前风险分担可参考《政府和社会资本合作模式操作指南（试行）》（财金〔2014〕113 号）中对于风险分配基本框架的规定，并结合风险分担三大原则，考虑政府风险管理能力、项目汇报机制和市场风险管理能力等因素，在项目建设、具体运营等活动中的风险主要应由社会资本方来承担，法律、政策和最低需求等风险应由政府来承担，不可抗力风险由双方合理共担。PPP 项目周期较长，项目进展过程中出现的风险形态多样，为此双方还需要根据项目开展的具体情况建立风险分担的动态管理机制。

---

[1] 瀚海：《PPP 中公私法融合的纠纷解决机制研究》，呼和浩特：内蒙古大学硕士学位论文，2017年，第 42 页。

[2] 杜亚灵、尹贻林：《PPP 项目风险分担研究评述》，载《建筑经济》2011 年第 4 期，第 29-34页。

其次，各参与方应在合同签订时明确约定具体的收益分配机制，均衡各方的利益。在利益共享方面，涉及最重要的一个因素就是公共产品或服务的定价问题，这关系到合同双方最终的收益。合理而具有可操作性的定价机制应结合 PPP 项目的具体情况并考虑社会大众的需求制定，同时应确保社会资本方盈利但不暴利：如果最终社会资本方获得的利益较少，那么政府部门应根据合同条款进行相应的补偿；相反，如果社会资本方获得了超额利润，政府也应当根据合同条款进行合理有效的限制或控制。

第 6 节　努力促使 PPP 项目程序规范化

在 PPP 前期的工作中，因为存在如方案设计和总投资等不确定的因素，审批程序和原有的一些建设程序等相冲突问题的存在，这也会导致在前期审批程序的规定上比较烦琐。对此建议政府应该适当地简政放权，简化程序，对于前期审批程序应适当予以简化，减少开展 PPP 项目的时间成本，相关的参与方也应当做好前期的准备工作，相互配合，科学规范运作以力求控制住 PPP 的运营成本。目前，国务院出台的《北京市公共服务投资审批改革试点的批复》中就对投资审批的事项与报建程序的审批事项做了大量的合并、优化与简化，以北京为试点试行。其中在优化流程简化程序方面主要是简化项目启动及立项手续、简化规划许可手续、简化划拨用地报批手续、简化施工招投标手续、简化施工审批手续以及简化水影响评价审查手续。在精简审批环节主要简化交通及水务部门的评估审查、取消改扩建项目的用地预审、节水设施方案改为备案、取消人防工程施工图备案、范围外的项目不再开展水影响评价。此次试点取得了相应的成效，有望为 PPP 立法提供经验支持。

在对部分程序简化的同时也应该对另一些必要程序有所侧重，当前还需强调的是明确财政可承受力指标和加强物有所值评价。各级政府应重视财政可承受力指标测算的合理性、可靠性和权威性，并实现指标的公开透明。首先，政府应确保 PPP 项目各项财政支出或债务处于财政可承受力指标安全范围内，地方政府开展 PPP 需结合自身的债务存量、新增债务需求，测算出可承受力上限。其次，政府公开其财政承受能力指标，有助于社会资本对项目财务可行性进行判断分析，提高其参与 PPP 项目的积极性。最后，需要强化财政可承受力指标的权威性，加大其公开力度。不仅要公开财政承受力测算，对于其测算的依据及标准也应该公开，而对于项目的风险应当通过预设风险边界和绩效指标，避免其在后续调整过程中超出可承受力指标限制。要评判一个项目究竟适不适合 PPP 模式，就应该开展物有所值评价。物有所值评价从 PPP 模式的适用性、财政承受能力等方面对项目实施的方案进行可行性评估。政府应当客观准确地从价格、性能、采购和使用的成本、质量、价格和效益等方面评价。

此外，PPP 项目运作信息透明一直是各参与方密切关注的方面，社会资本方参与 PPP 项目设施建设，必须建立在对项目具体信息非常了解的基础上。《政府和社会资本合作（PPP）综合信息平台信息公开管理暂行办法》的出台，是保障公众知情权的一个重要举措。在项目的识别、准备、采购、执行、移交等每一具体阶段，都应严格做到信息的公开化与透明化，这样才能改变政府和社会资本方信息不对称、不对等的现状，提高社会资本方参与 PPP 项目的积极性，进而推动 PPP 有序健康地发展。

第 4 部分

合作共赢篇
——论中国 PPP 发展的金融环境

摘要：随着我国经济体制改革的不断深化，金融业改革包括金融市场、金融机构、金融工具等，也在不断地适应着我国经济社会的发展需要，不断改变。但是相比近几年蓬勃兴起的 PPP，无论是金融市场、金融机构还是金融产品，都已经显露出多方的不适应。金融环境的建设不仅影响到中国 PPP 的长期健康发展，同时也影响到部分金融机构的生存和 PPP 项目的落地。

本部分从中国 PPP 发展需要建设良好的金融环境，以及构建良好的 PPP 发展金融环境具有可行性和必要性这两个角度，阐述了金融环境对推动 PPP 发展的重要性及意义。通过我国与其他国家在 PPP 金融环境发展状况和变化趋势分析，对当前我国金融政策对 PPP 发展的影响及其他影响我国 PPP 发展的金融问题进行了深入探讨，并针对与我国 PPP 发展密切相关的金融制度、监管政策、金融产品、价格机制和经营效率问题，从金融市场、金融配套政策、PPP 融资渠道、PPP 风险防控和完善监管几个方面，提出了相关建议。

关键词：金融环境；金融机构；金融监管；金融支持

2013 年，自 PPP 进入推广阶段后，中国的 PPP 无论是数量还是融资规模都以几何倍数增长。以基金为例，2016 年 12 月初，我国首个国家级 PPP 基金——中国政企合作投资基金（又称"中国 PPP 基金"），通过与内蒙古、吉林、江苏、河南等 9 个省、自治区合作的形式，成立省级 PPP 基金。此次合作以中国 PPP 基金出资的 385 亿元和 9 个省政府合计出资的 52 亿元为政府资金，预计通过杠杆可撬动 5900 亿元的社会资本投入政府基础设施和公共服务项目。由于国家 PPP 基金具有良好的引导作用，各级地方政府设立 PPP 基金的热情日益高涨。近万亿规模的 PPP 产业基金，对推动全国 PPP 项目的加速落地，也起到了一定的积极作用，将我国 PPP 推进了一个新台阶。而 PPP 产业基金不仅可以为 PPP 项目提供必要的资金支持，还可以通过其本身所拥有的特征来优化 PPP 项目为 PPP 建立良好的发展金融环境。但是 PPP 发展中的金融环境建设，不仅涉及金融工具的应用情况，还涉及金融机构、金融市场、金融制度、监管政策、价格机制、融资渠道等众多方面，未来 PPP 发展中的金融环境建设任重而道远。

第 1 章

中国 PPP 发展中金融环境建设的
内涵和主要内容

第 1 节　中国 PPP 发展中金融环境建设的内涵

中国 PPP 发展中的金融环境建设内涵涉及内容众多，例如，它与金融市场、金融机构、金融工具、金融制度、监管政策、价格机制、融资渠道等众多方面相关，每个方面对中国 PPP 发展良好金融环境建设都有着不同的影响。在这些内涵当中，金融市场、金融机构和金融工具对其影响最为显著。

一、中国 PPP 发展中金融环境建设的内涵——金融市场

金融市场又称为资金市场，包括货币市场和资本市场，是资金融通的市场，在经济运行过程中，资金供求双方通过金融市场来实现资金的互通，实现金融交易活动。金融市场对经济活动的每个方面都有着直接或间接的影响。地方各级政府大力推介 PPP 项目，与 PPP 本身所具备的融资功能是密不可分的。而 PPP 本身的融资功能与金融市场发达程度又是密切相关。同时，PPP 作为一种创新的公共产品和服务供给方式，它结合了服务市场化和社会化两种属性。政府通过放宽市场准入条件，以财政的杠杆作用，释放社会创新活力，增强社会资本公平竞争，从而改善供给侧产品来满足人民日益增长的多样化公共服务需求。但是目前我国市场信用体系不完善、资产流动性较差导致社会资本参与程度较低，解决这些问题的关键性因素就是完善 PPP 金融市场建设。金融市场是实体经济的润滑剂，它可以实现 PPP 项目融资、优化 PPP 结构，从而提高 PPP 项目的建设运营质量和效率。而金融市场本身的构成十分复杂，它是一个

由多个不同的子市场所组成的复杂的体系。其中，货币市场里的金融同业拆借市场、商业票据市场、银行承兑汇票市场和大额可转让存单市场等，对 PPP 短期融资活动会产生较强影响，资本市场中的中长期信贷市场、证券市场对期限动辄长达 20 年的 PPP 项目而言，影响力更是重大。

二、中国 PPP 发展中金融环境建设的内涵——金融机构

金融机构是中介组织的一种，它的经营范围比较特殊，是专业从事货币信用活动的机构。根据职能和地位的不同可以分为 4 个大类。第一类，我国金融机构中权力最高的职能机构——中国人民银行。第二类，银行。包括政策性银行、商业银行、村镇银行等。第三类，非银行类金融机构。主要是证券公司、保险公司和财务公司等。第四类，主要是一些合资类金融机构。它们相互补充，共同构成了一个完整的金融机构体系，而在 PPP 金融环境建设中，金融机构的作用显然是不可或缺的。首先，从 PPP 项目的本身来说，很多的项目以公益性为主，这显然离不开国家政策性银行的贷款支持，而商业银行也是参与 PPP 项目的主力军。未来随着国家对于 PPP 金融支持力度的不断加大，各种金融机构的角色也不断加重。例如，证券公司会为 PPP 项目提供各种类型的债券，保险公司会提供 PPP 项目所需的期限长、利率低的资金。

随着 PPP 的数量和规模越来越走向高潮，PPP 各利益相关方（如地方政府、承包商、运营商、咨询机构、研究机构）趋之若鹜。但是相当大一部分 PPP 项目都由于融资这一环节无法落地，针对这一现象，很多业界人士都将这现象归结为金融机构不愿意买单造成的，甚至很多人将金融机构比喻成一群"抠门的金主"。所以未来 PPP 发展到何种程度，金融机构是 PPP 发展金融环境建设中最为直接和明确的一环。

三、中国 PPP 发展中金融环境建设的内涵——金融工具

金融工具是指在金融市场中可供出售和交易的金融资产，它是金融市场中借者和贷者之间融通货币余缺的书面证明。人们可以利用这些"证明"它们在不同的金融市场中发挥各种"工具"作用，以实现各种不同的融资目的。PPP 项目融资形式，主要有股权融资和债权融资这两种。股权融资是指项目公司通过出让项目公司股份的形式来获取资金，股权融资不会增加项目公司的负债总额。债权融资顾名思义是通过增加负债的形式，在资产负债表中体现，以 PPP 项目公司贷款等形式获得项目资金。比如：企业可以通过发行股票、债券达到融资目的，金融工具因为它们有不同的功能，能达到不同的目的，PPP 发展良好的金融环境中，可以利用金融工具达到融资和避险等目的。其次，应该针对 PPP 项目的不同发展阶段，针对不同 PPP 项目需求，以不定形

式和不定属性的金融工具,如综合开发性和商业性信贷、综合股权和债权、促进险资参与等形式,为社会资本提供规范化、市场化和多元化的融资和退出渠道。最后,不能否认政府 PPP 引导基金的作用,它可以在一定程度上减少项目公司再融资的压力,因为过高的负债率会增加项目公司扩大融资的能力,在丰富 PPP 融资手段的同时,也优化 PPP 项目的融资结构,PPP 产业基金还可以强化 PPP 项目的投资机制,让 PPP 项目能够符合各种资金的风险偏好。运用 PPP 融资工具的最终目的是能够让 PPP 项目获得长期、稳定、低成本的资金。

第 2 节　中国 PPP 发展中金融环境建设的主要内容

正如上文所说,PPP 发展良好的金融环境涉及众多方面——金融市场、金融机构、金融工具、金融制度、监管政策、价格机制、融资渠道等,这众多的环节如何去建设完善也涉及很多因素,其中金融市场、金融机构和金融工具的建设对于 PPP 发展良好的金融环境至关重要。

一、金融市场的建设内容

从金融市场方面来说,作为资金和金融资产交易的重要平台,中国的金融市场仍然处于起步阶段,短期金融市场不完善,长期金融市场也未形成完整的股票和债券市场,市场利率还没有真正反映市场供求关系。而关于 PPP 金融市场中的股权和债权交易市场分为公开市场交易和非公开市场交易两种形式,由于我国金融市场的现状,相关交易情况并不容乐观。因此,为了促进 PPP 发展良好金融环境的建设,应进一步完善金融市场,一方面,保证金融市场的灵活性,将金融机构持有的 PPP 项目债权和股权,在全国各地和各个行业,利用资产组合的方式灵活调配各种形式的资金;另一方面,可以通过区域、行业的组合形式将资产打包来降低现金流的不确定性,将来能够形成一个可以循环投资的资产池,以满足 PPP 项目的各种金融方面的需求。同时,还可以对债权交易以更为公开和更为灵活的形式进行,并对 PPP 股权交易的非标准化特征,以公开市场、关联项目交易和直接间接形式呈现。另外,尽管中央银行通过放松同业拆借市场短期利率的控制,来加强资金的流动性,但是要想真正的建立良好的 PPP 金融环境,必须使金融市场尽快成熟起来。

二、金融机构的建设内容

从金融机构方面来说,解决 PPP 的资产和资金困局,对建设 PPP 发展良好的金融环境也非常重要，此困局可以通过以下几种方式来解决。

（1）联合投资。金融机构在 PPP 项目中作为联合体成员的角色，通过内部的权责分配来保证 PPP 项目资金供给，同时也实现自身的利益诉求，最后与社会资本方达到更为深层次的利益共同体的角色。同时，可以在合同条款中适当设置一些例如优先认购权等特殊权利，以保证联合投资方式参与的金融机构的利益，从而吸引更多的金融机构参与到 PPP 金融环境的建设当中去。

（2）战略合作。金融机构可以与社会资本从以下两个层面的战略合作来助力 PPP 金融环境建设。一是股权层面的合作，金融机构选取合适的 PPP 项目，通过入股或合资的方式与产业资本共同设立 PPP 项目投资载体，在 PPP 项目前期便能进入；二是后续融资服务体系打造，目前大多数 PPP 项目都离不开银行贷款融资服务，在这一点上金融机构可以利用银行体系所拥有的信息、人才、专业等资源，加强对 PPP 项目信息的了解，为后续的贷款与股权转让投资打下基础，保证在项目的熟悉程度和产业投资的沟通效率方面领先于其他机构，同时，也能够实现对股权和债权现金流的自由分配，保障自身资金安全。

三、金融工具的建设内容

从金融工具方面来说，金融工具所要解决的是中国 PPP 发展金融环境建设中 PPP 项目的资金供给问题。解决这一问题，有两种途径和方法。第一种方法是国家（如社保资金代表）提供资金支持，由各相关的金融机构设计开发一种适合 PPP 资金需求的金融工具，此类金融工具的特点是周期长，成本低，持续有效的满足 PPP 项目的资金需求，同时，它还是一种能够满足金融机构的盈利性要求的金融工具，如 PPP 项目专项债、REITS 等产品。第二种方法是多种金融工具灵活调配，实现无缝对接满足 PPP 项目的融资需求。但是这对金融机构要求非常高，它们要具备前瞻性，不仅要提前规划单个 PPP 项目的融资和退出事宜，也要对整个 PPP 项目资产的持有、增持及退出筹划有一个提前的布局。例如，PPP 融资涉及的商业银行贷款、资产证券化、短期融资券等融资工具，PPP 短期内可以利用短期融资券，中期可以利用商业银行贷款，长期可以利用资产证券化，而如何在这些工具到期前进行合理调配实现无缝对接以满足 PPP 项目融资需求这比较具有挑战性，也是 PPP 项目亟待解决的问题。

第 2 章

金融环境建设对 PPP 发展的重要性

第 1 节　构建 PPP 金融环境的必要性

一、激发社会资本投资活力

PPP 模式从根本上来说是充分利用社会资本的专业能力为社会提供更好的公共服务产品，意味着以政府为主体的融资模式发生了改变，社会资本的重要性得以体现。目前 PPP 项目引入社会资本主要通过委托经营、股权合作以及特许权协议三个方式进行运作，但事实上社会资本参与 PPP 项目的热情并不高，究其原因主要有以下几点。一是政府违约风险不可控。与政府相比，社会资本本身处于劣势地位，再加上 PPP 项目投资回报期较长，许多社会投资单位认为 PPP 项目最不可控的风险来源于政府信用风险。二是社会资本实际进入 PPP 项目的门槛较高。尽管国家发布了一系列政策文件鼓励民间资本进入公共服务领域，但由于个别地方政府的主观态度为社会资本的进入设置了"隐形门槛"，实际实行起来困难较大。三是金融政策存在障碍。目前有较多的金融机构参与到 PPP 项目中来，但除了政策性银行有相关文件之外，其他金融机构政策尚未明确，给社会资本方针对 PPP 项目的后续融资埋下了一定障碍，影响了社会资本参与到 PPP 项目中的积极性。因此需要构建良好的金融环境来解决上述问题，从外部环境来讲，政府信用程度的提高、对金融支持力度的增大、立法程度的完善有利于降低社会资本在 PPP 项目中可能承担的风险，使社会资本以更加"自由平等"的姿态参与到 PPP 项目中来，增加社会资本单位的投资积极性；从内部环境来讲，健全金融机构内部管理体制，创新并提高其金融服务水平，优化其信贷评审方式，保证社会资本具有多元化、市场化的退出渠道，激发社会资本的投资活力。

二、优化 PPP 项目的融资结构

在 PPP 模式下，项目的融资模式，即以未来的收益或资产为基础，以项目未来运营产生的现金流作为还款来源并由各参与方分担风险，项目公司所有经营目标的实现很关键的一点就是项目不同阶段选择的融资模式和融资工具。从 PPP 项目的融资形式来看，主要有股权和债权融资这两种融资形式。股权融资是指项目公司通过出让项目公司股份的形式来获取资金，主要有政府部门、社会资本、PPP 基金等入股方，通过引入符合项目特征和要素需求的股东，实现有效的分工，优化项目融资的结构；债权融资顾名思义是通过增加负债的形式，在资产负债表中体现，以 PPP 项目公司贷款等形式获得项目资金，主要有银行贷款、各种债券、资产证券化等。融资结构的设计与选择，必须有利于项目顺利的建设和运营，有利于降低融资成本；对于规模大、融资需求大的项目可直接选择金融机构或大型财团等财务投资者和专业投资者组成联合体，提供项目资金；在项目进入运营阶段，项目的风险由完工风险转变为运营风险，这是对于项目建设阶段参与的金融机构的风险降低，此时可以选择更低风险偏好的金融机构参与到项目中来，提供持续的融资能力，同时降低综合的成本；通过结构化分层，对优先级份额设定较短期限，期限届满时投资者有权选择向流动性支持者转让份额实现退出；对于次级投资者则持有份额至产品到期，同时获得较高的超额收益。通过对项目融资结构的优化，降低 PPP 项目融资的成本，同时实现 PPP 项目融资的可持续性。

三、降低 PPP 项目的财务风险

根据《财政部关于印发〈政府和社会资本合作项目财政承受能力论证指引〉的通知》（财金〔2015〕21 号）第 25 条规定："地方政府每一年度全部 PPP 项目需要从预算中安排的支出责任，占一般公共预算支出比例应当不超过 10%。"对于特定地区如列入地方性债务风险预警名单的地区，更希望通过开展的 PPP 项目化解地方融资平台公司存量债务。然而，PPP 项目的规模如果得不到合理的控制，就会出现因项目实施加剧财政收支矛盾。对于社会资本参与 PPP 项目而言，社会资本的信用、经验资质、专业能力、财务实力以及安全意识都会影响 PPP 项目的运作。在 PPP 运行过程中，财务风险很可能由于经营的现金不足以支付债务和利息引起项目建设运营的失败，这其中的原因很可能是由于政府的不守信造成，也可能是由于社会资本的缺乏管理经验，对资金的不合理运用以及对财务风险应对措施不当造成的。金融机构参与 PPP 项目，应密切关注密切的关注各级财政部分公布的 PPP 项目运行状况，确保参与项目的地区政府对 PPP 支出控制下一定比率之下，减少政府财政支出的风险。同时，对项目财务运行状况进行高度关注，可尽量要求由政府或者融资担保机构提供担保以分担项目运行中的部分财务风险，减少因风险处理不当的违约行为。由于 PPP 项目融资有多样化的渠道，为了保障各类机构的利益，金融机构可设立专门的账户进行监管，确保资金被用于项目的建设运行，产生的现金流用于项目的还债付息，随时掌握项目的运营情况，保证专款专用，从而对财务状况进行有效的监督。

四、倒逼 PPP 模式规范发展

PPP 模式运作不规范，已经成为促进 PPP 模式健康发展的重要障碍。利用资本市场的力量推动 PPP 项目的运作模式、交易结构、风险分担机制及盈利模式规范发展。例如，资产证券化与 PPP 项目的有效结合，就可以倒逼 PPP 项目规范发展，提升 PPP 项目的整体运作水平。PPP 很多项目现金流稳定，是开展资产证券化的理想标的。通过 PPP 资产证券化，可以成功引导资源流向优质 PPP 项目。PPP 项目的资产证券化通过一系列的机构规范和筛选优质 PPP 项目，促进 PPP 项目合理、合法以及高质量发展，丰富 PPP 项目融资渠道。以资本市场的力量促进 PPP 项目依法合规运作、保证工程质量、提高运营水平、规范内部管理。资产证券化是资本市场进行结构性融资的重要方式，是促进实体经济发展的重要动力。我国通过资产证券化促进 PPP 项目健康发展，完善基础设施和公共服务体系，对保增长、调结构、促就业、惠民生具有重要促进作用。通过 PPP 资产证券化，提升基础设施项高夫目的运作质量，最终将促进基础设施健康发展，推动供给侧结构性改革，提升公共服务供给的质量和效率。通过基础设施质量的提升，将使实体经济受益，并促进经济、社会、资源、环境的协调可持续发展，有利于实现高质量的经济发展。

五、促进 PPP 的可持续发展

自 2013 年我国政府开始大规模推广 PPP 模式以来，经过多年的政策支持、项目实施以及知识普及，PPP 模式在中国得到快速发展，但是也出现了不少问题。例如，PPP 市场不规范，过分追求利润而忽视公益性项目，为了降低成本对公共利益造成损害等，以促进 PPP 在国内的可持续发展。这里所说的可持续包含两层含义：一是 PPP 项目运行过程中的可持续性，以保证社会资本有效的整合 PPP 项目全寿命周期，避免承包单位只注重短期利益而忽视了项目长期的运营维护效率，为社会资本带来长期、稳定、有效的投资回报；二是 PPP 模式在国内发展的可持续性，提高 PPP 项目的质量和效益，推动 PPP 模式的发展更加适合自身规律，进入规范、有序、可持续发展的新阶段。而单纯地依靠政府或企业，不可能实现 PPP 模式的可持续发展，需要构建稳定的 PPP 金融环境使政府、社会资本以及公众能够各自发挥优势，并构成三方制衡机制，减少政府违约情况，增加政府监管力度，也使社会资本获取更加合理的利润，从而形成规范的 PPP 市场。尤其是在国际金融体系中汇率、利率等波动剧烈频繁的时期，稳定的金融环境能有效改善基础金融变量（如汇率、利率等）的不利变动给项目发起人的投资收益带来了较大不确定性的情况。

第 2 节　构建 PPP 金融环境的重要性

一、良好的外部环境

PPP 项目一般具有投资规模大、融资杠杆高、建设周期长等特点，因此稳定、可持续的外部环境是保证社会资本参与 PPP 项目的重要条件，是私人部门在较长时间内获得投资回报的重要保障。目前我国构建 PPP 金融环境的外部性体现在三个方面：社会信用程度、政府支持力度和司法执行难度。

首先，我国通过多种方式倡导并强化市场主体（政府和社会资本）的信用观念和信用意识，初步形成了将信用程度作为一种道德价值或作为一种资本价值来看待的观念，并通过颁布相关法律法规指导了信用体系建设，政府及社会资本的信用程度逐步得到了提升。

其次，政府加大推广 PPP 模式的应用力度。自 2016 年底以来，政府针对 PPP 融资和地方政府债务问题，发布了多份文件，这是规范地方政府融资体系在执行力层面的进一步强化；同时结合全国金融会议上指出的严控地方政府债务风险，对于会增加金融风险，不利于金融风险防范和化解的项目，将进一步加强政府监管力度。

最后，关于我国 PPP 模式基础性制度框架已基本确立，由国务院法制办、发改委、财政部起草的《基础设施和公共服务领域政府和社会资本合作条例（征求意见稿）》标志着 PPP 立法取得了实质性的进展，关于 PPP 如何适用现行法律、社会资本担忧政策稳定性等问题已作为全面深化改革急需解决的项目此次立法工作，为提高司法执行力度提供了法律保障。

可见，不管是在信用的建立、政府支持力度还是立法的层面，PPP 金融环境的外部环境条件都有很大的改善和提高。良好的外部环境使得 PPP 金融环境的良好运行有了进一步的保障。

二、有利的政策导向

自 2014 年 5 月起，国家通过出台一系列政策文件为 PPP 模式在中国的发展保驾护航，至今已形成了推进 PPP 金融环境建设的有利的政策导向。

2014 年 11 月 16 日，《国务院关于创新重点领域投融资机制鼓励社会投资的指导意见》（国发〔2014〕60 号）中指出进一步鼓励社会资本参与 PPP 项目，尤其是民营资本，使市场在资源配置中起决定性作用和更好发挥政府作用，打破行业垄断和市场壁垒，建立规则平等的投资环境。还指出通过创新融资方式，如探索创新信贷服务、推进农业金融改革、发挥政策性金融机构的积极作用、发展支持重点领域建设的投资基金、支持重点领域建设项目开展股权和债权融资等形式，进一步拓宽融资渠道。同时完善价格形成机制，发挥价格杠杆作用，针对市政基础设施价格调整不到位的情况，地方政府可根据实际情况安排财政性资金对企业运营进行合理补偿。

2014 年 12 月 2 日，《国家发展改革委关于开展政府和社会资本合作的指导意见》（发改投资〔2014〕2724 号）中提到金融的综合服务，金融机构不仅只为 PPP 项目提供资金上的支持，可参与到 PPP 项目的策划、融资、建设和运营整个生命周期，提供财务顾问、融资顾问、银团贷款等综合金融服务。对于项目公司可以成立私募基金、引入战略投资者、发行债券等多种方式拓宽融资渠道。

2015 年 3 月 10 日，《国家发展改革委、国家开发银行关于推进开发性金融支持政府和社会资本合作有关工作的通知》（发改投资〔2015〕445 号）指出需充分发挥开发性金融的中长期融资优势及引领导向作用，积极为各地的 PPP 项目建设提供"投资、贷款、债券、租赁、证券"等综合金融服务。同时加强信贷规模的统筹调配，优先保障 PPP 项目的融资需求。在监管政策允许范围内，给予 PPP 项目差异化信贷政策，对符合条件的项目，贷款期限最长可达 30 年，贷款利率可适当优惠，建立绿色通道，加快 PPP 项目贷款审批。

2016 年 8 月 30 日，《国家发展改革委关于切实做好传统基础设施领域政府和社会资本合作有关工作的通知》（发改投资〔2016〕1744 号）提出"鼓励金融机构通过债权、股权、资产支持计划等多种方式，支持基础设施 PPP 项目建设"。可见，不管是融资方式、融资渠道创新、金融综合服务还是政策性资金方面，都对 PPP 模式运行的金融环境提供了有利的导向，这一系列的文件也表明构建 PPP 金融环境的政策条件已经基本成熟。

三、合理的投资回报机制

金融的本质是风险偏好基础上的风险和收益达到平衡,对于 PPP 项目而言,最为核心的理念是长期稳定的合理回报,其他的理念大都是因此而生或是为此服务的。国务院相关文件明确指出未来政府主要依靠 PPP 来解决城镇化建设和运营的资金问题,从国家频繁出台的 PPP 相关政策支持社会资本的参与,那么必然也会给出相应合理的资金回报。PPP 项目在初期时,会耗费大量的资金,在短期内无法回收成本。地方政府在推行 PPP 项目时,将时间期限拉长到 20~30 年,在漫长的期限里,融资工具通常要贯穿 PPP 项目的整个生命周期。在项目成立时进行股权融资,项目成立以后,为项目的建设还需要进行债券融资,以及在管理运营期间,还会出现过桥、资产证券化等形式的融资活动,在最后的退出时期,有时仍然需要并购贷款、IPO 等资本市场融资。不管是 PPP 项目前期需求的大量资金,还是项目建设运营及退出时期的融资,都不会在短时期内回收成本,所以政府在前期 PPP 项目实施方案中限定的投融资成本必将对后期的融资造成巨大影响,而 PPP 项目全生命周期融资的可行性,对于融资主体方的社会资本来讲,关系到其融资成本和投资回报率,与此同时,发改委、财政部、地方政府和社会资本方利用各种政策和手段进行有效的调节,建立完善合理的投资回报机制,主要包括 4 个方面。① 完善公共服务的价格机制、收费机制和时间机制以及政府的政策机制,降低 PPP 投资的中长期风险。② 配置优质的资产资源降低融资成本,通过科学化的融资模式提高资金的使用效率。③ 对于中长期的 PPP 项目,充分挖掘其商业价值。通过高效的管理模式,提高 PPP 项目的收益率。④ 灵活的动态定价调价机制,给予社会资本方适当的投资信心。同时,调整机制依据政策、环境和经济形式等方面的变化,提高 PPP 项目回报机制。这 4 个方面既可以保证 PPP 项目有效的运营,同时还可以提高与 PPP 金融的对接效率,使金融机构在参与 PPP 项目时,能够获得稳定的投资回报。

第 3 节　PPP 发展需要良好的金融环境

在近几年的城镇化进程中,随着国家相关部门一系列关于 PPP 政策的出台,PPP 模式的应用爆发式扩展开来,各地纷纷寻找参与项目建设的社会资本。PPP 模式相对于其他的建设模式来讲,更能实现物有所值,增加基础设施投资,提高公共服务品质,实现长远规划等优点,市场空间空前巨大。但是,由于 PPP 项目具有项目周期长、融资需求大和收益不确定等特点,尤其是投资收益的不确定性,使得金融机构对 PPP 产生一种"爱恨交加"的态度。PPP 从表面上看是一种基础设施建设的投融资模式，但其背后无不体现着各级政府对预算体制的改革和对财政投资方式的转变，以少数的资金撬动更多的社会资本参与到基础设施和公用事业的建设中来。金融机构在 PPP 的大潮之下，一改过去的被动参与，主动参与到项目前期的部分决策、交易机构设计等阶段，良好的金融环境促使金融机构更进一步发挥了对经济的调节能力，为 PPP 项目的顺利落地实施提供了保障。

一、良好的金融环境为 PPP 项目投资需求提供有力保障

从 PPP 发展的趋势来看，PPP 项目的热潮不断升温，但具体落地项目较少，其中一个重要原因就是项目融资难度大。PPP 项目大多涉及的基础设施和公用事业项目，投资需求大。新常态下的中国经济，地方财政收入放缓，多数城市土地出让收入放缓，这直接导致了地方政府债务的增加。同时，国家对地方政府融资政策上的收紧，此时依靠土地收入通过融资平台进行融资进行基础设施的建设的时代已经过去。即便是有组成 PPP 项目的项目公司（SPV），但对于资本金出资部分，对社会资本而言，尤其是非央企或非大型国企的社会资本来说，对 PPP 项目资本金的筹措压力非常大。如参与更多的 PPP 项目，面对动辄数十亿甚至上百亿的 PPP 项目，由于资本金的原因，大多数的社会资本也会举足不前。从某种程度上来讲，对于不得不转型参与投资的诸多企业而言，项目资金的筹措能力甚至关系到企业的存亡。金融主体的参与，对 PPP 项目资金的筹措起到了至关重要的作用。一方面，金融机构可联合具备基础设施建设运营能力的社会资本直接参与 PPP 模式，与政府签订三方合作协议，在协议约定的范围内参与 PPP 项目的投资运作；另一方面，金融机构还可以采取项目贷款、信托贷款、有限合伙基金等形式为社会资本方或者项目公司提供融资，作为资金的提供方，间接参与 PPP 项目。如政策性银行，在参与 PPP 过程中为 PPP 项目提供投资、贷款、债券等综合金融服务的同时，还可以联合其他银行、保险公司等金融机构以银团贷款、委托贷款等方式，为项目提供资金。作为 PPP 项目重要的资金提供方商业银行，更显示出了其重要性，商业银行在对 PPP 项目以及实施主体的资信状况、增信措施等审核的基础之上，通过项目贷款、银团贷款等形式为项目公司提供资金支持，以促进 PPP 项目的顺利实施。

二、良好的金融环境为 PPP 项目融资拓宽融资渠道

PPP 项目涉及市政工程、交通运输、生态建设和环境保护、水利建设、能源、城镇综合开发等多个行业，所需的技术标准也有很大的差异，但总体而言，PPP 项目周

期长是项目共同的特点。PPP 项目合作期限一般为 10~30 年，而传统的融资期限至多在 10~15 年，融资期限的不匹配会导致再融资的风险，加上 PPP 项目收益的不确定性较大，在竞争激烈的市场下，新技术的出现、地方财政实力的影响以及 PPP 立法及政策的不完善等诸多因素下，都会造成 PPP 项目在较长跨度的建设期或运营期内出现融资不到位、实际成本增加、项目不能按时交付使用、预期收益不达标等情况。但诸多的企业依赖商业银行进行贷款，融资渠道单一，而 PPP 项目本身的低收益可能根本无法弥补较高的融资成本。随着我国金融环境的完善，金融市场出现了更多的融资形式，就 PPP 项目融资而言，可分为股权融资和债权融资，通过基金、信托、IPO、项目收益债及资产证券化等形式的组合，打破了传统融资的思维，创新了融资工具。针对地下管廊、城市轨道交通、海绵城市等重点建设项目，发改委通过国家开发银行和农业发展银行开设政策性基金，对 PPP 重点项目提供资金的支持；PPP 融资不同于以往抵押融资、担保融资，并不能依赖项目的投资者或发起人的资信及项目自身以外的资产来安排融资，PPP 项目融资主要依赖项目自身未来现金流量及形成的资产，而资产证券化使 PPP 项目融资由间接融资变为直接融资，不仅可以改善企业的负债结构，而且盘活了存量经营性资产。金融市场创新不同的融资工具，社会资本可以根据 PPP 项目融资的政策及各个融资工具的特点，通过对融资工具的有限组合和合理运用，取得与项目投资周期更加匹配、融资成本低的资金。

三、良好的金融环境为 PPP 项目实施风险进行有效监控

由于 PPP 项目的周期一般比较长，牵涉环节多、影响因素多等影响，在实施过程中会出现很多风险，根据《关于推广运用政府和社会资本合作模式有关问题的通知》（财金〔2014〕76 号），PPP 项目风险由最适宜的一方来承担的原则进行分配。一般而言，项目设计、建设、财务、运营维护等商业风险都由社会资本承担。随着良好金融环境的进一步形成，金融中介的功能日趋完善，以点带面地形成了综合性的金融服务平台。金融机构不仅仅只提供资金上的支持，还可以提供规划咨询、融资顾问、财务顾问等形式上的支持，减少项目实施过程中的风险。在 PPP 项目设立的阶段，金融机构便可以利用自身的资源与信息优势，引入私募股权投资机构及其他社会资本，共同组建 PPP 项目公司，通过选择有建设和运营经验的社会资本，可以降低项目在建设运营过程中的风险，保证项目的顺利实施。同时，发挥综合金融服务平台优势，对 PPP 项目的可行性进行仔细的评估，梳理可能会出现的风险，提出风险防范措施，通过设计 PPP 项目交易结构，明确项目建设经营、服务提供、费用支付及补贴等交易体系涉

及事项。由于 PPP 项目自身的特点决定了项目公司以及参与的社会资本、融资方、承包商、原料供应商、专业运营商都面临不同程度的风险，此时，保险公司参与 PPP 项目，可以利用信用险为 PPP 项目的履约和运营进行风险承保，为债权人提供咨询服务，积极争取债务重组和破产清算中债权人权利，降低和转移 PPP 参与方的风险，最大程度保障债权人的保险和担保权益。从保险资金的运用情况看，更加符合 PPP 项目一个长期性的特征，缓解了资产负债错配的问题。因此，险资也可以通过专项债权计划或股权计划为 PPP 项目提供融资，增加 PPP 项目结构设计的灵活性。

第 4 节　国外支持 PPP 的金融产品和服务对我国的启发

欧美国家有发达的资本市场、较完善的金融体系和丰富的融资工具，各国政府部门的融资支持、多边金融机构和商业银行相互配合，政策性资金带动商业性资金，为 PPP 项目提供了较好的融资支持。法国万喜集团等著名的 PPP 投资运营商的成功融资得益于欧洲发达的金融市场尤其是私人金融资本市场，每年通过发行企业可转债券和向私人募集的资金占到公司总资产的 60%以上。

一、政府对 PPP 融资提供支持

在国外的 PPP 项目投融资实践中，为了隔离政府的风险，政府一般不会直接承担融资的偿还责任，但会通过补贴、帮助申请 PPP 基金等方式对 PPP 项目的融资提供支持。但政府资金和财税政策的支持会大幅度提高项目的商业可行性和对商业资本的吸引力，例如英国成立基础设施融资中心支持 PPP 融资。2008—2009 年，由于受到金融危机的冲击，商业银行提高了对 PPP 项目的融资条件，导致许多 PPP 项目无法取得融资。2009 年 3 月，英国在财政部内设立基础设施融资中心，直接为 PPP 项目提供融资，作为市场融资的一种补充渠道。当项目面临市场融资困难时，基础设施融资中心提供临时、可退出的最后救助，可全额贷款，也可与商业银行、欧洲投资银行等联合贷款，其贷款审核、条款谈判等流程与商业银行相似。其贷款还与政府其他债权一样，纳入政府资产负债表。这一举措提升了市场信心，引导银行回归支持 PPP，增强了银行贷款意愿。基础设施融资中心按商业原则运作，当金融市场恢复正常时，就将未到期的基础设施融资中心贷款出售。

美国地方政府用市政债券为基础设施项目提供融资，项目收益债是美国公共基础设施债务融资的主要渠道。市政债券是仅次于国债和公司债券的第三大债券市场。通常有政府拨款、地方税收收入或者租赁付款作担保，可以免缴美国联邦收入所得税（和一些地方税），直接降低融资成本达 2 个百分点。

美国和欧盟还为公共基础设施项目提供融资支持。美国交通设施融资创新法案由美国交通部发起，为大型交通基础设施项目提供低成本次级贷款、贷款担保和备用贷款，为项目增信，增加项目可融资性（项目债券、银行贷款），降低融资成本。欧洲交通网络项目贷款担保工具（The Loan Guarantee Instrument for Trans-European Transport Network Projects，LGTT）由欧洲委员会和欧洲投资银行发起，投资欧洲交通网计划内的大型交通基础设施项目。LGTT 为交通基础设施项目提供备用贷款（Stand-by Facility, SBF），当项目现金流不足以偿还优先贷款时，可启用备用贷款，备用贷款的偿还次序次于优先债务。LGTT 还通过提供还款担保为项目增信，以吸引商业银行为 PPP 项目贷款。

二、多边金融机构为 PPP 项目提供融资支持

国际金融公司、欧洲复兴开发银行、欧洲投资银行等多边金融机构对 PPP 项目支持，并带动商业银行、基础设施投资基金等商业性金融机构为 PPP 项目融资。欧洲投资银行是欧盟成员国共同发起的银行，作为支持欧洲大型基础设施建设的重要金融机构，欧洲投资银行在引导和吸收社会资本投资方面发挥着举足轻重的作用，是欧洲国家 PPP 项目的主要融资银行。欧洲投资银行更注重对社会资金的带动作用，该银行不得向任何单个项目提供 50% 以上的融资。一般单个项目在该行融资不超过项目总金额的 30%。欧洲投资银行信用评级为 AAA，投资项目一般会受到其他本土及国际商业银行资金的追捧，有助于降低项目整体的融资成本。欧洲投资银行向欧盟成员国提供的欧洲投资基金通过股本投资、提供担保和其他金融手段填补了市场空缺。

三、政府发起的 PPP 基金

欧盟设立欧洲地区发展基金（The European Regional Development Fund）、城市发展基金（Urban Development Fund）和结构和凝聚力基金（Structural and Cohesion Fund）各种引导性基金或金融工具，用来撬动其他资本对 PPP 项目的投入。玛格丽特 2020 基金为欧洲气候变化、能源安全等基础设施投资项目提供股本和准股本金，JISSICA 基金为欧洲市政 PPP 项目提供贷款、股本和担保等。欧洲 2020 项目债券计划（EU2020）于 2012 年由欧洲投资银行与欧洲委员会联合发起，由欧洲投资银行管理。欧盟从预算中拨出 2.3 亿欧元，以带动约 45 亿欧元的私人投资。该计划旨在帮助欧洲大型基础设施项目发行债券，通过为债券提供担保和次级贷款等方式为项目债券增信，引导养

老金、保险公司等机构投资者的长期、低成本资金通过购买债券流向基础设施项目。EU2020 计划总规模达 500 亿欧元，主要投资于欧洲交通网计划及欧洲能源网计划内的项目和信息与通信技术行业的基础设施项目。在"项目债券计划"中，项目公司可以向欧洲投资银行申请贷款或者担保，来帮助提升这一项目的信用评级，从而有助于项目在资本市场上进行融资。

其他国家政府也发起的支持基础设施或 PPP 项目的基金。印度基础设施建设金融有限公司提供长期的商业贷款，可提供上限为项目总投资的 20% 贷款，还提供咨询服务和试点担保计划。气候变化 PPP 基金向亚行的发展成员国气候与环境相关领域的项目提供股本、贷款及基金。菲律宾基础设施投资联盟为菲律宾核心基础设施融资提供股本和准股本。

四、商业银行提供的项目融资

国外 PPP 项目的融资方式以商业银行的长期借款为主，但国外商业银行能提供项目融资等更适合 PPP 项目特点的融资方式。

项目融资是指贷款人向特定的工程项目提供贷款协议融资，对于该项目所产生的现金流量享有偿债请求权，并以该项目资产作为附属担保的融资类型。它是一种以项目的未来收益和资产作为偿还贷款的资金来源和安全保障的融资方式。从广义上讲，为了建设一个新项目或者收购一个现有项目，或者对已有项目进行债务重组所进行的一切融资活动都可以被称为项目融资。从狭义上讲，项目融资（Project Finance）是指以项目的资产、预期收益或权益作抵押取得的一种无追索权或有限追索权的融资或贷款活动。项目融资是国际通行的大型基础设施和市政公用设施的融资工具，广泛应用于发电设施、高等级公路、桥梁和城市供水等基础设施，以及建设规模大、具有长期稳定预期收入的工业项目。在项目融资中，新建项目公司作为借款人，仅以项目自身预期收入和资产对外承担债务偿还责任，不需要母公司和第三方的担保、不需要项目以外的抵押或偿债担保。贷款银行对建设项目以外的资产和收入没有追索权，项目融资贷款不体现在母公司的资产负债表上，对于母公司来说是表外融资，因此项目融资是非常适合 PPP 模式的融资方式。

第 3 章

中国金融环境发展状况及变化趋势

第 1 节　中国金融环境发展总体状况

目前，我国坚持稳中求进的经济工作总基调，国民经济运行缓中趋稳、稳中向好，金融业改革不断深化，金融市场平稳运行，金融机构整体稳健，金融基础设施建设不断取得新的进展，金融环境建设不断完善。金融生态环境的概念是在 2005 年提出的，周小川行长在"经济学 50 人论坛"上强调，要用生态学的研究思路来考察金融问题。金融生态环境不仅关系到经济政策的实施，还对金融资源的配置效率有着重要影响。因此，良好的金融生态环境是 PPP 模式充分发挥积极作用和经济实现可持续发展的基础条件。

在中国特殊的市场经济环境下，金融既是社会经济发展的工具，又是一种重要资源。金融环境是 PPP 健康成长的土壤，金融机构作为金融环境中的重要组成部分，既能为 PPP 项目公司提供资金支持，又能作为社会资本方或与其他社会资本的联合体，与政府进行 PPP 项目合作，深化公私合营关系，加强资源配置。金融的改革与发展在我国经济发展中发挥着举足轻重的作用。

改革开放以来，我国金融业发展节节攀升，金融资产规模不断壮大。图 4-3-1 为货币供应量。2016 年前三季度，货币市场利率窄幅震荡，10 月下旬开始货币市场利率加快上行。2016 年 12 月份，银行间货币市场质押式回购月加权平均利率为 2.56%，较上年同期上升 61 个基点。而 2017 年 5 月，我国广义货币供应量（M2）已达 160.14 万亿元，同比增长 9.6%；狭义货币供应量（M1）为 49.64 万亿元，同比增长 17.0%；流通中货币（M0）期末值为 6.7 万亿元，同比增长 7.3%。而 2017 年 12 月，广义货币（M2）供应量为 167.68 万亿元，同比增长 8.2%，狭义货币（M1）供应量为 54.38 万亿元，同比增长 11.8%，流通中货币（M0）供应量为 7.06 万亿元，同比增长仅为 3.4%。与之前相比，各项增速均有所下滑，我国货币政策逐渐趋于稳健。

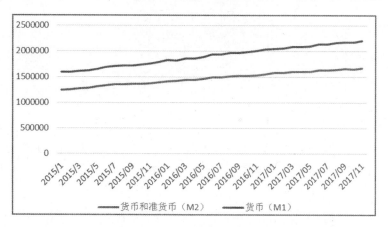

图 4-3-1　货币供应量

社会融资规模是一项衡量金融对实体经济资金支持水平的指标，它可以全面地反映金融与经济的关系。2011 年中国社会融资规模总额仅为 12.45 万亿元；2016 年，社会融资规模存量已达到 155.99 万亿元，年增量为 17.8 万亿元，比上年多 2.4 万亿元，同比增长 12.8%[①]。而从 2016 年末国内债券市场统计来看，银行间市场各类参与主体共计 14127 家，较上年末增加 4491 家。其中，境内法人类参与机构 2329 家，较上年增加 235 家；境内非法人类机构投资者 11391 家，较上年增加 4151 家；境外机构投资者 407 家，较上年增加 105 家。存款类金融机构持有债券余额 34 万亿元，持债占比 60.4%，较上年末下降 1.7 个百分点；非法人机构投资者持债规模 14.5 万亿元，占比为 25.7%，较上年末提高 3.5 个百分点。公司信用类债券持有者中存款类机构继续下降，存款类金融机构、非银行金融机构、非法人机构投资者和其他投资者的持有债券占比分别为 28.8%、7.8%、63.4%。如图 4-3-2 所示。

---

① 中国新闻网：《央行：2016 年社会融资规模增量为 17.8 万亿元》。访问网址：http://www.chinanews.com/ fortune/2017/01-12/8122312.shtml。访问日期：2017 年 1 月 12 日。

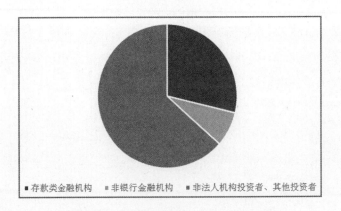

图 4-3-2 公司信用类债券持有者比例

　　5 年间，金融对经济发展的贡献大幅增长。据中国人民银行统计，2017 年社会融资规模存量为 174.64 万亿元，同比增长 12%，年增量为 18.65 万亿元。其中，对实体经济发放的人民币贷款余额为 119.03 万亿元，同比增长 13.2%，金融服务实体经济的功能也在不断增强。如图 4-3-3 所示。

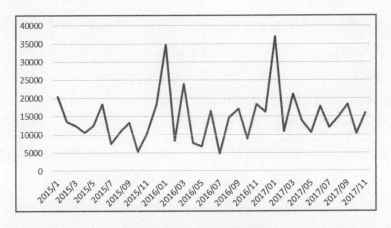

图 4-3-3 社会融资规模增量

　　据国家统计局数据显示，2017 年末，全部金融机构本外币各项存款余额为 169.27 万亿元，同比增长 8.8%。其中人民币各项存款余额 164.1 万亿元，境内非金融企业存款 57.19 万亿元。外币存款余额 7910 亿美元，同比增长 11.1%，全年外币存款增加 779 亿美元，同比少增 66 亿美元。全部金融机构本外币各项贷款余额 125.61 万亿元，同比增长 12.1%。全年人民币贷款余额 120.13 万亿元，同比增长 12.7%，增加 13.53 万亿元，外币贷款余额 8397 亿美元，同比增长 6.6%，增加 522 亿美元。如图 4-3-4 所示。

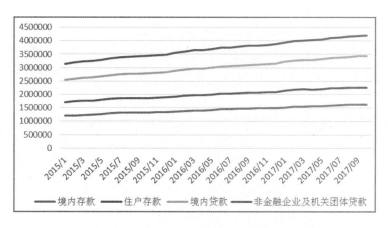

图 4-3-4　存款类金融机构人民币信贷

第 2 节　中国金融行业竞争性分析

一、中国银行业的竞争情况

商业银行在所有银行业金融机构中占据了绝对份额。根据银监会日前公布的"银行业监管统计指标月度情况表（2017 年）"显示，截至 2017 年 11 月底，商业银行的总资产约为 189.45 万亿元，在整个银行业中占到了 77.5%；商业银行的总负债约为 175.11 万亿元，占银行业金融机构的 77.7%。

大型商业银行在商业银行中具有龙头地位，其总资产和总负债仍然占比最高，稳居行业龙头，但其总资产占比已出现下降趋势。同时，全国性股份制商业银行、城市商业银行和其他类金融机构的总资产占比正在逐步上升。以 2017 年 11 月末的数据来看，大型商业银行、股份制商业银行、城市商业银行的总资产占比分别为 35.4%、18.2%、12.9%，总负债占比分别为 35.3%、18.4%、13%。其中，大型商业银行的总资产和总负债分别为 86.5 万亿元和 79.45 万亿元。

大型商业银行中最重要的就是"中国四大行"，即中国工商银行、中国农业银行、中国银行和中国建设银行，它们都是由国家（财政部和中央汇金公司）直接管控的国有银行，代表着中国最雄厚的金融资本力量（见表 4-3-1）。"中国四大行"都已发展成为综合性大型上市银行，并都跻身世界 500 强企业，在国民经济发展中扮演着举足轻重的角色。

表 4-3-1 中国四大行

名称	成立时间	注册资本（亿元）	总资产（亿元）	总负债（亿元）	主要职责
中国工商银行	1984 年	3493	257647.98	236636.56	通过国内外开展融资活动筹集社会资金，加强信贷资金管理，支持企业生产和技术改造，为我国经济建设服务
中国农业银行	1951 年	3248	209231.17	195137.57	致力于建设面向"三农"、城乡联动、融入国际、服务多元的一流现代商业银行
中国银行	1912 年	2791	194224.38	178606.59	业务范围涵盖商业银行、投资银行、保险和航空租赁，在全球范围内为个人和公司客户提供金融服务
中国建设银行	1954 年	2500	220539.43	203453.17	主营业务有信贷资金贷款、居民储蓄存款、外汇业务、信用卡业务，以及政策性房改金融和个人住房抵押贷款等多种业务

注：总资产和总负债均为截至 2017 年 9 月 30 日的数据。

城市商业银行近几年的成长速度很快，但其内部的发展参差不齐。目前，资产规模超过 3000 亿元的城市商业银行主要有锦州银行、南京银行、盛京银行、厦门国际银行和宁波银行等，另外也有相当一部分城市商业银行的资产规模在 500 亿元以下，如西藏银行、遂宁市商业银行、泸州市商业银行、石嘴山银行和宜宾市商业银行等。

二、中国证券业的竞争情况

根据中国证券业协会对 129 家证券公司经审计经营数据及业务情况的统计，目前总资产排名第一的证券公司是中信证券，其总资产为 4706 亿元，其余排名前十位的证券公司分别为国泰君安、海通证券、广发证券、华泰证券、申万宏源、招商证券、银河证券、东方证券和国信证券。净资产排名第一的也是中信证券，其净资产为 1232 亿元，其余排名前十位的证券公司分别为海通证券、国泰君安、华泰证券、广发证券、招商证券、银河证券、申万宏源、光大证券、国信证券。中信证券的营业收入排名也是第一，而营业收入增长率最高的是华信证券。2016 年华信证券营业收入增长率为 242.96%，远超同行水平。表 4-3-2 ~ 表 4-3-4 为 2017 年证券公司排名。

表 4-3-2 2017 年上半年证券公司总资产排名

序　号	公司名称	总资产（亿元）
1	中信证券	4401.89

序　号	公司名称	总资产（亿元）
2	海通证券	3103.91
3	国泰君安	3065.66
4	广发证券	3049.24
5	华泰证券	2541.93
6	申万宏源	2384.2
7	招商证券	2154.46
8	银河证券	2035.37
9	东方证券	1858.19
10	中信建设	1748.34
11	国信证券	1611.9
12	光大证券	1440.72
13	兴业证券	1230.8
14	方正证券	1110.39
15	中金证券	1041.36
16	长江证券	1005.62
17	中泰证券	964.99
18	安信证券	922.7
19	平安证券	914.22
20	东吴证券	724.02

表 4-3-3　2017 年上半年证券公司净资产排名

序　号	公司名称	净资产（亿元）
1	中信证券	1183.43
2	国泰君安	1063.04
3	海通证券	1032.46
4	华泰证券	769.59
5	招商证券	729.15
6	广发证券	725.35
7	银河证券	613.57
8	国信证券	480.64
9	申万宏源	474.82
10	光大证券	473.76
11	中信建投	409.24
12	东方证券	385.33
13	方正证券	356.45
14	中金公司	333.18

续表

序　号	公司名称	净资产（亿元）
15	中泰证券	305.79
16	兴业证券	297.78
17	平安证券	248.79
18	长江证券	245.38
19	安信证券	226.69
20	渤海证券	199.27

表 4-3-4　2017 年证券公司营业收入排名

序　号	公司名称	营业收入（亿元）
1	中信证券	214.61
2	华泰证券	199.26
3	国泰君安	196.93
4	广发证券	156.61
5	海通证券	131.62
6	招商证券	115.61
7	申万宏源	114.05
8	国信证券	112.13
9	银河证券	104.37
10	东方证券	88.69
11	光大证券	73.80
12	兴业证券	66.03
13	安信证券	60.92
14	长江证券	50.75
15	方正证券	50.10
16	国金证券	40.47
17	财通证券	40.02
18	东兴证券	32.53
19	西部证券	28.86
20	国元证券	28.64

数据来源：中国证券业协会。

三、中国保险业的竞争情况

中国平安保险集团股份有限公司（简称"中国平安"）、中国人寿保险集团公司（简称"中国人寿"）、中国人民保险集团股份有限公司（简称"中国人保"）、中国太平洋保险集团股份有限公司（简称"太平洋保险"）是中国保险业的四大巨头，它们都是世界 500 强企业。中国平安是上市公司，集保险、银行、投资三大主营业务为一体，核心金融与互联网金融业务并行发展的个人金融生活服务集团；中国人寿是国有大型金融保险集团，其业务保护寿险、财产险、养老保险、资产管理、海外业务、电子商务等多个领域；中国人保是国内第一家整体上市的大型国有保险金融集团；太平洋保险是国内领先的财产保险产品和服务提供商。

根据最新的 2017 年《财富》世界 500 强排行榜，中国平安成为唯一一个跻身全球前 40 强的中国保险企业，名列第 39 位，较 2016 年上升 2 位，蝉联中国保险企业第一位。在全球金融企业排名中，中国平安名列第 8 位。2017 年，中国平安市值突破万亿人民币，创历史新高，保费收入合计 6046.26 亿元。截至 2017 年末，中国平安个人金融客户数逾 1.53 亿，互联网用户数超 4.3 亿。

据中国保监会统计，2016 年原保险费收入排名前十的中资财产保险公司分别为人保股份、平安财、太保财、国寿财产、中华联合、大地财产、阳光财产、太平保险、出口信用和天安保险；排名前十位的中资人身保险公司分别为国寿股份、平安寿、太保寿、安邦人寿、新华保险、和谐健康、人保寿险、富德生命人寿、太平人寿和泰康人寿。表 4-3-5、表 4-3-6 分别为 2017 年 1—11 月财产保险公司、人身保险公司原保险保费收入排名。

表 4-3-5　2017 年 1—11 月财产保险公司原保险保费收入排名

资本结构	序　号	公司名称	原保险保费收入（万元）
中资	1	人保股份	31599021.88
	2	平安财	19323441.88
	3	太保财	9349789.52
	4	国寿财产	5923058.3
	5	中华联合	3577484.28
	6	大地财产	3376644.27
	7	阳光财产	3029014.35
	8	太平保险	1968543.48
	9	出口信用	1378375.62
	10	天安	1284097.05
外资	1	安盛天平	722325.41
	2	中航安盟	177115.68
	3	利宝互助	137807.32
	4	美亚	131410.86
	5	国泰财产	111504.29

续表

资本结构	序　号	公司名称	原保险保费收入（万元）
外资	6	安联	86909.7
	7	富邦财险	84942.95
	8	三星	78582.65
	9	中意财产	51514.38
	10	东京海上	47678.43

数据来源：中国保监会。

表 4-3-6　2017 年 1—11 月人身保险公司原保险保费收入排名

资本结构	序号	公司名称	原保险保费收入（万元）	保户投资款新增交费（万元）	投连险独立账户新增交费（万元）
中资	1	国寿股份	49025229.23	7272482.63	—
	2	平安寿	34287047.53	9038778.64	173429.88
	3	安邦人寿	18942935.84	4849291.63	0
	4	太保寿	16945051.57	1195644.66	—
	5	泰康	11164025.28	1962217.8	2249939.6
	6	太平人寿	10881287.35	438448.4	4687.51
	7	新华	10393459.62	476058.49	83.15
	8	人保寿险	10301499.32	1021444.29	0
	9	华夏人寿	8332293.5	8491899.11	0
	10	富德生命人寿	7608857.69	3565500.73	0
外资	1	工银安盛	3853359.19	13221.54	24777.97
	2	恒大人寿	2692547.4	805504.15	—
	3	友邦	1845188.63	63440.59	41678.67
	4	交银康联	1297419.32	462002.32	0
	5	招商信诺	1095628.07	2825.28	1765.92
	6	信诚	1053598.12	305074.41	150004.45
	7	中美联泰	901582.06	10842.34	5432.14
	8	中意	862387.21	192841.58	6344.9
	9	中英人寿	691666.73	34953.56	—
	10	中宏人寿	609828.04	13281.96	970.86

数据来源：中国保监会。

四、中国融资租赁业的竞争情况

在融资租赁行业中，属金融租赁公司实力最为雄厚，它具有业务资源丰富、总体数量少、单体规模大的特点，虽然其数量在融资租赁业中还不到 1%，但其业务体量接近整个行业的 40%。在我国的金融租赁业中，"银行系"租赁公司占据了绝对份额。截至 2017 年 10 月，我国已开业的金融租赁公司总数达 64 家（不包括 3 家金融租赁专业子公司），注册资本累计 1900 亿元，其中有 45 家都是由银行参股或控股设立的[①]。目前，资产规模突破千亿的金融租赁公司已有 8 家，其中有 7 家都是"银行系"的，工银租赁以超过 3000 亿元的资产规模位居榜首，无论从总资产规模、净利润还是注册资本金上，工银租赁都已成为国内综合实力最强的金融租赁公司。交银租赁总资产规模也接近 2000 亿元，名列行业第二。

在 12 家股份制商业银行中有 7 家银行都设立了旗下的金融租赁公司，包括招商银行、浦发银行、中信银行、光大银行、华夏银行、民生银行和兴业银行。其中，招商银行、中信银行、兴业银行都对其旗下租赁公司全资控股。在 3 家政策性银行中，1984 年国家开发银行便设立国银租赁公司，并于 2016 年在香港上市，成为国内首家金融租赁上市公司。在 5 家大型国有商业银行中，工商银行、农业银行、建设银行、交通银行均在早年就独资设立金融租赁公司，中国银行则是通过收购新加坡飞机租赁有限责任公司，进入融资租赁行业。

现在经营租赁业务主要集中在 4 家公司：工银租赁、国银租赁、民生租赁、交银租赁。其中交银租赁经营租赁资产占比在 2017 年 6 月末达到 32.79%，较年初上升近 6 个百分点。表 4-3-7 为 2017 年年中部分金融租赁公司资产规模情况。

表 4-3-7　2017 年年中部分金融租赁公司资产规模情况

公司简称	经营租赁资产余额（亿元）	总资产（亿元）	经营租赁资产占比（%）	经营租赁资产较年初增长（%）
交银金融租赁	640.04	1951.99	32.79	38.72
招银金融租赁	218.7	1498.19	14.60	20.53
建信金融租赁	164.58	1416.37	11.62	16.79
兴业金融租赁	79.14	1353.74	5.85	66.58
光大金融租赁	21.24	661.93	3.21	−4.15
华融金融租赁	24.61	1245.67	1.98	142.94
哈银金融租赁	2.77	174.27	1.59	−2.81

五、中国基金业的竞争情况

各基金管理公司近两年的业务都在快速发展中，估值组合数量呈现指数式增长，

---

① 人民网：《13 家金融租赁半年业绩：银行系规模居前多家净利高增长》。访问网址：http://finance. china.com.cn/money/20170731/4330734.shtml。访问日期：2017 年 7 月 31 日。

发行速度空前之高。根据中国证券投资基金业协会公布的基金管理公司专户管理资产月均规模，2017 年三季度排名前十位的分别是创金合信基金、建信基金、中银基金、华夏基金、易方达基金、嘉实基金、工银瑞信基金、天弘基金、南方基金和广发基金。其中，创金合信基金以 3707.93 亿元的基金专户月均规模排名榜首。从公募基金的月均规模来看，排名第一的是天弘基金，其公募基金月均规模为 16752.18 亿元，其余规模较大的基金管理公司还有工银瑞信基金、易方达基金、建信基金、博时基金、南方基金、华夏基金、嘉实基金、招商基金和汇添富基金。表 4-3-8、表 4-3-9 分别为 2017 年三季度基金管理公司专户管理资产月均规模排名和 2017 年三季度基金管理公司公募基金月均规模排名。

表 4-3-8　2017 年三季度基金管理公司专户管理资产月均规模排名

排　　名	公司名称	基金专户月均规模（亿元）
1	创金合信基金管理有限公司	3707.93
2	建信基金管理有限责任公司	3445.11
3	中银基金管理有限公司	3043.56
4	华夏基金管理有限公司	2880.32
5	易方达基金管理有限公司	2209.47
6	嘉实基金管理有限公司	2116.94
7	工银瑞信基金管理有限公司	2004.63
8	天弘基金管理有限公司	1833.10
9	南方基金管理有限公司	1495.85
10	广发基金管理有限公司	1375.57
11	汇添富基金管理股份有限公司	1367.70
12	博时基金管理有限公司	1276.00
13	中信建投基金管理有限公司	1235.29
14	银华基金管理股份有限公司	1043.81
15	中欧基金管理有限公司	1011.73
16	鹏华基金管理有限公司	1009.16
17	中邮创业基金管理股份有限公司	990.60
18	富国基金管理有限公司	972.86
19	融通基金管理有限公司	836.56
20	交银施罗德基金管理有限公司	775.75

数据来源：中国证券投资基金业协会。

表 4-3-9　2017 年三季度基金管理公司公募基金月均规模排名

排　名	公司名称	公募基金 2017 年三季度月均规模（亿元）
1	天弘基金管理有限公司	16752.18
2	工银瑞信基金管理有限公司	7129.30
3	易方达基金管理有限公司	5009.60
4	建信基金管理有限责任公司	4493.72
5	博时基金管理有限公司	4133.05
6	南方基金管理有限公司	3870.78
7	华夏基金管理有限公司	3796.77
8	嘉实基金管理有限公司	3708.07
9	招商基金管理有限公司	3616.89
10	汇添富基金管理股份有限公司	3076.73
11	中银基金管理有限公司	3065.59
12	鹏华基金管理有限公司	2645.34
13	广发基金管理有限公司	2607.51
14	银华基金管理股份有限公司	1915.84
15	富国基金管理有限公司	1803.43
16	兴业基金管理有限公司	1783.83
17	平安大华基金管理有限公司	1651.50
18	大成基金管理有限公司	1568.86
19	兴全基金管理有限公司	1565.07
20	华安基金管理有限公司	1562.32

数据来源：中国证券投资基金业协会。

第 3 节　中国金融工具的使用情况

我国是以银行间接融资为主的国家，依托于存款—贷款模式，而股权模式并不多见，这在根本上决定了我国的杠杆率较高。从国际主流的以间接融资主导的国家来看，它们都具备这个特点。以宏观杠杆率，债务/GDP 来看，中国（257%）介于日本（371%）和德国（181%）之间。我国金融工具由于金融市场尚未经历一个完整的金融周期，金融工具比较传统，很多的衍生品工具也没有在我国大规模应用。虽然我国的金融深化过去一直在进行，金融工具也逐步增多，多种银行间债券品种、交易所债券品种、各项 ABS 品种也逐步发展，股权方面，创业板与新三板也在这 10 年间蓬勃壮大，但是无论是规模还是普及程度都远远不如金融高度发达的资本主义国家。而我国的职能机构也是近些年才将金融监控范围从表内业务扩展到表外业务，从传统的信贷扩大到包括债券、股权及期货、买入返售、理财产品等各类主要融资工具，与此同时，具体监管方面包括金融机构的资本和杠杆情况、资产负债情况、流动性、定价行为、资产质量和外债风险等方面，这也在侧面说明各个金融衍生品规模还无法动摇我国金融市场根本，这些占我国金融工具的使用率不到 10%，对于我国庞大的金融体系而言，它的使用率非常低。

目前 PPP 可采用的主要金融产品服务及其特点。国内 PPP 项目的融资方式还是以商业银行的中长期借款为主，商业银行为 PPP 项目提供的固定资产贷款期限较长、利率较低、融资规模大、融资可获得性较高，是基础设施和市政公用设施项目融资的主渠道，是 PPP 项目融资最大的资金来源方。商业银行还通过理财产品或资管计划的形式为项目提供融资，融资规模较小、期限较短、资金成本较贷款稍高。

国家开发银行和中国农业发展银行等政策性银行能为 PPP 项目提供利率较低、期限较长的贷款，是 PPP 项目重要的融资渠道。信托公司的资金信托计划是 PPP 项目融资渠道之一，资金信托计划的利率、期限、融资规模和可获得性均处于中等水平。资金信托计划门槛较低，选择面广，但近年由于政信合作模式受到限制政府信用等政策的制约，信托计划多作为其他金融机构投资 PPP 项目的通道。租赁特别是售后回租成为部分使用大型设备的 PPP 项目的融资渠道之一，租赁的综合成本、融资规模和可获得性处于中等水平，期限较长。

各类债券发行综合成本一般低于同期贷款基准利率，融资规模大、期限较长，但发行门槛较高，适用于大中型企业和项目。企业债券是依靠企业整体的信用发行的债券；项目收益债券、项目收益票据与企业债券以企业信用为基础的债券品种不同，而是以项目公司为发行主体，与企业整体信用相隔离。项目收益类债券由发改委审批，在银行间债券市场发行；项目收益票据由人民银行下属的交易商协会审核，在银行间债券市场发行。项目收益债券、项目收益票据发行募集的资金用于新建 PPP 项目，但项目收益较低甚至没有收益的市政交通、工业园区等收益低、时间跨度长、还款来源不稳定的项目，不适合发行项目收益债券和项目收益票据。另外，各类专项债券也是相关行业 PPP 项目可以使用的融资渠道。

PPP 资产证券化是项目建成运营后，以其在项目运营阶段的收益权或合同债权等作为基础资产发行的资产证券化产品，在证监会审核的叫作资产支持专项计划，由交易商协会审核称为资产支持票据。通过资产证券化，社会资本可以盘活 PPP 项目存量资产，提前收回资金，提高了持续投资的能力。发改委、财政部先后与人民银行和证监会联合发布有关通知，推动了 PPP 领域的资产证券化的发展，拓宽了 PPP 的融资渠道。

PPP融资支持基金以股权投资形式提供PPP项目的资本金,可以有效解决PPP项目的资本金融资难。产业基金期限较长,作为财务投资者可减轻PPP项目的财务压力,在合同有效履行情况下,投资收益稳定。另外,中央财政出资设立的中国政企合作融资支持基金和各地地方政府发起的政府引导基金子基金的入股,可以为PPP项目起到增信的作用,带动其他社会资金的进入,有助于项目取得银行贷款等金融机构的融资。

保险资金投资PPP项目是指保险资产管理公司作为受托人,发起设立基础设施投资计划,面向保险机构等合格投资者发行受益凭证募集资金,向与政府方签订PPP项目合同的项目公司提供融资。保险资金期限较长、金额巨大,适合PPP项目收益稳定、周期长的特点,但由于保险资金对安全性要求较高,投资门槛较高。

世行贷款、亚洲开发银行等多边金融机构也是国内PPP项目可利用的融资渠道,利率优惠、期限长,是PPP项目理想的融资渠道。但多边金融机构主要支持公益性较强的项目,往往要求政府提供主权担保,因此程序复杂、可获得性不强。表 4-3-10为融资工具的优缺点。

表 4-3-10　融资工具的优缺点

融资来源	利率	综合成本	期限	周期	可获得性	是否公开	对母公司是否出表
贷款	低	低	中	短	高	否	项目融资出表
理财产品	低	低	短	短	高	否	股权类出表
信托	中	中	中	中	中	否	否
租赁	中	中	长	中	中	否	否
债券	低于	低	长	长	门槛高	公募公开	否
基金	股权投资	高	中	中	中等	否	出表
出口信贷	低	低	长	长	低	否	否
世行贷款	低	低	长	长	低	否	否

第 4 节　中国金融环境的变化趋势

一、防范金融风险不放松

从前文可以看出,我国以银行业为主,证券、保险、融资租赁、基金共同发展的金融业在过去 10 年中得到了高速的发展,资产规模与营业收入都有大幅提高,金融机构数量也迅速增加。大肆扩张的背后必然带来风险和隐患,从 2013 年起,银行间市场、股票市场、外汇市场、债券市场、互联网金融市场等新型金融市场陆续出现风险。未来一段时间，金融市场的口袋将继续收紧。从第五次全国金融工作会议提出"推动经济去杠杆"，到银监会严格执行"三去一降一补"政策，短期内，风险防控仍将是金融市场的主旋律。国家将持续施行稳健灵活偏紧的货币政策，强化对金融环境的整治。

2017年银监系统监管补短板的力度空前，重拳连环出击。2017年4月，银监会发布《关于切实弥补监管短板提升监管效能的通知》，强调加大监管处罚力度和透明度，各级监管部门要充分运用监管措施、行政处罚等监管权力，提高违规成本，增强监管威慑力。2017年全年，银监系统就已开出超3452张罚单，1877家机构被罚，罚没金额近30亿元，创历史之最。其中，2/3的罚单都与信贷业务有关，处罚理由主要包括信贷资金改变用途、违规发放个人住房贷款、资产质量严重不实、银行承兑汇票业务严重违反审慎经营规则等，票据业务成为违规高发领域[1]。在银监会召开的2017年年中工作座谈会上，也强调监管工作要以"严紧硬"来改变"宽松软"。

证监会也表示，不会放过证券期货市场任何形式、任何时期、任何领域的违纪违规行为，将持续保持高压态势，切实维护资本市场的健康稳定发展[2]。2017年7月6日，证监会公布并实施新的《证券公司分类监管规定》，引导券商提升全面风险管理和合规管理的能力。在证监会近期查办的案件中，以内幕交易、操纵市场、信息披露违法案件为主，并购重组、举牌邀约成为案件高发领域。

全国金融工作会议一直密切关注金融风险。2017年7月召开的金融工作会议明确提出，必须紧紧围绕服务实体经济、防控金融风险、深化金融改革三项任务，保障国家金融安全，促进经济和金融良性循环、健康发展，设立"国务院金融稳定发展委员会"。综上可见，国家未来对金融业严监管的趋势不会改变。

二、互联网给金融带来创新转型发展

互联网和金融都是21世纪的黄金产业，"互联网+金融"可谓强强联手，为金融的转型发展带来了创新之风，丰富、方便、快捷的互联网电子金融服务广受欢迎，并不断向村镇和高龄人群普及，同时也大大提高了金融机构的交易效率，降低了交易成

---

① 上海证券报：《罚！罚！罚！千张罚单不断敲打银行，房贷竟是一大重灾区！》。访问网址：http://finance.qq.com/a/ 20170807/002844.htm?pgv_ref=aio2015&ptlang=2052。访问日期：2017年8月7日。

② 金融界网站：《证监会：下半年将不会放过证券期货市场任何违规行为》。访问网址：http://stock.jrj.com.cn/2017/07/26222922802696.shtml。访问日期：2017年7月26日。

本。银行、证券、保险、基金等都在积极搭建互联网交易平台，且平台发展都已经较为成熟。

现在银行业离柜业务率已达 84.31%，手机银行、电话银行、微信银行、网上银行、支付宝的交易量高速膨胀，中国正在向"无现金"社会大步迈进。2016 年，中国银行业金融机构离柜交易达 1777.14 亿笔，比上年增长 63.68%；离柜交易金额达 1522.54 万亿元。其中，网上银行全年交易 849.92 亿笔，同比增长 98.06%；手机银行交易全年金额 140.57 万亿元，同比增长 98.82%；电商平台全年交易 3.28 亿笔，交易额 1.98 万亿元；微信银行全年交易 2.18 亿笔，交易额 9.97 万亿元，是去年的 30 多倍[①]。按这个趋势发展下去，银行离柜业务率将很快突破 90%。

2017 年 6 月，中国人民银行还专门印发了《中国金融业信息技术"十三五"发展规划》，确立以下发展目标：金融信息基础设施达到国际领先水平，信息技术持续驱动金融创新，金融业标准化战略全面深化实施，金融网络安全保障体系更加完善，金融信息技术治理能力显著提升。互联网金融标准化工程也被列入了《金融业标准化体系建设发展规划（2016—2020）》，成为重点工程之一。未来在互联网的助力下，大数据能够为金融提供更加精准和完善的分析，让金融资源的利用价值最大化。同时，互联网带来的金融风险也比实体交易更大，这方面也已经得到相关监管部门的重视。近年来，很多不成熟的互联网金融机构都遭到了政府和市场的双重打击，行业不断重新洗牌，"互联网+金融"的协同正在步入"有序中创新"的发展阶段。

三、金融脱媒变革金融环境发展方向

金融脱媒即金融非中介化，是指在金融管制下，资金供给绕开商业银行体系，直接输送给需求方和融资者，完成资金的体外循环，主要渠道有股票市场、企业债券、商业票据、国库券等。金融脱媒是资本市场和"互联网+金融"发展导致的必然趋势，对于经济发展具有多重优势。首先，省去中间环节，让资金的供给方和需求方直接交易，双方都能更快获利。其次，金融脱媒有助于促进资本市场特别是股市和债市的发展，改变企业资产负债比率过高的现状。然后，金融脱媒还能够改善金融资源和风险过度集中在银行的情况。最后，金融脱媒有助于金融资本更好地服务实体经济发展。因此，金融脱媒对金融环境的健康发展具有十分重要的意义。

---

① 中国银行业杂志：《〈2016 年度中国银行业服务改进情况报告〉发布》。访问网址：http://www.zgyyhy.com.cn/zixun/2017-05-10/3968.html。访问日期：2017 年 5 月 10 日。

　　五年一次的全国金融工作会议是金融发展的风向标，第五次全国金融工作会议明确提出，要把发展直接融资放在重要位置，形成融资功能完备、基础制度扎实、市场监管有效、投资者合法权益得到有效保护的多层次资本市场体系。这既为今后资本市场改革发展指明了方向，也对未来资本市场改革发展提出了更高的要求和期望。未来我国将形成一个适应市场经济需要，直接和间接融资比例适宜、资金使用效率较高、风险分散的市场化的金融格局。

第 4 章

金融环境建设对中国 PPP 发展的影响

第 1 节　当前金融政策对 PPP 发展的影响

　　财政部、发改委和中国人民银行在产业结构调整、区域经济规划和宏观经济发展领域出台了很多金融政策，而这些金融政策发挥了巨大的作用。例如，倾向性信贷政策造就一批新能源和高科技产业的繁荣，优惠性、差异性利率政策以及倾向性上市企业筛选政策对于一些企业的发展壮大带来非常突出的效果。外资利用政策和出口信贷政策同样对于我国贸易顺差和逆差的影响非常大。但是从目前的情况来看，我国的金融政策制定和实施并没有足够的重视 PPP 领域发展。从政府端而言，太过于依赖政策性的金融支持，大量 PPP 项目的资金来源于政策性银行贷款，无法充分调动社会资本进行 PPP 项目资金的补充。而有些社会资本参与 PPP 项目时，自有资金不足时，需要进行直接和间接融资时，会由于缺乏相关的金融政策支持，而导致融资受限、融资成本上升和融资渠道单一等问题的发生。而地方政府也会就 PPP 项目上存在一些短视性的金融政策，过分透支地方金融机构的资金供给。虽然从 PPP 发展的进程来看，金融政策对其影响力巨大，但是支持 PPP 金融环境发展的政策体系还存在着很多改善的地方。

　　近年来金融政策的变化，对整个社会融资规模增长尤其是 PPP 融资的而言既存在有利因素，也存在不利因素。有利的因素是：① 经过 2015 的股灾，2016 的股票市场基本稳定，IPO 将逐步恢复，这对 PPP 直接利用资本市场融资来说是一个非常好的有利条件；② 债券市场的发行条件和创新力度增强，一些不良资产证券化，高收益债券也继续推出市场，债券市场融资角色进一步加重。近年来，PPP 直接融资比例直线上升，相对于利用间接融资来说，去资本市场直接融资，可能在融资初期比较困难。

但是如果能够很好地克服这一困难，这就为未来的融资工作开了一个非常好的头。因为间接融资的操作过程比较轻困难，且资金用途限制的比较严格，而且融资的体量比较小，不太能够适应 PPP 应用于未来庞大的基础设施建设和公共服务的资金需求量。随着低利率时代的持续，外部资本流动对境内金融市场的影响加大，人民币短期兑美元有一定的贬值压力并基本可控。由于目前 PPP 项目外资参与数量有限，因此也不会造成大的影响，这对 PPP 传统融资方式而言，是一个比较好的消息。可以通过银行等金融机构间接融资，也可以通过企业债、中票、短融、资产证券化、基金、债转股、股权等多种融资渠道，进行直接融资，提高直接融资占比，降低融资成本，构建多元化、多层次的融资体系，更好地参与到地方的基础设施和公共服务建设中去。

最近，国内银行已经全面暂停 PPP 项目贷款，采取"先暂停，后清理，再规范，已发文"的政策。暂停的业务包括资本金融资和项目贷款在内的所有 PPP 融资业务，进行全面的风险排查，而这种暂停 PPP 贷款有扩大之势，多家银行对 PPP 贷款越发的谨慎，例如，浦发银行对于涉及 PPP 的贷款的确收紧，但是尚未停止贷款，中国银行对 PPP 态度也明显持观望态度。这些都是受到《关于规范政府和社会资本合作（PPP）综合信息平台项目库管理的通知》（财办金〔2017〕92 号）的影响，只有当 92 号文真正实施之时，才能确认一个项目是不是财政部认可的入库 PPP 项目，银行观望等待是正常的，在此之前审批和放贷是有风险的。在实践中，各银行的地方分支机构并没有完全停止，因为一家银行停止了，其他银行可能会跟进，一旦财政部确认入库了，停止的可能就会失去机会。92 号文对 PPP 融资有负面影响但不至于真的停止。

第 2 节　其他影响中国 PPP 发展的金融问题

一、PPP 项目缺乏足够的资金支持

1. PPP 资金缺口大

很多优质的 PPP 项目资金问题都能够解决，社会资本方能够充分调动自有资金进行投资，而以银行为代表的金融机构参与热情也是前所未有的高涨。但是一些经营性较差的 PPP 项目，却存在着巨大的资金缺口。这主要是两个方面导致的：一方面，地方推介到财政部和发改委的入库项目，多为基础设施和公共服务类项目，此类项目本身就不涉及营利性质，而此类项目的代表是城市道路、生态环境治理和重大生活水利设施等；另一方面，现有项目发起机制以政府融资平台或行业主管单位为主，在项目发起初期已将项目的盈利部分进行切割，其余无盈利性部分就基本上缺乏吸引力。据

不完全统计,中国推出十万多亿的 PPP 项目,但是真正落地的项目规模只有不到 1/10。同时,很多正在建设当中的 PPP 项目存在投资金额巨大和周期漫长的特点,政府部门由于自身财力有限,出资比例非常小。社会资本方即使能够凭借自身资金流缴足项目资本金,也会由于项目后期需要大量资金而出现流动性问题,所以无论是项目前期落地和后期建设过程中持续性融资都存在着资金缺口巨大的问题。

2. PPP 融资渠道单一

从参与 PPP 项目融资的金融机构来看,能看到各类金融机构的身影,例如与 PPP 项目相关的金融机构有:银行、证券公司、保险公司、融资租赁公司和各类资管计划等。但是我国金融体系中,银行业占据大半,所以 PPP 项目资金来源中银行占绝大部分。正如上文所说,并非所有的 PPP 项目银行都积极参与。项目合规且边际清晰,政府方财力较强,社会资本资质好且具有 PPP 履约能力,回报机制清晰,风险分配合理的项目,属于商业银行疯抢的状态,而很多公益性较强的项目却出现融资难的情况。银行积极参与 PPP 项目的动力来源于两个方面。一方面,PPP 模式是政府与社会资本共同参与,由于有政府背景的存在,对于金融机构的吸引力是无与伦比的,尤其是当前处于资产荒的背景下,金融机构缺乏优质的、稳定的项目投向,有政府背景的 PPP 项目更是成为金融机构争夺的主阵地。同时,PPP 项目是未来公共产品服务主要的供给方式,其市场前景比较开阔。对于很多中小商业银行而言,通过参与 PPP 项目能够与地方政府、大型央企和地方国企建立良好的合作关系,给中小商业带来较多的商机。另一方面,虽然 PPP 项目总体收益率不高,但是它能够给银行带来很多中间业务的收入,如项目的咨询服务费、资金托管业务收入等,同时,很多 PPP 项目能够给银行带来丰厚的存款业务,增强银行资金的流动性。整体而言,PPP 项目金额大,期限长,目前过度依赖于银行体系的资金供给,融资渠道较为单一。

3. PPP 融资成本高

PPP 项目大多数是社会资本对基础设施和公共服务方面的投资,它存在营利性缺乏、风险状况不明、投资金额巨大及周期漫长等特点,这对社会资本的资本运作和持续性融资能力要求极高。而现阶段社会资本方往往缺乏对资金的长期规划能力,且在 PPP 项目后期极易出现资金链断裂的情况,尤其是 PPP 项目风险主要集中在社会资本方。同时,融资政策不利于 PPP 项目融资,尤其是现在 PPP 项目主要的融资渠道是商业银行贷款,但是商业银行贷款与 PPP 项目的融资需求出现期限错配的情况,导致商业银行无法满足 PPP 项目动辄数十年的资金周转期。此外,商业银行为了确保贷款本金的安全性,往往对于 PPP 项目的利率与抵押担保物要求比较高。最后,PPP 模式在顶层设计、制度、法律及市场金融环境方面存在缺陷，存在政府将一些项目进行包装，利用 PPP 名义进行融资，很多金融机构无法有效地甄别 PPP 项目的真假，但是错失项目的投资机会，会影响到自身的盈利性，所以只能提高 PPP 项目的融资成本以覆盖投资风险。PPP 项目融资渠道单一、缺乏有效的金融杠杆、配套的融资政策和融资工具以及顶层设计方面存在明显的缺陷，这一系列原因造成了 PPP 项目的融资成本高。

二、PPP 金融环境机制不够优化

PPP 金融环境中的制度作为其中一种非物质资源，对于建立 PPP 金融环境非常重要，但是目前的状况却不容乐观，PPP 金融环境机制不够优化体现在三个方面。首先我国缺乏独立的金融环境优化组织，PPP 金融环境优化的工作处应为独立的部门，负责两个方面的工作内容：① 统筹整个金融环境优化政策及原则的制定；② 负责 PPP 金融环境优化的规划、构建以及金融风险的监控、衡量及评估。但是，首先，我国的 PPP 金融环境优化处并没有体现明显的独立性特征，比较容易陷入业务导向性思维和政府的行政性干预思维，不能以公正客观的角度来保证 PPP 金融制度的优化运行。其次，制定 PPP 金融环境优化目标及政策时，没有充分将金融风险承受能力、资本充足程度以及灵活机动的金融风险分散机制和规避损失控制机制放在考虑的范围之内。最后，数量化、具体化的金融环境与控管方式缺乏。在 PPP 金融环境评估与管控主要是以数量化、实体化的方式进行，并配合分层核决、金融风险限制、金融环境衡量和环境监控。例如，在我国 PPP 金融环境制度优化过程中，风险价值模型（Value at Risk）应用情况却不容乐观。因此，综合考虑 PPP 金融环境优化的目标，未来要将"防御型"的金融环境转化为"积极型"的金融风险价值目标迈进。

三、PPP 金融环境优化效益评价机制缺乏

PPP 金融环境优化效益评价机制包括预先估算 PPP 金融环境收益、执行资本配置和增设警戒点三个方面的内容。但是目前我国 PPP 金融环境效益评价机制三个方面的情况都不太乐观，各种 PPP 金融环境难以量化衡量，最直接的效益无法预先估算金融环境收益的大小，决策机制难以通过预期的报酬率进行比较，跨金融产品以有效的途径进行金融环境整合的无法实现。而资本的需求规划以 RAROC 制度来执行资本配置，以目前的状况来说也无法得到实现，实质投资报酬率通过 PPP 金融环境量化机制来实现，获得的数据与实现情况存在比较大的差别，社会资本方在现有的金融环境中，难以获得报酬、经营绩效、企业获利和社会责任之间的平衡。最后，由于 PPP 项目存在

风险大、周期长等特点，在现有的 PPP 金融环境中，社会资本方明显没有太多的投资警戒点，同时严格的"停损机制"对于社会资本方来说，也没有一套严格的体系。

四、金融交易成本过高

金融交易成本是指在金融交易活动中，需要人力、物力和财力的价值表现。对于金融交易成本的理解有两个方面：从狭义上来说，它是指在金融交易过程中所产生的费用；从广义上来说，它是指整个金融制度运转的费用，包括信息成本、维护成本、监督成本和保险成本。PPP 项目的建设、运营和维护都需要大笔的资金，而资金主要来源于企业自筹和银行借款。其中银行贷款涉及众多的流程、烦琐的手续和高昂的时间成本。PPP 项目流程较长，项目也比较复杂，金融机构前期受理和尽职调查投入的人力、物力和财力较多。同时，很多 PPP 项目由于金额、时间的原因，下级银行还必须向上级银行进行信贷额度的申请来满足 PPP 项目的资金需求。而近年来，由于我国商业银行不良率持续性攀升，银行与企业之间诚信基础遭到严重破坏，所以银行对于授信体系管控的越发严格。例如，花费大量的时间和成本搜索企业信息和成本甄别，与此同时，对于企业的抵押和担保要求也越发的严格。这一系列的变化终究会增加 PPP 项目的建设、运营和维护成本，从而在根本上约束了 PPP 金融环境建设的积极性和重要环节。

五、风险配置能力差

风险配置是指金融机构将风险作为一种资源，有计划、有步骤和有目的地利用风险进行各种经营性的经济活动。同时，风险配置是存量风险流量化的经济行为，这是一个非常广泛的经济范畴，它包含了众多的方面。风险是广泛存在的，对金融市场而言，没有风险的持续生成，传统的金融业务也只能慢慢消亡。同时，互换、债券、期货与期权、项目融资、并购与重组、股票上市、国际结算等众多的金融工具与金融产品也不会被世人所熟知。最后，由于各种经济风险的存在也使得各种金融机构能够施展所长，觅得经营机会和市场空间。但是我国的金融系统一直有不良贷款比例过高、银行风险管理能力偏低、资源配置效率低下等问题。金融系统的风险配置能力低下，尤其体现在金融产品的多样化程度不够、多元化投资主体不成熟以及风险成本收益调整机制不够灵活。这些因素导致我国 PPP 金融环境在风险配置方面的现状堪忧。同样的，由于我国金融体系尚不发达，降低了宏观金融调控以及金融监管效率，最终约束了 PPP 金融环境市场配置功能，特别是资金供给能力的发挥。

六、金融创新动力不足、市场机制效率低

构建 PPP 金融环境是一个动态过程，它涉及以金融组织、产品和制度的不断创新和完善来满足 PPP 金融环境构建的需求。但是，从我国目前金融业的现状来看，首先金融组织创新动力不足，例如，我国的商业银行仍然以传统的信贷业务为主，局限在传统的领域。金融产品的丰富程度与发达资本主义国家相比存在明显的差距，长期融资工具和短期头寸拆借工具缺乏，难以满足 PPP 项目的长期资金需求和短期资金调配。而代表资本市场发达程度的主板和二板市场也存在着行政干预过度的情况，例如，2016 年推行的熔断机制，便是行政干预下的结果。二板市场是新技术创新与应用的代表，但是它无论是在市场中介制度、股票发行方面，还是在上市等方面都存在着明显的行政干预，极大地限制了二板市场本应有的活力。近年来，国家提倡建立产业投资基金用于投资 PPP 项目，同时，建立国家级基金和省级基金协同引导，产业投资基金也迅速达到数千亿以上的规模，但是与财政部和发改委入库的 PPP 项目资金需求相比，资金规模明显不匹配。而产业投资基金由于政府的过度干预，运作机制也常常被扭曲。这一系列低效率的运作机制，也影响了 PPP 在金融领域的创新。

第 5 章

中国 PPP 金融环境优化的五大行动

第 1 节　推进金融市场建设，提高 PPP 融资效率

一、完善资金退出机制，增强社会资本信心

畅通的退出渠道、完善的退出机制是确保社会资本安全，加强社会资本投资者信心的重要保障。由于 PPP 项目周期长、金额大、收益慢、不确定性因素多等特点，退出机制对社会资本来说尤为重要。然而，就目前的 PPP 市场而言，中期流转、后期退出机制并不完善，许多投资者顾虑颇多，影响了 PPP 项目的运作效率。因此，在金融市场的建设中，为消除投资主体疑虑，调动民间资本积极性，要着重加强 PPP 退出机制的建设和完善。特别是在近年来严禁政府回购、政府兜底的政策约束之下，完善社会资本退出机制是 PPP 模式发展壮大必须面临的任务。目前现有 PPP 的退出渠道如股权回购、IPO 上市、资产证券化等各有利弊，并且都存在着亟待解决的问题。下一步要针对现有的退出渠道存在的问题进行分析和解决，确保各退出渠道的通畅。例如，就股权交易而言，完善 PPP 股权交易市场和股权转让系统，使得社会资本的股权流转更为便利。此外可以对 PPP 退出机制进行一些创新设计，例如，考虑由政府批准，发行可上市交易的 PPP 债券和 PPP 可转换债券，实现 PPP 项目股权债券化。

二、探索 PPP 金融市场行业标准，形成示范效应

2017 年，随着《关于进一步规范地方政府举债融资行为的通知》（财预〔2017〕50 号）、《关于坚决制止地方以政府购买服务名义违法违规融资的通知》（财预〔2017〕87 号）的相继出台，规范行业标准已成为当前 PPP 工作的主线。PPP 与资本的密切关系使得规范 PPP 金融行业标准成为推进 PPP 市场规范化的重中之重。规范化才可

持续化，PPP 项目资产，无论是以股权、债权还是股债联动等形式存在，除了具有其本身固有属性外，还必须要符合 PPP 利益共享、风险共担的本质理念，其交易应确保公共产品和服务的供给不受影响。如果没有统一的金融市场顶层设计，完整的市场规则和标准体系去进行规范，PPP 市场难免乱象丛生、摩擦不断。未来可通过交易试点、学习国外相关经验、融合国际 PPP 标准等形式，探索 PPP 金融市场的行业标准，构建规范体系，形成行业示范，引导 PPP 行业规范发展。同时，各资产交易主体也应自觉维护金融市场行业标准、维持 PPP 金融市场秩序，让项目在真正的 PPP 模式轨道上长期、稳定、有效运营。但同时需要看到，PPP 项目中涉及的变量因素众多，政府实施机构、社会资本方和项目本身任一因素的变化，都会使得 PPP 项目呈现出一定的个性。作为金融机构，在探索 PPP 金融市场行业标准的基础上，也要设计好行业标准涵盖的合理范围。

三、加强项目信息公开，助推信用体系建设

PPP 项目具有公共产品的特点，许多项目直接与大众的切身利益息息相关，理应加强信息公开，满足社会大众的需求。可以说，信息公开是 PPP 模式的内在要求。而金融市场的基础是信用体系，信用体系的基础又是信息公开。因此，加强 PPP 信息公开，是推进 PPP 金融市场信用体系的建设，规范 PPP 金融市场秩序，带动 PPP 金融环境以及生态环境的良性发展，吸引更多优质社会资本参与到 PPP 模式的重要环节。随着 PPP 模式在我国的不断推广深入，PPP 的公众关注度越来越高，公众对 PPP 信息公开也提出了更高要求。加强 PPP 项目信息公开，需要在制度、实践等层面做进一步的深化、完善、推动。主要包括三个方面。一是树立 PPP 项目全周期信息公开的理念。PPP 信息公开要贯穿项目准备、评估、建设、运营的全过程。二是明确信息公开的主体责任。PPP 信息公开要明确各责任主体在不同的阶段信息公开的具体责任。三是制定信息公开内容清单和标准。项目不同阶段都要制定公开内容清单，并对公开的程度等提出要求和标准。

第 2 节　完善金融配套政策，加强 PPP 金融支持

一、监管部门加强政策支持，明确金融支持 PPP 的条件和方式

PPP 融资难、落地难的一大原因就是 PPP 与现有的金融政策法规存在冲突，往往社会资本跃跃欲试，但金融方面的政策不明朗，影响项目落地。虽然为了防范金融风

险，金融监管的加强是近年来我国金融市场的主流趋势。但是介于推广 PPP 模式，对促进供给侧结构性改革、稳定经济增长等方面具有重大意义，相关金融监管部门理应进一步加强对 PPP 模式的金融政策支持，积极探索，破除体制机制障碍，勇于吸收新理念，消除现有的金融政策与 PPP 模式之间的冲突矛盾。出台综合金融服务配套支持政策以及金融支持 PPP 模式的具体指导意见，明确金融支持 PPP 的条件和方式，优化精简审批程序，为 PPP 融资开辟"绿色通道"。同时，允许发行 PPP 项目专项债，推出 PPP REITS。最后，通过投、贷、债、租、证综合金融支持，有效引导社会资金参与，拓宽 PPP 融资渠道，加快相关项目落地实施。以规划咨询、融资支持、金融创新、风险防控等方面进行深化合作，加强机制建设，联合和引领金融行业及社会资金投入 PPP 项目，共同助力 PPP 合作长远健康发展。

二、金融机构完善服务政策，创新金融产品和服务方式

鼓励银行、保险公司等金融机构加大金融产品和服务方式创新力度，适应市场需求，针对不同类型主体、不同类型的交易结构创新金融产品类型，推广差异化的 PPP 融资服务。充分发挥开发性、政策性金融机构中长期融资优势，为 PPP 项目提供投资、贷款、债券、租赁等综合金融服务，提前介入并主动帮助各地做好融资方案设计、融资风险控制、社会资本引荐等工作，拓宽 PPP 项目的融资渠道，加大对城市供水、供热、燃气、污水处理等市政公用行业的融资支持力度。鼓励银行业金融机构在风险可控、符合金融监管政策的前提下，通过资金融通、投资银行、现金管理、项目咨询服务等方式积极参与 PPP 项目，积极开展特许经营权、购买服务协议预期收益、地下管廊有偿使用收费权等担保创新类贷款业务，做好在市政公用行业推广 PPP 模式的配套金融服务。支持相关企业和项目通过发行短期融资券、中期票据、资产支持票据、项目收益票据等非金融企业债务融资工具及可续期债券、项目收益债券，拓宽市场化资金来源。

三、持续监管金融政策，保证政策顺利实施

近年来，国家对于如何利用金融支持 PPP 发展出台了很多的政策，但是效果极为不明显，最近更是爆出国内银行已经全面暂停 PPP 项目贷款，采取"先暂停，后清理，再规范，已发文"的政策，可见 PPP 金融政策支持落实的效果非常不理想。所以金融监管部门理应进一步加强对 PPP 模式的金融政策落地，积极探索，破除体制机制障碍，勇于吸收新理念，消除现有的金融政策法规与 PPP 模式之间的冲突矛盾。同时，注意收集金融政策出台后的市场表现，以及 PPP 行业对于金融政策出台后的动态反应。甄

别落实不顺利或者政策效果不显著的金融政策，对于落实不顺利的政策除追究责任以外，还要督促相关责任部门持续加大落实力度，充分调动各方面积极性、创造性，强化责任，主动作为。监管层坚决打通简政放权、放管结合、优化服务政策落实的"最先和最后一公里"。推动重大金融支持政策尽快实施、重大金融改革政策尽快落地。通过抓住典型、严格问责，确保完成各类金融政策的落地。

第 3 节　开拓 PPP 融资渠道，化解 PPP 融资瓶颈

一、灵活运用 PPP 融资工具，满足差异化融资需求

PPP 项目投资规模大、期限长，在 PPP 项目全生命周期的不同阶段，现金流和风险收益的特点都各有不同，单纯的银行信贷难以满足 PPP 不同阶段的融资需求，需要不同性质的资本进行资金支持。因此，应针对 PPP 项目的不同阶段，创新不同形式和属性的金融工具，通过发展股权、债权、贷款以及基金的组合，以及引入保险资金参与等，提供涵盖 PPP 项目全生命周期全方位的融资支持。但是这些融资工具的需要在时间上进行有效的对接，防止出现由于时间衔接不当，而出现融资的真空期，造成资金链断裂。例如，在 PPP 项目前期，由于风险和不确定性较大，需要项目投资人的包括各类基金、私募基金或者其他中长期的股权投资工具进行资金支持。随着 PPP 项目进入建设期及运营期，一些项目的融资环境得到改善，项目运营主体有能力获得更多的融资渠道。例如，在资本市场通过发行债券融资，使得项目获得比较稳定的现金流支持。

二、深度参与债券市场，实现 PPP 高效融资

通过债券市场发债融资具有成本较低、期限长的优点，这无疑与 PPP 项目的融资需求较为契合。PPP 模式深度参与债券市场，有助于补充 PPP 资金来源，实现多元化、市场化的融资，帮助 PPP 项目加速落地；还可以优化 PPP 融资结构，实现"落一子而活全局"。因此，推广 PPP 模式，完善 PPP 金融环境应该积极促进 PPP 深度参与债券市场，以多元创新、有的放矢的方式，实现高效投融资。PPP 深度参与债券市场可以从以下三方面入手：一是在引导社会资本投资公用事业和基础设施的同时，地方政府根据 PPP 项目具体情况、资金缺口以及自身财政状况和金融市场环境，以发行地方政府的一般债券的形势，为 PPP 项目提供部分资金支持；二是考虑探索由商业银行等金融机构发行为 PPP 量身定做的专项金融债，根据市场化原则为 PPP 提供投贷资金；

三是将收益前景好、现金流稳定的 PPP 项目，通过资产证券化，发行项目收益债等创新型债券融资。

三、规范 PPP 项目，增强社会资本吸引力

PPP 项目一般长达二三十年，由于周期较长，在不同的发展阶段往往需要不同类型的参与方介入，并且 PPP 模式有很强的金融性质，同时 PPP 项目还会受到地方政府信用和换届等因素的影响。因此，PPP 项目交易流转的周期和透明、公正交易的程度，无疑限制了社会资本参与 PPP 项目的动力和活力。建设 PPP 项目交易流转运作平台，加快 PPP 项目交易流转，能够为 PPP 项目中的社会资本提供进入、退出或流转的可能，也为新的社会资本进入存量项目提供了流通的可能，同时规范地方政府的行为，利用行政和政策等手段，增强社会资本参与 PPP 项目的信心，无疑是解决 PPP 融资瓶颈的关键，也是当初国家大力推行 PPP 项目的初衷。在 PPP 制度的顶层设计时将 PPP 交易相关内容以及地方政府的相关行为考虑进去，在项目设计阶段，突出 PPP 项目的金融属性，在项目建设运营阶段，考虑政府的相关行为，在 PPP 项目不同阶段通过增资、股权转让等方式，找到更为匹配适合的社会资本方和财务投资人；建立完善 PPP 交易流转运作平台，发挥交易平台的市场化服务功能等。

四、针对 PPP 特点，创新 PPP 融资方式

传统的需要抵押、担保的公司融资方式不适合 PPP 模式的特点，应针对 PPP 模式具有 PPP 项目合同项下的收费权这一优势，将预期收益作为还款来源解决 PPP 项目"融资难"的问题，从而提高 PPP 项目的增信与可融资性。相关法律、政策允许以收费权质押融资，有关法院指导案例的判决结果支持特许经营权的收益权作为应收账款予以质押，但考虑到收益权的不确定性及变现障碍，金融机构难以控制项目本身的风险，所以目前仍谨慎对待 PPP 项目收益权质押融资。项目融资是适合 PPP 模式的融资方式。在项目融资中，项目公司作为借款人，不需要母公司或第三方的担保和项目之外的抵质押物，贷款不体现在母公司的资产负债表上，对于母公司来说是表外融资，贷款银行则承担着比传统公司融资更大的风险。项目融资是国际通行的大中型基础设施融资方式，在我国 20 世纪 90 年代大型利用外资 BOT 项目中已有成功实践。提高 PPP 项目可融资性的方向是，针对 PPP 项目的特点，借鉴项目融资的风险控制方法，围绕 PPP 项目收费权这一优势做文章，金融机构将可以更好地支持 PPP 模式的发展。

第 4 节　加强 PPP 风险防控，建立实时监控体系

一、甄别社会资本，保证建设、运营和移交阶段风险最小化

PPP 项目在不同阶段所面临的风险种类各不相同，但是每个阶段的风险主要源于社会资本方的融资实力和运营管理能力等方面。因此，在建设风险防控方面，对于社会资本选择，应综合考虑其实力，而不是以价格的高低作为选择的唯一标准。在运营风险防控方面，对于每个项目要建立完整的考核体系，以及中期评估机制。在移交风险防控方面，建立移交考核标准，以中期过渡方案，保证项目的连续性和稳定性。同时，甄别社会资本时，还要考查社会资本的持续性融资能力，因为在 PPP 项目的每个阶段需要的融资规模和周期都不一样，如何保证 PPP 项目的各个阶段的融资需求，这都是甄别社会资本需要考虑的。最后，PPP 项目在实施 "一案两评"，即一个项目实施方案，物有所值评价和财政可承受能力评估时，要依据项目和社会资本的特征，建立实时的监控体系，保证项目在进行融资时，风险最小化。

二、建立 PPP 金融风控体系，保证金融环境安全

风险控制是 PPP 模式和金融市场共同面临的难题。建立 PPP 金融风控体系，采取多种措施降低 PPP 项目的金融风险，对于提升金融机构支持 PPP 发展的信心，提高 PPP 融资效率，推动建设运营规范、高效、优质的 PPP 金融市场具有重大意义。应加快设立完善地方 PPP 融资支持基金、PPP 项目担保基金等保障基金，如若 PPP 项目执行中发生违约、失信行为，给金融机构造成损失，可有保障基金进行补偿；加大政府部门在 PPP 金融风险防控中的作用，当 PPP 项目出现重大运营风险或财务风险时使得债权人利益遭受重大威胁或侵害时，通过与政府部门的沟通协调，按照直接接入协议保障信贷资产安全；金融监管部门通过总结金融机构支持 PPP 成功经验，设计、出台金融机构支持 PPP 项目融资指南，帮助金融机构按照风险可控、商业可持续原则，辨别、计量、控制 PPP 项目融资风险，规范开展支持 PPP 融资业务；商业银行等金融机构要建立专门的风险识别、评估、监测、控制体系，培养专业的 PPP 业务风险管理人员，建立完善的 PPP 项目风险管理流程。

三、建立健全 PPP 金融市场风险管理，坚持 PPP 运营合法合规

PPP 是基础设施建设引进资金、技术、管理的一种创新模式，然而 PPP 的创新性

发展必须坚持合法合规的底线，不能因为一味追求创新而增加金融市场风险。近年来，PPP 的狂飙突进使得全国金融市场整体金融风险隐患加大，特别是各种打着 PPP 旗号由政府承担兜底责任的伪 PPP 的盛行带来政府回购、明股实债、固定回报等一系列变相融资问题。未来应建立健全 PPP 金融市场特别是交易市场的风险管理，把握 PPP 金融创新的尺度，对 PPP 项目进行认真审查，限定 PPP 项目范围，坚持规范操作，坚守 PPP 项目两个论证、风险分担、绩效考核、全生命周期等要素，对变相融资的假 PPP、对伪政府购买服务等不规范行为要坚决纠正；完善专门针对 PPP 长线资金进入的融资政策，构建多层次 PPP 融资市场；严查通过 PPP 进行利益输送的行为，避免盈利能力过低的项目进入 PPP 目录；把 PPP 项目和国家整体金融风险的可承受能力挂钩，避免 PPP 过热。

四、细分并识别项目风险，有助于金融机构防范风险

PPP 项目的参与方包括政府、社会资本、金融机构、建设承包商、运营商、原料供应商、产品购买方等。各方面临和产生的项目风险可分为信用风险、完工风险、运营风险、市场风险和政策风险。信用风险是指项目各参与方是否有能力和愿意履行所承担的信用保证责任，信用风险贯穿各个阶段，各个参与方都有信用风险。投资者、工程公司、产品购买者、原材料供应商等的资信状况、技术、资金实力、以往表现和管理水平等都是评价信用风险程度的重要指标。审查项目参加方的资信和履约能力，有助于降低信用风险。完工风险主要包括工期拖延和成本超支，选择信誉卓著的建设总承包商，通过固定造价、固定完工日的交钥匙建设合同，使建设承包商承担完工风险。运营风险是原材料供应、技术和能源等风险因素的总称，通过选择实力强、信誉好的，通过签订"供货或付款"（Supply or Pay）形式的合同转嫁项目的运营风险。市场风险包含项目产品价格和销售量两个要素。产品购买合同对项目最终收益起根本性保证作用，最好由项目公司与产品购买方签订"照付不议"（Take or Pay）的合同。对于完全政府付费和可行性缺口占比较高的项目，需要审查政府付款或补贴能否逐年列入地方政府财政预算及预算是否通过人大决议等。政策风险是指法律不健全及政策变化带来的风险，PPP 项目的收益与政府规定的收费标准直接相关，税法、劳动法、环保法、土地管理法等法律及经济政策的变化，可能导致项目增加成本、降低收益。逐步制订并颁布有利于 PPP 模式的法律和政策、加强地方政府诚信建设能够降低政策风险。

第5节 解放思想创新观念，建设良好的PPP发展金融环境

一、政府领导观念需转变，提高对PPP模式的认识高度

由于PPP项目流程较为复杂，操作较为困难，专业要求较高，许多地方政府官员对国家大力推行和提倡的PPP的重要性没有认识或者认识有严重偏差。有些官员不仅缺乏PPP政策和实务操作的基本知识，甚至对PPP产生排斥情绪，认为PPP耗时耗力，不愿意在基础设施融资建设方面采取PPP模式。作为PPP项目发起人的地方政府不能转变观念，充分认识PPP的重要性，PPP模式就难以得到顺利推进。因此，地方政府一方面应进一步解放思想，转变观念，增强对国家大力推行的PPP模式的认识高度，认真领会中央不断出台的政策法规和文件要求，积极参与PPP培训，主动学习PPP相关知识，掌握PPP的重要性和业务知识；另一方面可以设立负责PPP项目的专门机构，培育PPP项目运作的专业人才，不断积累业务经验。地方官员也应该充分掌握PPP的精神，只要在绩效考核方面多做文章，确保PPP能够真正地解决地方政府在基础设施和公共服务领域的需求。

二、政府管理理念需转变，重视PPP项目中的双方合作和契约精神

长期以来，我国"政府管理"理念下的地方政府一直在市场经济活动中处于强势地位，在与社会资本合作过程中，重视行政干预，强调政府的主导地位，缺乏市场化的合作精神和契约精神，承诺随意缩水。这往往会导致市场经济的活力和创造力受到限制，优胜劣汰的市场竞争机制难以得到充分发挥，也使得尽管PPP的宣传铺天盖地，但实际落地的项目却凤毛麟角。因此，地方政府在推进PPP过程中，管理理念需要转变，在PPP合作中将双方置于平等的地位，由过去重行政干预转为重双方合作和契约精神，一切以合同契约为主，为PPP项目营造平等、互信的良好环境。

三、政府合作对象观念需转变，从重视国企、央企转向鼓励民企参与

在我国PPP实践过程中，由于国情较为特殊，公私合作中将国企和央企提供的资本也视为社会资本。又由于央企和国企在我国以公有制为主体的经济制度下具有资产规模大、资信好、融资渠道通畅、与政府关系密切等诸多天然优势，在PPP项目招投标过程中，私人资本和外资往往难以与国有资本竞争，因此，我国PPP项目合作的对象大多为央企或者国企。然而在国企、央企充当社会资本方的模式下，一方面难以实

现 PPP 的初衷，即替代融资平台的直接投资、降低政府债务、盘活社会资本，债务只是有政府转为国有企业而已，公共部门总体债务并未降低；另一方面，这种模式下政府和企业实质上并未分开，政府对于国企和央企直接控制、直接管制，企业优势难以发挥，从而出现政府兜底、企业为社会买单等问题。因此，顺利推广 PPP 模式，政府合作对象观念也需转变，从以国企、央企为主要合作对象转为重视民企及外企，降低准入门槛，进一步出台鼓励民企参与 PPP 的具体政策，规范 PPP 的项目操作使其公开透明，保障项目的合理稳定回报，吸引民企外企。

第 5 部分

以诚为本篇
——论中国 PPP 发展的信用环境

摘要：诚实守信是中华民族的传统美德，良好的信用环境也是当今社会主义市场经济健康发展的必要条件。PPP 以平等互利、长期合作、收益共享、风险共担为根本，本身又具有投资规模大、回报周期长、涉及问题多等特点，因此 PPP 不仅对良好的信用环境具有天然的需求，同时构建中国 PPP 发展的良好信用环境，对于推进我国 PPP 发展进程具有重大意义。

本部分在系统论述中国 PPP 发展中信用环境建设的内涵和主要内容基础上，对我国在 PPP 发展过程中信用环境建设的现状和问题进行了分析；并结合地方政府、社会资本、金融机构、中介服务机构等 PPP 参与方在当前信用环境建设中的不同作用，从增强 PPP 各参与方的信用意识、建立 PPP 发展中的信用约束机制、完善 PPP 发展中的信用激励机制、建立 PPP 的信用信息平台、实施与 PPP 相关的信用支撑服务等 5 个方面，对如何构建我国 PPP 良好的信用环境提出了建议。

关键词：信用环境；信用体系；政府信用；社会资本信用

　　信用是经济社会良性运转的"基石"，信用环境是否良好对社会经济能否实现健康可持续发展具有决定性作用。改革开放以来，我国经济基本上步入社会主义市场经济的轨道，然而信用环境问题日益突出，严重制约着我国经济社会的成功转型和软实力的提升，已成为影响我国社会经济健康持续发展的突出问题。迫切需要构建一个完善的、科学的、系统的社会信用体系，有效抑制不诚信行为，释放诚信红利，规范市场秩序。近年来，我国 PPP 模式发展受到了社会各界的广泛关注，随着各项 PPP 政策的大力推广以及地方政府对 PPP 模式认识的不断深入，越来越多的 PPP 政策正不断落地。PPP 模式是一个长期合作履约的过程，如果 PPP 没有信用作为基石，就谈不上稳定的投资回报预期，更谈不上项目的预期合理回报，也难以抑制 PPP 项目落地难、融资难等诸多问题的产生。面对 PPP 热潮，如何构建良好的信用环境，确保各参与方诚实守信，依法履行合同责任与义务，对保障 PPP 模式可持续发展、实现真正的"多赢"目标具有重要意义。

第 1 章

中国 PPP 发展中信用环境建设的内涵和主要内容

第 1 节　中国 PPP 发展中信用环境建设的内涵

信用（Credit）一词来源于拉丁文 Credio，意为信任、信誉、恪守诺言等。我国《辞海》指出信用有三层含义，其一为"诚实"，因遵守诺言而取得的信任；其二为以偿还为条件的价值运动的特殊形式，多产生于货币借贷和商品交易的延期付款或交货之中，其主要形式包括国家信用（即以国家为一方的借贷活动，如发行公债）、银行信用（即以银行为一方的货币借贷活动）、商业信用（即以商品交易中任何一方的延期付款或延期交货的短期信用活动）和消费信用（即对个人消费者提供的信用，如分期付款）；其三为信任重用，能否信用能人是企业发展的重要环节。在社会学中，信用被用来作为评价人的一个道德标准；在经济学中，信用是一种体现特定经济关系的借贷行为。信用最初产生与商品交换领域的赊销，即以信用交易取代现金交易。在赊销过程中，受信方不是以现金而是以信用作为支付方式来取得授信方的商品或服务。之后，受信方要在一定期限内再以现金方式支付，这样，交易中商品的让渡和货款的现金支付就因信用的介入而发生了时间和空间上的相对分离，大大提高了市场交易的效率、降低了成本。但是，供货与兑现之间的时间差是有限制的，一旦这一限制被打破，意味着失信行为的发展，便给授信方造成了信用风险。信用风险的形成，对社会市场经济秩序的正常运行将会带来致命性的打击。

信用环境是指在信用制度的保障下，市场主体，如企业与企业之间、企业与个人之间，以及个人与个人之间开展信用经营活动的内部条件和外在条件的总和。信用作为现代社会生活中最普遍的经济关系，蕴含着信用主体自主遵守约定、主动履行承诺、践行约定的道德意识和道德品质。建设信用环境的改善是实现信用建立与成长、预防信用风险的前提和保障。PPP 模式是指政府与社会资本合作模式，其本质是在信任基础上建立的契约关系，因此，为保障 PPP 模式的健康发展，建设 PPP 发展的信用环境势在必行。PPP 发展的信用环境是指 PPP 项目中的各参与方之间建立、培养和发展信用的所需要的背景、基础和客观条件，主要包括主要包括道德和政策法规条件、信息共享条件、信用评级情况等内容。其中信息公开构成了信用环境建立的前提，只有信息公开，破除信息不对称，PPP 项目各参与方对项目合作方有准确的把握，进行有效的决策。道德与政策法规构成了规范信用环境的核心要素，道德是人们心中的法律，法律是成文的道德，二者共同约束着社会经济主体的行为。PPP 资产证券化对信用环境提出了较高要求，如何量化信用环境、揭示信用风险成为检验信用环境建设成果的一把标尺。因此，加快信用评级行业发展、促进相关中介机构建设也是 PPP 发展的信用环境建设的重要内容。

第 2 节　中国 PPP 发展中信用环境建设的主要内容

市场经济是一种信用经济，良好的信用环境是建立和规范市场经济的重要保证。然而在 PPP 模式发展的现实情况中，由于 PPP 法律不健全、政府和社会资本之间地位不对等、职业道德水平低下、信用意识淡薄等原因，PPP 各方信用缺失，拖累 PPP 项目进程甚至导致项目流产的事件频发，造成了大量的经济损失。因此，建设 PPP 发展的信用环境亟须提上日程。PPP 发展的信用环境建设内容广泛，不单纯是一个政府部门的事情，需要全社会的广泛参与。大致来说，PPP 发展的信用环境建设包括以下两方面内容。

（1）从社会整体信用大环境建设来看，PPP 发展的信用环境建设涵盖了政府部门对社会信用体系建设情况。社会信用体系，也称国际信用体系，是一种作用于国内市场交易规范的社会机制，旨在建立一个适合信用交易发展的市场环境，保证市场经济的良性发展。其主要内容包括信用法律法规体系、现代信用服务体系、信息用信息共享体系、信用市场监管体系等。社会信用体系是现代市场经济良性运作的基石，对 PPP 模式的健康可持续发展具有重要意义。

（2）从 PPP 模式的参与方来看，PPP 模式的信用环境建设需要政府方、社会资本方、金融机构、中介机构等各方共同合作，任意一方发生的不诚信行为，都会给 PPP

模式带来隐患。对于政府方而言，建设 PPP 发展的信用环境内容主要体现在政府政务诚信建设、增强 PPP 业务知识与能力、提升公务员个人素养等方面；对于社会资本方、金融机构、中介服务机构，对 PPP 发展的信用环境建设的贡献，则体现在加强自身的 PPP 相关业务能力提升，提高自身的职业道德水平等内容。

　　PPP 项目具有涉及专业领域广、参与方多、建设周期长等特征，为合理均衡各方利益，需建立系统的监督管理体系避免制度空白和部门冲突，以实现 PPP 项目的全过程监管，包括发改委和财政部监督、各行业主管部门监督、第三方专业机构监督以及社会监督 4 个方面内容。特别是第三方专业机构监督和社会监督，能够更进一步保证监管的公正性和有效性，从而构建良性的监管生态系统，既可以有效解决政府部门多重监管、权责不明的问题，又可以发挥监管机构的特长，有效增强 PPP 市场监管体系的监管效力。

　　图 5-1-1 为 PPP 发展的信用环境建设内容。

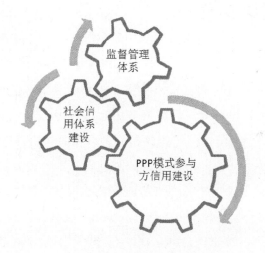

图 5-1-1　PPP 发展的信用环境建设内容

第 2 章

建设良好信用环境对中国 PPP 发展的重要性

第 1 节　PPP 本质决定了加强信用环境建设的重要性

一、PPP 本质就是合作共赢、收益共享、风险分担

在经济新常态下，PPP 模式成为推进经济持续发展和深化改革的重要手段。PPP 模式的定义，就是为提供公共产品或服务，政府公共部门与私营部门建立的一种长期合作关系[①]。因此，PPP 模式的实质就是一种合作关系，而建立任何合作关系的基础都是信用。在 PPP 模式下，政府公共部门与社会资本可以发挥各自的资源优势，以更加高效和经济的方式完成特定公共产品或服务的供给，共同享受项目收益、共同承担项目风险[②]，达到 1+1>2 的效果。

从 PPP 的定义中可以看出，PPP 有以下三点主要特征：第一，PPP 是政府公共部门与社会资本之间进行合作的一种长期合同安排；第二，PPP 模式主要用于提供公共产品或服务；第三，在 PPP 模式中，合作双方可以发挥各自优势，平等互利、收益共享、风险分担[③]。所以说，PPP 是一种在市场经济条件下诞生的，可以让政府部门和社会资本方"有福同享，有难同当"的创新项目模式。

[①] 周兰萍：《PPP 项目运作实务》，北京：法律出版社，2016 年 5 月。

[②] 孙礼刚：《政府与社会资本合作模式（PPP）可持续发展思考》，载《中国经贸导刊》，2016 年第 35 期。

[③] "An Introductory Guide to Public Private Partnerships – Second Edition（March 2008）"。访问网址：载 http://www.eu.gov.hk/en/search.page?keywords=ppp。访问日期：2016 年 1 月 29 日。

PPP 的属性要求合作双方在 PPP 协议框架下应该是平等的关系。但长期以来，政府和社会资本方的地位很难做到真正的平等，政府往往占据了有利的主导地位，社会资本方则比较被动，尤其表现在利益分配和风险分担方面。无论在哪种经济合作模式下，利益和风险都像是硬币的两面，共生共长，风险是不可避免的。实际情况中，社会资本方参与投资、融资、建设、运营等经济活动时，有盈有亏是很正常的；在现有的 PPP 项目中，也存在部分地方政府失信，企业申诉无门的现象。

在 PPP 模式下，各参与方应当是平等的合伙关系，必须建立合理的风险分担机制，使承担的风险大小与所得的回报大小相匹配。只有维护好 PPP 模式的本质，才是做"真的 PPP"，PPP 模式才能行稳致远，否则就是换汤不换药，成为变相的融资手段。

二、PPP 项目投资量大、回报期长，需要稳定的合作环境

PPP 项目主要是公共服务类和基础设施类项目，包括城市供水、供暖、供气、污水和垃圾处理、轨道交通、城镇综合开发、保障性安居工程、医疗卫生、养老等领域，这些项目都有一个共同的特点，就是投资体量大、利润低、回报期长。

截至 2017 年 12 月末，PPP 入库项目达 14424 个，入库项目总额为 18.2 万亿元[①]，也就是说，平均每个项目的投资额为 12.62 亿元，有的项目甚至达到几十亿元、上百亿元，面对这么大的投资需求，对于一些实力不够强大的社会资本而言确实是不小的压力。其次，很多 PPP 项目都需要 20～30 年的建设回报期，政府部门和社会资本方的合作需要经得起很长时间的考验。几十年的时间，政府部门的主要领导人都要经历几轮的更迭，而主要领导人的意志又对地方政府的影响举足轻重，"新官不理旧账""改变游戏规则"的现象时有发生，对于社会资本方而言，参与 PPP 项目确实要冒较大的风险。投资大、利润低、周期长、风险大，导致不少社会资本方对 PPP 项目仍然抱着观望的态度。作为政府部门，同样也会担心企业出现经营不善、中途"撂挑子不干"，或者过度追逐利益、不正当参与的现象。只有建立长期、稳定的信用环境，才能减少 PPP 项目的各参与方的后顾之忧，把有限的资源和精力全部投入项目的建设中去，促进 PPP 模式的可持续健康发展，让 PPP 模式真正成为拉动经济增长、调整经济结构、促进投融资体制改革的强有力的保障。

三、PPP 涉及问题复杂，不确定因素多

近三年，虽然各地推进 PPP 项目的热情高涨，但各地陆续出现了项目"叫好不叫

[①] 数据来源：全国 PPP 综合信息平台项目库第 9 期季报。

座"的现象。据初步统计，只有 20%左右的项目签订了合同，大量 PPP 项目落不了地。现在 PPP 发展中暴露出的问题非常复杂，涉及方方面面，但有不少问题都是共性的。例如，PPP 立法缺失、层级低，假 PPP 泛滥，存在"重融资，轻运营"，民营资本参与 PPP 存在很多阻力[①]，项目实施成本过高，项目落地率低，政府信用保障能力低，央企、国资参与度过高而民资、外资投资比例低，等等。

这些问题如果听之任之不去应对，将会在 PPP 推动过程中逐渐爆发出更多更严重的问题。在 PPP 的立法机制健全之前，要想真正发挥好 PPP 模式在促进政府投融资体制的深化改革，促进政府投融资机制的创新，促进政府投资项目效率提升的巨大作用，就要从根本上推动这些问题的解决，为 PPP 模式营造一个可持续、健康、有序的信用环境，树立讲规范、重诚信的风气，通过信用机制约束，让 PPP 的参与方自觉遵守规则。

第 2 节　地方政府信用建设是 PPP 发展的根本要求

政府诚信是社会诚信的标杆，更是国家治理的重要资源。人无信不立，国无信不强，早在两千多年前，孔子就把"民信之"放在治国之政中最重要的位置，认为"自古皆有死，民无信不立"，即人民信任政府，是治理政事之要，是国家建立的基础。党的十八大以来，加强政务诚信建设更是成了推进国家治理体系和治理能力现代化的一项基础性工程。2017 年 3 月 5 日，在第十二届全国人民代表大会第五次会议上，李克强总理就在政府工作报告中提出："强化督查问责，严厉整肃庸政懒政怠政行为，坚决治理政务失信。"完善政府信用环境建设，整治政务失信已成为全社会的共识。近年来，我们党全面深化改革、推进依法治国，大力打造责任政府，优化办事流程，严格执法，政府决策广泛吸纳群众意见，坚持让权力在阳光下运行，保障群众的知情权、参与权、表达权、监督权，政府政务诚信水平不断提升。

政府作为国家公共事务管理的主体，在国家统治、社会管理和经济运行方面扮演着举足轻重的角色。政府既是广大人民群众的代言人，又是社会经济运行的管理者和裁判者。信用对政府尤其重要，政府失信会对国家政权和社会稳定产生重大威胁。政府的信用不仅仅是政府形象问题，更关乎民心得失、政府公信、国家安定，影响着国

[①] 中国发展研究基金会：《PPP：社会资本参与公共服务市场化改革研究》，北京：中国发展出版社，2016 年 11 月。

家和民族的命运。

在市场经济环境中，一方面，政府是社会经济运行的管理者，制定和维护社会经济秩序。政府要做好这个管理者角色的前提，首先必须做到诚信，通过诚信树立起政府权威，否则不仅引发社会公众对政府执政能力的怀疑，也进一步削弱政府公信力，不利于政府对社会经济的正常维持。另一方面，政府也是市场经济的裁判者，对违反经济秩序的行为给予处罚。裁判者必须要做到公正公平，为实现公正公平的管理，政府信用建设理应首先做好。

PPP 模式已成为公用事业及环保行业的新催化剂。随着我国新型城镇化的快速发展，居民对医疗、养老、住房、教育、生态环境等公共事业的量与质的要求不断升级，单纯依靠政府财政投入已经很难支撑。PPP 模式的运用高度契合当前经济发展形势，应用领域广泛，为企业创造市场，吸引社会资本的加入，有效缓解了政府的资金压力。

在 PPP 项目中，政府与社会资本为合作关系，政府的身份不仅仅是管理者和裁判者，同时也是社会经济活动的参与者，政府部门主要负责的是基础设施及公共服务价格和质量的监管，以保证公共利益最大化。作为参与者的角色，政府与社会资本之间在法律上处于平等地位，但由于政府先天的管理者和裁判者身份，使得在实际的议价和博弈过程中，政府往往占据主导地位，社会资本处于弱势。因而，社会资本在决定是否参与 PPP 项目时，政府的信用风险就成为最先考虑的问题。政府信用会直接影响社会资本和金融机构参与 PPP 项目的信心。如果政府信用缺失导致公信力不足，社会资本也会对政府发起的项目持观望状态，政府很难挑选到满意的社会资本方。因此，政府信用建设是 PPP 模式的发展的根本。

政府信用建设可以进一步约束政府行为，促进"服务型政府"构建。在项目计划和可行性建设阶段，政府将科学决策，以更加负责的心态来判断项目的盈利能力和自身的购买力，最低程度地降低无法兑现承诺的风险。政府官员能够正确对待"政绩"评价，拒绝腐败，避免盲目投资，以长远的眼光看待城市发展，注重 PPP 项目全周期，讲求政策的连贯性，最低程度地减少政策风险，避免社会资本遭遇不必要的损失。

政府信用建设也有助于提高政府的办事效率，加快 PPP 的审批决策，最大限度地减少因审批决策时间过长而引发的社会资本撤出和项目流产。规范信息披露制度，及时通过 PPP 综合信息平台、官方网站等媒体披露 PPP 项目相关信息，包括 PPP 项目目录、项目信息及财政支出责任情况，可以为社会资本方提供参考，提升社会资本方参与 PPP 项目的积极性。

第 3 节　社会资本信用建设是 PPP 发展的基础条件

社会资本主要负责 PPP 项目的投资、建设、运营和维护，是项目实施的主体。社会资本包括很多类型，从所有制类型来看，分为民营企业、国有企业、外资企业、混合所有制企业等；从项目参与角色来看，有工程公司、运营公司、基金公司、金融机构等。如果说政府在 PPP 项目中起"牵头"作用，那社会资本就是起"拉磨"作用。除了提供大量的项目资金来源，社会资本还可以在项目中发挥其自身在资本运作、工程技术、运营管理、市场营销等方面的优势，承担设计、建设、运营、维护基础设施的大部分工作。因此，社会资本是影响项目成功与否很重要的因素之一，社会资本的契约精神也十分重要，其信用建设是 PPP 模式健康发展的基础。

社会资本信用对 PPP 项目的影响贯穿在整个项目流程当中。在项目招投标或谈判期间，地方政府及其代表都不会倾向于选择有失信行为的社会资本方，即使满足项目的硬件要求，信用缺失也会使社会资本方参与 PPP 项目的机会大大减少，相应降低了 PPP 项目的合作机会、落地数量和落地率。而完善的社会资本信用体系能够减少政府搜寻合适社会资本的时间，减少 PPP 项目开发成本，如招投标成本、谈判成本、资质审核成本等，保障 PPP 项目的效率和效益。

在项目建设期间，如果社会资本的信用缺失，会引发诸多不利因素，包括融资难、材料赊购难、租赁设备难、用工难、工程质量差、验收难等，直接提升项目的建设成本，延长项目的建设工期，严重制约项目的正常交付，很可能间接导致 PPP 项目的失败。在项目运营阶段，如果社会资本信用缺失，可能存在这些现象，如转移项目前期成本，政府代表机构不定期或定期考核会增多，提请申请依据（如价格提升）必须经过第三方评估等，这些都会无形增加运营成本，迫使运营产品或服务的价格和产量发生改变，可能导致 PPP 项目中断。

社会资本信用建设是 PPP 模式发展的基础。由于 PPP 项目大都涉及的是社会公共服务领域，企业信用建设有利于树立社会资本方的社会责任意识，以大局为重，按照合同约定开展项目的具体工作，不应追求过多的经济利益而懈怠项目进程和质量。同时，通过增加社会资本的违约成本，社会资本的契约意识也将进一步加强，能够有效维护社会经济秩序。守信的社会资本方不仅可以获得更多参与 PPP 项目的机会，由于完善的信用体系具有记忆功能，通过信用体系的优胜劣汰，他们还能够走得更好更远，在经济环境中发挥良好的示范带头作用，促进守信社会资本的良性竞争，从而维护整个市场经济环境健康向上地发展。

第 4 节　金融机构信用建设是 PPP 发展的重要保障

金融是现代经济的核心和血液，金融市场能够集中反映经济发展的状况、矛盾和风险。金融行业从产生伊始便和信用有着不可分割的联系，通过金融机构作为资金的中介，进行调节资金，让投资人和融资人对接起来，通过市场机制让资金去到利用价值最大的地方。金融机构的使命，除了促进金融行业自身的繁荣发展，还有引导金融资本合理、有效地流动，提高资源配置效率、维护金融安全。而 PPP 项目往往代表着国家重要战略的引导方向，需要金融系统的支持。在从事金融服务业的金融中介机构中，有不少类型的机构都与 PPP 项目息息相关，如银行、保险、信托、基金、证券、租赁等行业领域的企业。在 PPP 模式中，金融机构的参与角色是多种多样的，既能作为社会资本方或与其他社会资本作为联合体，直接与政府进行 PPP 项目合作，又能为 PPP 项目提供资金支持。无论是前者还是后者，金融机构参与 PPP 项目的实质性作用其实都是资金来源。资金是一个项目运行的血液，在 PPP 项目运作过程中，良好的金融机构信用可以使整个项目顺畅地运行，甚至能够降低项目融资成本，使投资人更快地收回成本并实现盈利。

金融机构一旦失信，对 PPP 项目的影响是非常致命的，资金延缓到位甚至资金链断裂对项目相关方来说都是晴天霹雳，政府、社会资本或 PPP 项目公司需要寻找新的资金来源，否则项目就面临中断。当然，我国的金融体系相对还是比较谨慎稳健的，金融机构的信用建设情况在 PPP 项目的各个参与方里相对算是比较良好的，但这并不代表金融机构就不需要进行信用环境的建设，非法借贷、金融欺诈、内幕交易等现象依然存在，直接影响了金融环境秩序，加剧了 PPP 项目风险。

第 5 节　中介机构信用建设是对 PPP 发展的有力支持

根据财政部出台的《政府和社会资本合作模式操作指南（试行）》，PPP 项目的操作流程包括识别、准备、采购、执行和移交 5 个阶段，导致 PPP 项目操作起来较为复杂。同时，PPP 项目还需要完成物有所值评价与财政可承受能力论证。复杂的流程和架构，加上投资大、周期长、问题复杂、法律体系不完善等原因，导致 PPP 项目运作中涉及众多的专业知识和技能，所以政府和社会资本方都很难独立承担 PPP 项目的专业工作。同时，随着社会分工的细化，中介服务机构在政府和社会资本之间的桥梁纽带作用日益凸显，并在不同的专业领域形成各自的核心竞争力。因此，在 PPP 项目的识别、准备、采购、执行和移交过程中，中介服务机构找到了用武之地，通过丰富的经验和强大的实力，帮助政府和社会资本方进行规划和指导，确保 PPP 项目的快速落地和合法合规运作。

中介服务机构在 PPP 项目中扮演着智库和专家顾问的角色，服务对象涵盖政府机构、社会资本方以及 SPV 公司（即政府与社会资本方共同成立负责 PPP 项目运营公司）。中介服务机构的契约精神、职业操守和专业水平直接影响到 PPP 项目的正常运营。守信的中介服务机构有助于项目的规范运作、防控风险。如果中介服务机构本身存在失信行为，反而会增加项目风险，欺瞒、不正当竞争、潜规则等行为都会降低中介机构的服务质量，造成公共利益损失，影响 PPP 项目的运作，降低 PPP 项目的落地率。

从事 PPP 中介服务的机构种类繁多，主要包括咨询公司、律师事务所、会计师事务所、资产评估公司、招标代理机构等，以民营企业为主。目前，市场上的中介服务机构发展良莠不齐，大部分都是小作坊式的经营方式，在咨询业中做大品牌的屈指可数。并且一些中介机构操作不规范，所提供的产品和服务的质量高低不一，这严重妨碍了中介服务行业的发展。

中介服务机构的信用建设为 PPP 模式发展提供了有力支持。一方面，通过信用体系建设，有利于提升中介服务机构职业道德水平，促进中介机构自身不断加强自身学习来提高专业化水平，提升 PPP 项目服务的质量，有效保证 PPP 项目委托方的利益，保障 PPP 项目落地成功率。另一方面，通过对失信中介机构的处罚和警戒，可以防范劣币驱逐良币的现象，有助于使合作双方利益一致化，并促进中介行业良性发展。

第 3 章

中国 PPP 发展中信用环境建设的现状与问题

第 1 节　中国 PPP 发展中信用环境建设的现状

建立和完善社会信用体系是我国社会主义市场经济不断走向成熟的标志,我国大力推进社会信用体系建设,从 2003 年发展至今,已经进入全面加速阶段,对 PPP 发展的信用环境建设起到了积极作用。另外,近年来针对 PPP 模式发展建立了大量的相应的法律法规制度,督促 PPP 各参与方的守信行为,构成了建设 PPP 信用环境的重要内容。

一、顶层设计不断完善

诚信为人之本,是社会主义核心价值观的重要组成部分。然而,在社会经济活动中,时常出现因信用危机而产生三角债、信息诈骗、非法集资、食品药品安全、老赖等问题,严重影响了我国经济社会正常有序运行。

我国日益重视社会信用问题,国家和部委层面多次下发了各项政策来加强和优化信用体系的顶层设计。2003 年国务院提出要用 5 年左右的时间初步建立起与我国经济发展相适应的社会信用体系的基本框架和运行机制。2007 年国务院颁布《关于社会信用体系建设的若干意见》,对行业信用建设、信贷征信体系建设、信用服务市场培育等方面做出了全面部署。"十二五规划纲要"提出"加快社会信用体系建设"的总体要求。2014 年更是出台了我国首部国家级社会信用体系建设专项规划《社会信用体系建设规划纲要（2014—2020 年）》,提出将围绕政务诚信、商务诚信、社会诚信和司法公信等四大重点领域进行国家社会信用体系建设。从部委层面看，各项有关信用的政策出台，对引导行业信用发展起到了积极的作用。例如，中国人民银行的《关于全面推进中小企业和农村信用体系建设的意见》、保监会的《中国保险业信用体系建设规划（2015—2020年）》、交通部的《关于加强交通运输行业信用体系建设的若干意见》、住房城乡建设部办公厅的《关于推进建设省级建筑市场监管与诚信信息一体化工作平台若干意见的通知》、商务部的《关于加快推进商务诚信建设工作的实施意见》、环保部的《关于加强企业环境信用体系建设的指导意见》等，这些政策对加快行业发展，规范从业人员行为起到了重要的推动作用。

对于建立在"伙伴关系"之上的 PPP 模式，信用风险更是要优先考虑的首要问题。近年来我国为推广 PPP 模式出台了大量政策，虽然没有关于 PPP 行业信用建设的政策，但是大都通过直接或间接通过约束 PPP 参与方行为，对 PPP 发展的信用环境建设起到了良好的助推作用。2014 年财政部《关于推广运用政府和社会资本合作模式有关问题的通知》提出政府应根据《中华人民共和国政府采购法》选择社会资本方，择优选择诚实守信、安全可靠的合作伙伴。同年，发改委发布的《国家发展改革委关于开展政府和社会资本合作的指导意见》也明确提出诚信守约的原则，合同双方应牢固树立法律意识、契约意识和信用意识，无故违约者必须承担相应责任，政府部门在伙伴选择上也要结合考虑社会资本方的信用状况等内容。这些政策对社会资本方在 PPP 项目合作过程中的守信行为起到了一定的激励作用，有利于 PPP 发展的信用环境的优化。同时，近年来财政部大力推广 PPP 模式在各个领域的应用的政策，如《关于在收费公路领域推广运用政府和社会资本合作模式的实施意见》（2015）、《关于推进水污染防治领域政府和社会资本合作的实施意见》（2015）、《关于在公共服务领域深入推进政府和社会资本合作工作的通知》（2016）、《关于深入推进农业领域政府和社会资本合作的实施意见》（2017）、《关于运用政府和社会资本合作模式支持养老服务业发展的实施意见》（2017）等，均对政府和社会资本方在 PPP 项目实施过程中的信用行为进行了规定。首先，要求合理分配项目风险，保障政府知情权。其次，制定合理回报机制，保障社会资本获得合理的收益。再次，营造公开公平竞争环境，择优选择优质社会资本，保障各项社会资本平等参与项目，消除本地保护主义和各类隐形门槛。最后保障公众知情权，强化信息公开，及时、完整、准确地录入 PPP 项目信息，及时披露识别论证、政府采购及预算安排等关键信息，接受社会监督。这些政策旨在创造出一个公平合理、公开透明的合作氛围，从而可以进一步加强政府方和社会资本方的契约精神建设，促进 PPP 的规范发展。

二、法规建设不断推进

建立和完善信用法律法规体系，是全面、规范、有序推进 PPP 发展的信用环境建设各项工作的前提和保障。

在社会信用的法律方面，尽管目前我国有《中华人民共和国合同法》《中华人民共和国中国人民银行法》《中华人民共和国公司法》《中华人民共和国担保法》《中华人民共和国保险法》《中华人民共和国证券法》《中华人民共和国证券投资基金法》《中华人民共和国反不正当竞争法》等相当数量一批法律都集中地涉及了社会信用体系的相关内容，但还没有一个独立、完整、系统的规范社会信用的法律，由于相关法律条文可操作性不强、定义不明确，处罚条款弹性太大，不能对失信行为构成强有力的约束，从而失信成本大打折扣，对失信行为的法律约束需要进一步加强。因此，相关部门在加强行业监管方面出台了大量法规条文和部门规章，如发改委《关于开展 2015 年度企业债券信用评级机构信用评价工作的通知》、人民银行《征信机构管理办法》、保监会《关于加强保险资金投资债券使用外部信用评级监管的通知》、中国证券业协会《中国证券业协会诚信管理办法》等，对行业信用建立了较为全面的监管体系，特别是 2013 年《征信业管理条例》颁布实施，成为我国全面推进社会信用体系建设的重要保障。

我国 PPP 模式兴起于 20 世纪 90 年代，近年来获得了快速发展，但其相关法律制度一直处于并不完善的状态，长期以来只能参照《中华人民共和国招标投标法》《中华人民共和国政府采购法》《商业特许经营管理条例》等法律，但是目前这些法律并没有对该模式有全面、具体的针对性规定。由于法律层面的缺失，对各参与方的契约精神缺少的硬性监管，违约失信行为便会屡见不鲜，严重影响 PPP 项目的落地率。2017 年 7 月国务院法制办、发改委和财政部起草公布了《基础设施和公共服务领域政府和社会资本合作条例（征求意见稿）》，表明我国 PPP 立法获得实质性进展。该征求意见稿从更高法律级次给各方以稳定的预期，保障各方面合法、合理权益，并有效分担和防控风险。其中，征求意见稿中明确提出合作项目协议的履行，不受行政区划调整、政府换届、政府有关部门机构或者职能调整以及负责人变更的影响，以保障公共利益和社会资本方的合法权益，首次从立法的层面上明确了政府的履约责任，成为保障社会资本在 PPP 项目中的合法权利和收益的原则和政策导向。

另外，一系列的规范性文件对 PPP 信息公开做了明确规定，为 PPP 发展的营造了良好的信用环境。如《政府和社会资本合作（PPP）综合信息平台信息公开管理暂行办法》对 PPP 项目识别、项目准备、项目采购、项目执行、项目移交 5 个阶段应公开的项目信息进行了详细说明。《关于完善财政部 PPP 专家库管理的通告》对入库专家资格进行了规定，需具备良好的职业道德和敬业精神，能够科学严谨、客观公正、廉洁自律、遵纪守法地履行职责，并指出若入库专家存在徇私舞弊、弄虚作假情形的，将从专家库中予以清退。《政府和社会资本合作（PPP）专家库管理办法》指出，入库专家应具备良好的职业道德和敬业精神。《政府和社会资本合作咨询机构库名录管理暂行办法》中，对入库咨询机构的违规行为进行了列举，对于发生这些违规行为的机构，予以清退。这些文件对 PPP 项目公开信息的监督实现进一步的强化，有利于建立全民监督、全民参与的氛围，对激励更多的社会资本方参与 PPP 项目，加强 PPP 模式在全国的推广与运用具有重要意义。

三、信息平台建设运营有序

信息是信用的基础，建立信息库是实现信息资源共享的前提，也是我国社会信用体系建设的重要基础设施。我国银行、工商、税务、司法、质检等政府部门和一些重点行业、组织都十分重视信用信息平台建设，经过长期的积累，掌握了大量企业信用信息。其中，人民银行征信中心组织的商业银行建立的金融信用数据库是目前我国记录的信用信息最为全面、广泛的信用信息平台。根据有关数据显示，截至 2017 年 6 月，该平台共收录 9.26 亿自然人信息，2371 万户企业和其他组织的相关信息。金融信用信息在全国范围内实现共享，成为各商业银行提高信贷效率、防范信贷风险、拓展信贷业务的重要参考。企业和个人信用报告的征信产品体系的不断推出和优化，在商业银行降低信息不对称、减少贷款损失、促进经济金融健康发展方面成效显著。

然而，由于条块和地区分割，这些行业、地区的信用信息资源长期处于分散的状态，难以充分、合理地流动。《社会信用体系建设规划纲要（2014—2020 年）》提出制定全国统一的信用信息采集和分类管理标准，推动地方、行业信用信息系统建设及互联互通，逐步消除"信息孤岛"，构建信息共享机制，让失信行为无处藏身。因此，建立全国统一的信息服务的网络平台，将分散在各行各业、不同部门的企业信用信息进行采集、加工、整合、存储，以互联网为载体，向全社会提供信息服务，不仅可以帮助企业快速掌握社会信用状态，提高企业经营效率，又助于促进信息公开和市场化，营造良好的信用管理环境。

2015 年初，我国国家信息中心初步建成全国信用信息共享平台。根据全国信用信息共享平台首页的共享统计，截至 2017 年 7 月 21 日，平台累计收录信用信息共享目录 4072 条，信用信息资源数 2816 个，信用信息入库总量达 9.27 亿条。该平台成功打破了信息孤岛，成为各部门、各地方提供的信用信息汇总归集共享公用的总枢纽。依托全国信用信息平台，我国信用体系已初步建立"发起—响应—反馈"机制。2017年上半年，一共公布失信执行人 761 万人，733 万人被限制买飞机票，276 万人被限制购买列车软卧、高铁、其他动车组一等座以上车票。另外，平台采取了有限期惩戒，被列入黑名单者只要在期限内整改到位，消除不良影响，可以按程序退出黑名单，相关的联合惩戒也将不再发布。

同时，财政部和发改委在 PPP 信息公开方面也做了大量工作。为推动 PPP 规范发展、保障公众知情权、监控 PPP 项目财政承诺，财政部根据《关于规范政府和社会资本合作（PPP）综合信息平台运行的通知》，利用"互联网+"技术，组建了 PPP 综合信息平台系统，对全国的 PPP 项目信息进行管理与发布。该信息平台系统由项目库、专家库、机构库三个库组成。在项目库建设方面，根据平台统计数据显示，截至 2017年 12 月末，PPP 入库项目达 14424 个，入库项目总额为 18.2 万亿元，涵盖了 19 个行业，其中市政工程项目占据绝对数量，其次为交通运输类项目，两者数量之和几乎占据总入库项目数的半壁江山，同时旅游类项目、城镇综合开发项目以及生态建设和环境保护类项目也表现出较强竞争力，项目数也占据一定地位。在专家库建设方面，财政部自 2014 年第一批 PPP 示范项目评审开始，就注重积累专家资源，积极构建财政部 PPP 专家库，至今入库专家数已达 455 位，其中政策类 52 位，法律类 69 位，财务类 46 位，咨询类 119 位，行业类 115 位，学术类 54 位。专家库的建立可以充分发挥专家的智力支持作用，对 PPP 项目评审、督导、跟踪、调研等活动的公平、公正、科学、严谨起到了良好的保障作用。专业、合格的咨询机构是 PPP 项目规范实施和顺利开展的重要智力支撑。财政部高度重视咨询机构库的建设，自 2015 年 4 月开始面向社会公开征集合条件的 PPP 专业咨询服务机构至今，入库咨询机构已达 403 家，覆盖全国各省市和 19 个行业，包括实施方案、物有所值评价、财政承受能力论证、运营中期评估和绩效评价、法律、投融资、技术、财务、采购代理、资产评估以及其他各类咨询服务业绩类别。

发改委在 PPP 项目申报和筛选规则上也自成体系。2015 年 5 月，发改委建立了首个国家部委层面 PPP 项目库，次年 8 月，PPP 专家库正式成立，经过报名、筛选、评审，最终确定首批 343 名专家库成员。2017 年又相继公布公布了第二批名单，累计达 488 名专家成员。发改委的项目库和专家库建设与财政部 PPP 综合信息平台系统形成良好的互补关系，有助于推动 PPP 信息进一步公开透明，相关各方能够及时获取项目信息，各种问题也得以充分暴露，不规范、不合理行为能够被及时发现和矫正。通过建立这种良好的信息公开制度，能够有效监督 PPP 参与方行为，保障公众的知情权，规范 PPP 项目的运作，对违规违法的不诚信行为也起到了震慑作用，防患于未然。

四、信用服务市场稳步发展

市场经济就是信用经济，信用是市场经济得以有序运行的重要前提，为有效衡量市场经济主体和个人的信用水平，信用服务行业应运而生。信用服务是指与信用信息服务活动有关的体制框架和体系，其成熟程度标志着我国信用经济的水平，可以说规范信用服务行业发展是国家信用管理体系中极为重要的内容。从 20 世纪 80 年代末 90 年代初发展至今，我国信用服务体系发展逐渐完备，基本建立了完整的产业体系，主要包括征信服务和信用评级两大板块内容。

征信服务是指企业征信机构或个人征信机构向各类授信人提供专业的"资信调查"或"信用查询"的服务。目前，我国完成备案的企业征信机构共有 137 家。根据所有权的不同，我国征信市场体系可分为公共征信机构和民营征信机构。在公共征信方面，包括央行征信中心及地方征信机构，其中央行征信中心是我国目前最大的征信市场主体。地方征信机构是指各级政府及其所属部门建立的一批信用信息服务机构，通过采集各类政务信息和其他信用信息，为政府、企业、社会公众提供各类信用信息服务。这类机构收集的信用信息比较分散，信用信息共享能力比较弱。民营征信服务则更多集中在企业征信方面，央行尚未完全放开个人征信牌照，仅在 2015 年公布了首批 8 家企业作为个人征信试点机构，然而至今无一家达标申请到个人征信牌照。民营征信机构，尤其个人征信的发展举步维艰，究其原因，主要在于问题是各个征信机构的数据自产自用，互不联通，其报告的公信力自然会遭到人们的质疑，而且个人征信会否出现隐私泄露，谁来监管这些征信机构的行为，也是公众最为关注的焦点。

信用评级是指由独立的信用评级机构对影响评级对象的诸多信用风险因素进行分析研究，就其偿还债务的能力及其偿债意愿进行综合评价。信用评级作为现代市场经济中社会信用体系的重要组成部分，可以有效地辅助市场监管，维护市场经济秩序、企业间经济信用交易等方面发挥着重要作用。信用评级一般包括债项评级和资信评级两项内容。我国的信用评级行业起步于 1987 年，其发展远滞后于发达国家，目前规模较大的全国性评级机构只有大公、中诚信、联合、上海新世纪 4 家，可以说我国评级行业发展仍处于初级阶段，发展经验尚浅，成熟度不够，人才不足，评级机构的专业性和权威性远远不够。另外，我国的关于信用评级机构的立法并不健全，信用评级机构涉及的法规众多，但是对于信用评级行业所提出的法律法规并没有系统性的框架，对信用评级行业的长远发展十分不利。信用评级对 PPP 发展具有重要意义。资产证券化具有成本低、期限长等特点，是有效化解 PPP 融资难问题的重要途径之一，且有利于培育长期投资人，避免短期炒作。然而，由于资产证券化产品的结构设计更加复杂、链条更长、信息披露相对薄弱等原因，相比普通债券工具，投资者很难对其中隐含的风险进行准确把握，这就需要信用评级机构的参与，信用评级能够揭示信用风险，有效缓解信息不对称的问题，为投资者进行投资决策提供重要的参考依据。从某种程度上来讲，信用评级也是推动资产证券化健康发展的重要前提，对 PPP 模式发展影响极为深刻。信用评级不仅有利于降低融资发行成本、加快 PPP 项目融资进程，同时，通过对 PPP 项目经营的稳健性和持续性进行连续监测，也有利于向投资者更好地揭示和预警风险。随着 PPP 模式在我国的逐步普及推广，信用评级必将发挥越来越重要的作用。

第 2 节　PPP 参与各方在信用建设方面存在的主要问题

PPP 作为一种项目管理模式，因其独特性，倍受政府和社会各界推崇，长期以来在我国基础设施建设和公共服务供给方面扮演重要角色。参与 PPP 项目的主体有地方政府、社会资本、金融机构和中介服务机构等，而主体的信用行为是直接决定这 PPP 项目能否成功的关键因素，分析地方政府、社会资本、金融机构和中介服务机构 4 个主体的信用问题对其他 PPP 项目的执行有良好的警示预防作用。

一、地方政府信用存在的主要问题

政府作为社会信用体系的主体之一，在社会经济活动中应做到依法行政、科学决策、公平公正公开处理经济活动主体间的利益冲突。然而在 PPP 项目中，尽管政府与社会资本签订的特许经营合同规定了合作双方的权利义务，但政府凭借其行政强制力，拥有绝对的话语权，相比社会资本方，政府失信成本更低，人员换届快，"新官不理旧账"，更容易爆发信用风险。在实施 PPP 项目中，地方政府信用存在的问题主要有以下几方面。

1. 前期预估失误

PPP 模式的运作广泛采用项目特许经营权的方式，进行结构融资，这需要比较复杂的法律、金融和财务等方面的知识。部分政府部门由于不具备专业的团队和专业人员，在对 PPP 项目成本和预期收益的判断方面易出现失误，这样就容易导致对社会资本方承诺的利益偏高，并且给予的优惠政策也偏多。在项目投入运营后，当出现项目收益远低于预估时，政府部门可能会因没有足够的资金支付社会资本方而拖延支付，甚至政府反悔，不支付相关费用。例如，哈尔滨文昌污水处理厂在项目前期，由于预估收益失误，政府承诺向清华同方承诺支付 0.6 元/立方米污水处理单价，特许经营期为 25 年，几年后政府所欠债务达上亿元，无力支付，最后只能将文昌污水处理厂转让给了清华同方，以抵政府拖欠清华同方的巨额污水处理费。

另外，部分政府由于前期调研未充分论证，未能充分考虑项目面临风险，协议签订后，因后期的一些客观原因，如政治政策变化、国际形势变幻、自然灾害发生等，致使政府方无法满足协议，项目市场收益偏低、后期运营产生困难。

如北京第十水厂 PPP 项目就是典型代表。2001 年由于申奥成功，北京工业企业外迁政策实行，导致预估用水量远高于实际用水，项目的预期收益也大大降低；同时，2002 年的时候，该水厂原本还是划拨用地性质，但 2008 年国土部出台法律规定划拨用地也需要走招拍挂流程，由于政策变化，这块土地无奈改成了出让性质，导致项目没法拿到土地证，系列工作被耽误，项目被拖延时间过久。再如山东中华发电项目，由于电力体制改革和市场需求变化，电价收费由项目支出的 0.41 元/度降至 0.32 元/度，致使项目公司收益收到了严重的威胁。

2. 项目实施不当

PPP 项目结构复杂，在项目实施过程中涉及项目谈判，项目审批以及一些项目的具体问题，政府在实施过程中如果出现一些不当行为，都会给项目的顺利进行带来阻碍。首先，由于缺乏专业知识和相关经验，对 PPP 项目的认知有限，在谈判过程中政府的态度极易反复，进而延误谈判进程。如青岛威立雅污水处理项目，由于政府对 PPP 项目的理解和认识有限，在谈判过程中政府对项目的态度频繁转换导致项目合同谈判时间很长。甚至在项目签订后，政府谈定的污水处理价格不公平又单方面要求重新谈判来降低承诺价格。其次，PPP 项目多为涉及基础设施和公共服务等内容，审批流程复杂，部分政府办事效率不高，也容易造成审批时间过长，拖拉项目进度。如北京第十水厂 PPP 项目，由于政府国际经验不足，推动态度不积极，导致中标方退出项目。最后，PPP 项目需要政府多部门的参与，多由各项目的管理部门自行负责，在实际工作中，多头管理，当项目出现问题时，部门之间由于缺乏沟通，相互协调性不强，拖延、推诿、扯皮的现象时有发生，严重阻碍了 PPP 项目的顺利进展。

3. 任期与项目存续期时间错配

这种现象相对较为普遍，由于政府官员一届任期 5 年，而 PPP 项目建设运营少则

10 年多则 30 年，这样政府官员任期与项目存续期就存在时间错配的问题，项目在进行的过程中必然会经历政府的换届或换领导。由于信息不对称，社会资本必然会对政府的信用心存戒备，尤其担心出现"新官不买旧账"的风险。同时，新的领导班子出台新的政策，极有可能与原先的政策不一致或不连续，地方政府对 PPP 模式的态度和监管方式不一样，如不履行前任政府签署的协议，社会资本方处于十分被动的地位，进而直接或间接影响到 PPP 项目建设和运营，迫使项目终止。如福建泉州刺桐大桥项目，刺桐大桥在建成通车后，周边又新建了多条不收费的大桥，只有刺桐大桥还在收费，这种竞争性的分割对刺桐大桥项目来说是一种利益的分割，业主无奈，此时市委领导早已换届，拿不出任何基于契约的制约因素与政府做出还价调整。

4. 公共权力寻租

权力寻租又称"权力设租"，指国家公务员以手中握有的行政权力作为筹码，向企业或个人出租权力，索取高额回扣，获得暴利。在 PPP 项目中，政府与社会资本之间参与 PPP 合作的出发点不同，社会资本决策最关心的是项目投资的回报与风险，政府部门则以追求"公共利益"最大化为目标，因此两者之间必然存在一定的利益冲突。阿克顿勋爵曾说过，权力导致腐败，绝对权力导致绝对腐败。由于政府不仅是项目的参与者，也是规则的制定者和监管者，这样就能为私人部门带来垄断利润经济租金。PPP 项目由于是社会资本投资，项目的监督管理比政府融资平台下的政府项目宽松很多，决策权也给了社会资本方，于是社会资本方就更有与腐败官员权力寻租操作的空间。在此情况下，部分觉悟不高的政府官员就极易为私人部门提供寻租空间，从而直接导致项目公司在关系维持方面的成本增加，更加大了政府在将来的违约风险。例如，沈阳市第八水厂项目以及后期第九水厂 PPP 项目上，存在地方官员腐败行为，为转移腐败成本，供给水价偏高，使得政府出资方回购第九水厂 PPP 项目社会资本方部分股权。

5. 破坏项目唯一性

PPP 项目中，政府一般在项目合同中签订的"唯一性条款"，发多见于高速公路项目，是政府向社会资本方保证减少竞争项目，保障社会资本商的商业收益的承诺。政府破坏项目唯一性设施指在项目建成投入运营阶段，政府或其他投资部门新建其他项目，从而形成竞争造成该项目收益下降的现象。因为 PPP 项目一般投资体量极大，回收周期特别长，只有保证项目能够获得持续稳定的收入，才能进一步提高社会资本方参与的积极性。而项目获取稳定收入是以足够的使用量为前提的，一旦出现竞争性项目，特别是不收费或低收费的项目，则会对签约项目生命造成威胁。例如，鑫远闽江四桥 PPP 项目上，政府允诺 9 年之内从福州进出福州市的车辆都会经过该收费站，特殊情况不能保障项目实际收益的，政府负责偿还私人部门投资。但后期，福州市政府未遵循契约精神，开通二环路三期道路，使南面通向市区道路的唯一性遭到破坏，造成项目收益大幅下滑，私人部门的投资无法收回，而政府拒绝履行回购经营权的约定，项目纠纷最终走向仲裁程序。

二、社会资本信用存在的主要问题

社会资本作为 PPP 项目合作方，在 PPP 项目建设运营方面发挥着主要作用。虽然与政府相比处于弱势地位，但社会资本一样存在信用问题，一旦发生信用问题，就会对 PPP 项目产生不利的影响。社会资本存在的主要信用问题可以分为以下三类。

1. 不当投机行为

地方政府在选择合作对象时，部分社会资本方为达成签约目标，故意隐匿企业真实信息，或披露不真实的信息，造成地方政府判断失误。甚至有些社会资本方，为获得项目的合作机会，极力规避公开竞争，甚至利用极少数官员的腐败，采用贿赂手段等，获得项目机会在 PPP 项目谈判时，一些缺乏诚信的社会资本方为获得更多利益，利用政府部门专业知识缺乏的弱点，与之签订有失公允的合同，使得项目未来收益远远超过同类项目正常收益范围。而当政府真正了解真相后，项目极有可能面临中止或终止。即使是遇到上述情况后，地方政府要求重新签合同，也可能就因为社会资本方利用政府对市场价格和相关交易结构不了解情况，签订不平等协议。

2. 资本逐利行为

资本逐利是私人资本的本质。为追求利润最大化，少数社会资本方不惜采取手段，甚至触犯法律法规，以次充好，谋取私利。在项目运营过程中，不真实反映经营信息，虚构价格和成本等；或在项目即将到期退出时，刻意在项目资产中注入水分，获取高额股权或债权回报收入；或在建设过程中，只顾眼前的建设利润，忽视长远的项目经营，导致项目在后期的运营中困难重重。如北京鸟巢 PPP 项目就出现过这样的问题。在项目的建设中，项目公司没有充分考虑大型体育场后期的商业运营要求，配套商业设施不足，仅仅是依靠办比赛和收门票来获取收入。且在建设过程中，为减少建设成本，取消建设可闭合顶盖，这样后期的商业活动更是大大受限，项目的门票、广告等经营性收入都受了较大影响。在项目运营管理过程中，即使有 30 年的运营期，运营方仍无法实现分红，仅是在为北京市政府投入的 20 亿元的折旧额买单，最终鸟巢 PPP 模式在奥运赛后运营一年，模式宣告夭折。

3. 单方违约行为

PPP 项目经过招标选定中标者之后，政府虽然会与中标者草签合作协议，要求中标者在规定的期限内完成融资，也只有在完成融资后特许协议才可以正式生效。如果在给定期限内中标者未能完成融资，将会被取消中标资格并没收投标保证金。然而，由于 PPP 项目投资量大、筹集资金渠道有限等，也经常出现社会资本方无法及时出资的情况。社会资本单方面停止项目的建设，严重影响了 PPP 项目的顺利实施。例如，2017 年公示的四川宜威高速路 PPP 项目失败的案例，就是从 2014 年签约至 2017 年三年多时间，社会资本方一直未能完成融资承诺，项目一直未能启动。最终以宜宾市人民政府解除与其合约，同时没收了履约担保保证金 500 万元告终。

三、金融机构信用存在的主要问题

PPP 模式在全国推广释放着巨大的资金需求，金融机构成为不可忽视的资金的来源之一。这里的金融机构是指广义上的从事金融服务的金融中介机构，包括银行、信托、保险、基金等。金融机构参与 PPP 项目既可以作为项目社会资本方或与其他社会资本作为联合体，直接参与 PPP 项目，也可以通过为项目公司提供资金间接地参与 PPP 项目。不同的金融机构，提供的金融服务业有所不同。在 PPP 模式下，银行是最主要的资金供给方，可以为项目提供投资、贷款、债券、租赁等金融服务。产业投资基金则可以以股权、债权等方式进行投资，信托机构则可以以明股实债、高息债、夹层融资等形式介入风险较高的 PPP 项目建设期。保险机构则是符合 PPP 模式"安全、大额、久期"需求特征的最佳资金来源，一方面可以采取债权、股权、物权及其他可行方式投资基础设施项目；另一方面，可以为项目提供保险服务，降低和转移 PPP 参与方的风险。

由于 PPP 项目主要涉及的是基础设施和公共服务领域，具有投入大、周期长的特征，需要金融机构长期提供融资服务。在这样的情况下，金融机构将面临较大的流动性风险，尤其是期限错配风险。因而当项目建设过程中出现众多不确定因素后，一些缺乏信用的金融机构就会以未通过风控为借口延缓放款，甚至中断资金提供而导致项目流产。

四、中介服务机构信用存在的主要问题

尽管 PPP 发展势头强劲，但由于发展还不够成熟，政府和社会资本方对如何落实 PPP 项目仍然把握不够到位，加上 PPP 项目的风险因素极多，政府、企业、金融机构等任何一方都难以承担专业的工作，亟须中介机构的参与以提供帮助与支持。中介机构服务对于推动 PPP 项目快速签约、引导 PPP 项目依法合规运作，促成 PPP 项目的落地，具有重要作用。

1. 咨询机构信用存在的问题

随着 PPP 模式被各地政府争相采用，在缺乏法律规范和投资经验的情况下，PPP 各主体对咨询的需求越来越大，越来越多的机构开始进入 PPP 咨询市场。PPP 咨询机构涉及的专业范围广泛，包括运营管理、项目工程、投资融资、财务测算、法律等各个领域。PPP 咨询机构服务的对象主要是政府机构、社会资本方和 SPV 公司。针对政府机构，咨询机构主要提供项目可行性研究报告、物有所值评价报告、财政承受能力论证、编制 PPP 项目实施方案等服务；针对社会资本方，咨询机构主要提供项目识别筛选、项目投资可行性评审、财务测算咨询、合同审核、法律咨询、风险评估等服务；针对 SPV 公司，咨询机构除了可以提供财务测算、法律咨询外，还可以提供投融资策划、经营计划分析、项目全过程管理等服务。咨询机构对 PPP 项目能够顺利实施起到了极为关键的作用，一旦出现信用问题，将对 PPP 项目产生灾难性的影响。咨询机构的信用问题表现为以下四方面。

第一，实际能力与口头承诺不一致。PPP 项目周期长达 10～30 年，在签订合同前，咨询机构需要对项目的经济、法律、技术等方方面面的问题进行详细、严密的论证和咨询，可以说 PPP 项目对咨询机构的能力提出了很高的要求。一些咨询机构为了经济利益，在无相应能力的情况下，依然大包大揽，在提供咨询时失误不断，甚至导致不少项目合作失败。

第二，采取不正当竞争行为。当下 PPP 咨询机构鱼龙混杂，一些资质和能力不高的咨询机构浑水摸鱼，利用人脉资源或以价格战作为竞争利器，骗取地方政府的信任，从而导致劣币驱逐良币的现象，也严重制约了 PPP 咨询机构服务质量的提升。

第三，缺乏职业道德。违背职业道德的现象较多，主要有四方面表现。一是 PPP 咨询机构在同一项目中同时为政府和社会资本双方提供咨询服务，不当谋取利益的行为。二是泄密问题。PPP 咨询机构在提供服务的过程中，难免会接触和掌握到一些商业秘密和一些不宜公开的信息，缺乏自我约束的机构在这个过程中就会出现通过泄密以权谋私的问题。三是重视单方面诉求放弃公正性的问题。一些咨询机构在为政府提供咨询时，重视迎合政府或社会资本方单方面诉求，而忽视向政府或社会资本方揭示具体项目的个性特征，失去了独立第三方的客观公正和专业判断作用，造成 PPP 项目推进慢、落地难。四是一些 PPP 咨询机构在利益的驱动下，为挣得项目咨询费，违背项目筛选标准，将不符合条件的"伪 PPP 项目"进行包装，欺骗政府花力气去做。

第四，采用分包模式影响项目咨询质量。这类信用问题主要是指，在为 PPP 项目提供咨询中，部分咨询机构和律师团队扮演的是分包的角色，即某个咨询机构获得为 PPP 项目提供专业咨询服务的合同，然后把合同约定提供的服务再分包给一些个人或者某个外聘团队。在这一模式下，外聘团队服务的对象就是咨询机构，而非真正的政府方，因而在整个的服务过程中，这些个人和团队对自身的行为约束也会大打折扣，相应的 PPP 项目咨询质量也会受到影响。

2. 招标代理机构信用存在的问题

PPP 项目涉及的内容众多，专业性要求强，需要一个服务机构来穿针引线，将项目各方主体组织起来，促进项目全过程的顺利进行，这就为招标代理机构带来了发展机遇。尤其在项目的采购阶段，招标代理机构在帮助政府寻找到合适的合作伙伴，和社会资本对工程建设项目或其他服务标的实施采购方面，发挥了重要的作用。一般在 PPP 项目中，招标代理机构出现的信用问题有以下几方面。

第一，能力欠缺。由于招标代理行业进入门槛较低，从事这项业务的机构也是良莠不齐。由于 PPP 项目内涵丰富，不同的项目特点和需求所采用的合作模式和运作方式均不相同，因而 PPP 项目的招标更为复杂。一些招标机构在利益的诱惑下，明知自身能力和水平不够，依然大量承揽 PPP 招标业务，靠简单地照搬照抄文件开展业务，给 PPP 项目带来了致命的影响。

第二，暗箱操作。部分投标人为了成功中标，通过多种方式贿赂招标代理机构。为获得不法利益，一些招标代理机构利用自身的专业技能和招标人对招投标专业知识、法律规则不熟悉的弱点，设置不合理的条款，暗中帮助投标人中标。

第三，利益至上。招投标制度的推行，使招标代理市场竞争愈发激烈。一些招标代理机构为了稳定自己的业务市场，往往会放弃原则，按照业主意愿，走招投标流程，使业主内定的投标人中标。其中不乏招标代理机构为了拿到招标代理权，向招标人行贿，或为使业主内定的投标人合法中标，暗中联络评标专家，泄露标底和招标信息等。

第 4 章

中国 PPP 信用环境完善的五大措施

第 1 节　增强 PPP 参与方的信用意识

诚信意识淡薄是造成 PPP 项目失败的重要原因，因此，PPP 信用环境建设，首先要从思想认识的源头上抓起。PPP 参与方只有主动积极接受信用意识的教育，才能自觉主动地约束自己的行为，从而促进 PPP 发展的信用环境的优化。

一、加强法制教育

法律意识淡薄，对失信成本以及失信后果认识不足是造成失信行为的重要因素，加强对 PPP 参与方的法制教育显得尤为重要。加强法制教育，我们需要从以下几点着手。第一，强化组织引导。根据 PPP 在不同发展阶段的工作需要，国家有关部门应对地方政府、社会资本方、金融机构和中介服务机构等定期组织学习，形成一种常态机制。通过规范、定时的组织学习，引导 PPP 参与方更加重视对法律法规的学习，不断增强法制观念。第二，创新方式方法。积极拓展新型宣传载体，除了书本、宣传画册等传统的宣传形式，在这些新型媒介上开辟法制宣传专栏，办成系列、办出特色，把单向式的学习灌输变为互动式的融合交流过程，不断提高 PPP 各参与方接受法制教育的积极性。第三，统筹各方力量。依托高等院校、科研机构、社会培训机构，建立师资专家库，制定课程学习和辅导规划，根据不同的受众主体，分门别类进行法律教育，提升法律宣传教育的针对性与适用性。

二、加强道德教育

道德是社会主义精神文化的灵魂，道德建设贯穿社会发展的各个领域。加强道德教育，有利于激发 PPP 参与方的形成良好的道德意愿、道德情感，PPP 项目合同双方也将更加重视契约精神，中介服务机构也将树立正确的价值观、道德观、金钱观，从而提高自身的道德实践能力尤其是自觉践行能力。加强道德教育应做到以下几点。第一，强化道德培训。加强正面宣传教育，坚持正确的观点引导，消除负面信息的影响，帮助政府方树立正确的政绩观、社会资本方建立正确的社会责任观、服务机构树立正确的职业道德观。充分挖掘报纸、电视、宣传栏等舆论阵地，多种形式齐头并进，不断拓展道德教育的深度与广度。第二，广泛开展学习先进的活动。通过宣传身边人物事迹，激励同行学习榜样，引导大家普遍形成自觉遵守职业道德、社会公德、家庭美德的良好习惯，对 PPP 发展的信用环境建设也是大有裨益。第三，加强政府和企业领导的道德建设。作为管理者，领导的道德水平直接关系着政府和企业整体的价值取向、文化氛围。在工作上要一马当先，勇于承担，坚守原则，在学习上要不断"充电"，提高自己的业务能力，丰富自己的精神生活，做到以德修身、以德立威、以德服众，为他人做出榜样。

三、加强 PPP 业务知识学习

加强 PPP 业务知识学习，掌握 PPP 模式的契约精神要义，对优化 PPP 发展的信用环境有积极影响。

对于 PPP 中的政府方而言，积极学习 PPP 业务知识，对转换政府职能、减轻财政负担、促进地方建设具有指导意义。PPP 模式是一种创新的项目合作方式，在新的发展形势下，政府应积极抓住这一契机由建设型政府向公共服务型政府转变。它要求政府工作人员转变观念，改变传统模式下政府决策、政府实施、政府管理的做法，通过市场化手段引入社会资本来主导项目规划、决策、投资建设和运营管理，政府作为市场主体与社会资本进行平等合作。加强政府领导和 PPP 操作人员的培训教育，既对 PPP 推广有着事倍功半的效果，也能一定程度上规避种种不规范及不守信的做法。对于 PPP 中的社会资本方而言，PPP 模式是一种新型合作形式，通过 PPP 业务知识的学习，能够更加公平的与其他社会资本方进行竞争，有利于政府选择到合适的合作伙伴，在后期实际操作中明确自身的任务与责任，也能更加有效地维护自身的利益，与政府之间平衡好利益关系问题，共同促成 PPP 项目的完成。对于金融机构而言，开展 PPP 业务要建立在充分了解政府的诉求和项目操作过程的基础之上，可以说只有充分学习了 PPP 业务知识，才能真正找到 PPP 业务的切入点。对于中介服务机构而言，加强 PPP 业务有学习，有助于提升专业能力，提高服务水平和质量，对规范 PPP 咨询的操作过程、优化 PPP 发展的信用环境具有重要意义。PPP 业务知识学习应囊括所有 PPP 相关的内容，如 PPP 的法律法规政策、PPP 操作规范、政府采购方面的知识、金融机构在参与 PPP 项目中风险控制的知识、咨询机构为 PPP 提供服务所需的法律、财务知识等，虽然学习 PPP 业务知识是一项庞大的工程，但对于 PPP 发展的信用环境建设而言是一项极为必要的工程。

四、倡导诚信价值观

倡导诚信价值观，营造全社会范围内的以诚相待、融洽相处的文化氛围，对经济与社会的和谐健康发展意义重大。首先，倡导政府政务诚信建设。政府诚信是社会信用体系的关键，是社会诚信建设的导向和榜样。"其身正，不令而行，其身不正，虽令不从。"如果政府没有公信力，失信于民，既不利于社会诚信体系建设，也不利于 PPP 模式的健康发展。政府要不断为人民提供高效优质的公共服务，增强政府为发展服务、为基层服务、为群众服务的意识和本领，运用现代科学技术提高治理水平、改进服务质量。与媒体、群众保持真诚的互动和良性对话，切实保障人民群众的知情权、参与权、表达权、监督权。其次，倡导企业诚信建设。企业诚信是社会经济正常发展的必要前提，也是企业获得发展的内在要求。市场经济就市信用经济，是充分竞争的经济，如果企业不能信守承诺，不但破坏市场经济秩序，而且企业也难以找到立足之地，更别提长远的发展。企业要站在长远发展的战略高度，将诚信建设作为企业的经营理念和企业文化建设的重要内容。最后，倡导个人诚信建设。每个人都是组成社会的最小的细胞，构建社会诚信体系离不开个人诚信的建设。人无信不立，个人诚信的缺失，不仅毁坏了健全的自我，也破坏了人际关系。每个人都应注重树立自身的诚信形象，明礼诚信、真诚待人，做一个有知识、有道德、守法律的公民。

第 2 节　建立 PPP 发展中的信用约束机制

法律制度不完善是大规模推广 PPP 模式的一大障碍。惩治失信者，增加失信成本，是建立诚信社会的必由之路。建立 PPP 发展中大的信用约束机制可以从以下几点入手。

一、加强法律体系建设

法律是防范和治理失信行为、维护良好市场秩序的最后一道屏障，完善的法律体系，对有效预防 PPP 项目信用风险，提高项目运作效率具有重要作用。

（1）完善 PPP 法律体系。我国 PPP 立法过于滞后，相关政策法规较为分散，层级较低，导致 PPP 模式乱象无法得到有效及时的管理、疏导和惩治。PPP 项目从立项、招标、投标、建设到投入运营，包含着复杂的法律关系，完善 PPP 法律体系是一项极为艰巨的过程。首先，要加快设立负责 PPP 立法的职能机构，可以考虑由国务院负责牵头，负责整体调度和协调 PPP 立法工作，加快推动立法进程。其次，在立法协调和统筹好各部门出台的 PPP 文件，处理好部分文件之间的矛盾冲突问题，发挥现有的政策法规对 PPP 立法的有力支持，进一步做到法律文件与现有政策法规的融会贯通。再次，应加强防范财政风险的法律制度建设。从法律层面界定和规范政府在 PPP 项目中面临的财政风险，建立全面科学的财政风险的评价模型和应对机制，帮助政府及时发现风险、把风险控制在可接受的范围之内。再其次，完善社会资本风险分担及利益共享机制，加大对地方政府的违约处罚力度，追究主要责任人法律责任，以此约束地方政府的毁约行为，保障社会资本方合法权益，明确社会资本方在 PPP 项目中的合作义务，对于社会资本方的违约违规行为也要加强处罚，加强社会资本方在 PPP 项目中的履约意识。最后，从立法层面加强 PPP 项目的信息披露制度，加强信息公开是深入推进 PPP 模式，提高社会资本参与度的根本途径。通过法律规定实现 PPP 项目信息披露实现常态化、制度化，既可以加大社会对政府行为的监督效力，又可以为将来的类似项目评估提供参考，逐步提升 PPP 采购的标准化程度，促进市场竞争。

（2）健全信用法律体系。目前我国的现行法律对信用关系的约定力度很大，但整体系统性不强，专门针对信用的法律还处于空白阶段，这导致政府在倡导全社会信用时，往往会一定程度上面临着"无法可依"的困境，也无法引起全社会的广泛关注。完善信用法律体系，应从三点入手：一是要强化信用数据库建设，明文规定各部门提供信用信息的法定义务和责任，实现信用数据共享，打破信用数据的封闭割裂状态；二是要完善失信惩戒制度建设，使对失信行为的惩罚有法可依，堵塞防范失信行为的法律漏洞，加大对失信行为的惩罚力度，强化违法责任追求，加大失信成本，震慑失信行为，使失信违法者得不偿失；三是要完善信息公开披露机制，明确界定及时公开、适时公开、不宜公开、内部公开等信息，加大"黑名单"的公开公示制度建设，从法律的角度提供有效的支撑。

二、健全失信惩戒机制

失信惩戒制度是用来约束市场主体信用行为的一项社会机制，是信用管理体系中重要的组成部分。对失信者给予及时、有力的惩罚就是对守信者的一种鼓励。对于

PPP 项目，建立一套完整、切实而可行的实行惩戒机制，对约束 PPP 各参与方的失信行为、规范 PPP 模式发展具有关键作用。健全 PPP 模式的失信惩戒机制，可考虑行政手段、市场手段、司法手段和社会手段等方式，主要体现在以下几方面。

第一，通过行政手段对失信者进行惩戒。明确失信惩戒的主管部门，在信用信息共享的基础上，实施多部门的联合惩戒制度。对于失信的政府部门也应惩戒到人，依法依规追究主要负责人和直接责任人的责任。对于失信的企业，尤其是有失信记录的企业，有关部门要重点监管，严审行政许可审批项目，限制新增项目审批、限制股票发行上市融资或发行债券等行为，严格限制申请财政性资金项目，限制参与有关公共资源交易活动，限制参与基础设施和公用事业特许经营。

第二，通过市场手段对失信者进行惩戒。引导商业银行、证券期货经营机构、保险公司等金融机构按照风险定价原则，对严重失信主体提高贷款利率和财产保险费率，或者限制向其提供贷款、保荐、承销、保险等服务。

第三，通过司法手段对失信者进行惩戒。对存在失信记录的政府部门，根据其行为对社会经济造成的损失情况，出具失信情况书面说明原因并限期加以整改，依规取消相关政府部门参加各类荣誉评选资格，予以公开通报批评，对造成政务失信行为的主要负责人依法依规追究责任。对于存在较严重危害性质行为的企业，如合同欺诈、工程质量低、拒不履行法定义务等行为的，可联合其他相关部门、社会组织依法实施联合惩戒。

第四，通过社会手段对失信者进行惩戒。将各级政府和公务员在履职过程中的违法违规、失信失约等信息纳入政务失信记录，并依托"信用中国"网站等依法依规逐步公开。对于失信的社会资本方、中介服务机构，也要实行失信惩戒办法，依法公开其企业名称、地址、法定代表人、违法违规行为、依法处理情况等信息。

三、建立 PPP 监督体系

完善的 PPP 监督体系，不仅对政府 PPP 政务诚信实行监督，还要有 PPP 主管部门、第三方监督机构和社会对 PPP 模式全过程的监督。

第一，在政府政务诚信监督上，建立 PPP 诚信专项督导机制，上级主管部门定期或不定期地对下级政府及管理机构进行政务诚信检查，并将检查结果作为下级政府绩效的重要参考。重点考察政府采购领域政务诚信建设、招标投标领域政务诚信建设、政府债务领域政务诚信建设等内容。横向上建立 PPP 政务诚信监督机制。PPP 实施机构要接受财政部门及纪检部门的监督，政府要接受同级人大及其常委会的监督。

第二，在 PPP 模式的全过程监督中，政府部门担任着市场监管的主导力量。特别是财政部和发改委对 PPP 市场的宏观调控者、PPP 规范的管理者、重大 PPP 项目的审批者有着重要作用，地方政府在对 PPP 项目的可行性、运营方式及年限、融资合理性、投资回报合理性等方面也进行有效的监管。各行业主管部门对 PPP 项目建设和实施质量、技术规范进行有效的监督与管理。

第三，我国 PPP 模式发展至今，仍没有专门负责监管的机构，而且在合作中，政府与社会资本之间地位不对等的现象，也是社会资本对 PPP 项目望而却步的一大原因，因此亟须成立独立的第三方 PPP 监管机构，有助于政府与社会资本之间建立平等的合作关系，促进 PPP 项目顺利进行。在监管内容上，首先，应注重加强政府规制，社会资本方在 PPP 合同中处于劣势地位，当政府行使 PPP 特权时，应要求其履行充分说理义务，并提前告知社会资本方，社会资本方同时具有咨询权、抗辩权、听证权等权利。其次，加强项目和投资者的准入监管，一是在立项时制定基础设施和公用事业发展规划，考察项目的必要性，以及是否适用 PPP 模式；二是对特许经营者选择的监管，通过竞争招标选择最优秀的企业授予特许经营权。最后，加强绩效监管，设定绩效目标，运用科学合理的绩效评价指标和评价方法，对特许经营者所提供的服务与产品进行客观、公正的评价。

第四，建立完善的社会监督体系。社会监督主要是基于 PPP 项目信息公开的基础上，广大社会群众对 PPP 项目规则的公平、公开、公正的竞争行为和各监管机构的监管行为，以及 PPP 项目的规范操作进行监督，保障 PPP 项目市场竞争的公平性，从而更好地保障 PPP 模式的应用。

第 3 节　完善 PPP 发展中的信用激励机制

完善的守信激励机制是助力 PPP 模式健康发展的一大动力。我国 PPP 模式缺乏长期、稳定的激励机制。由于很多公共基础设施项目具有收益率地、周期长、风险无法预测等特点，本身就难以激发社会资本进入的积极性。目前，除了发改委和国开行出台了有关融资优惠条件外，还缺乏一个系统的激励机制，这将影响 PPP 模式的整体签约率。

对于政府的守信激励，主要包括给予物质奖励和精神奖励两个方面。上一级政府应对下级政府在 PPP 项目中的守信行为进行评价与表扬，在工作考核指标上，将政府在 PPP 项目中积极守信、促进项目建设的行为表现列为政府绩效的考核要点，对项目的主要负责人和直接责任人进行嘉奖，并提高其薪酬待遇，形成良好的倡导诚实守信的文化氛围。同时上级也应给予一定政策倾斜和财税优惠，促进投资商进一步向该地集中。

对于守信的社会资本方、中介服务机构等，可多渠道探索信用奖励办法，提升守信红利。其一，有关部门和社会组织可将信用良好的机构，推介为社会无不良信用激励这和有关诚信的典型，联合其他部门和社会组织实施守信激励。其二，建立行政审批"绿色通道"，根据实际情况对诚信企业开通"绿色通道"和"容缺受理"等便利服务措施，加快办理进度。其三，优先提供公共服务便利，在实施财政性资金项目安排、招商引资配套优惠政策等各类政府优惠政策中，优先考虑诚信市场主体，加大扶持力度。其四，降低市场交易成本。鼓励有关部门和单位开发"税易贷""信易贷""信易债"等守信激励产品，引导金融机构和商业销售机构等市场服务机构参考使用市场主体信用信息、信用积分和信用评价结果，对诚信市场主体给予优惠和便利，使守信者在市场中获得更多机会和实惠。其五，大力推介诚信市场主体。对于成功的 PPP 项目中社会资本方、中介机构、金融机构的诚信行为及时在"信用中国""PPP 信用信息平台"进行公示，在有新的优质的 PPP 项目机会时，优先推荐给守信企业，让诚信成为市场资源配置的重要考量因素。

第 4 节　建立 PPP 的信用信息平台

"阳光是最好的杀虫剂。"如果通过全国 PPP 信用信息平台，把地方政府、社会资本方及中介咨询机构和金融机构不遵守 PPP 项目相关协议规定或不守诚信的行为都暴露出来，让社会公众以及其他地方政府和社会资本方都能够及时了解和掌握，那对地方政府和社会资本方等各主要 PPP 参与主体的诚实守信和依法合规将是一个很大的督促。

一、提升信息平台建设水平

根据国家有关标准，综合运用现代信息技术、现代管理技术，努力提高 PPP 信用信息平台的建设水平。第一，在组织分工上，成立专项工作小组，明确小组人员职责分工和管理权限，确保责任到人，有计划地分步指导 PPP 信用信息平台建设工作，同时指派专门监督机构，负责对信用信息平台的行为进行监管。第二，结合国家推进政府诚信建设、商务诚信建设等重点领域诚信建设的要求与 PPP 模式的特点，合理设计统计指标体系，扩大信息采集样本和采集量，提高信息的真实性、准确性、时效性。第三，优化 PPP 信用信息应用系统。借助计算机网络技术、数据库技术、应用开发技术、信息智能处理技术和知识管理方法，完善信用信息平台总体架构，加强对基础设施层、数据存储层、应用支撑层、和业务应用层建设的技术支持，使平台集数据采集、交换共享、处理、整合、报送接受、评价、查询和发布功能于一体，实现 PPP 信用信息的综合应用。第四，从服务对象需求出发，优化信息平台操作界面设置，美观大方，操作简单，为用户提供方便、快捷服务，使信息共享平台不仅有用，而且好用。图 5-4-1 为 PPP 信用管理系统总体结构。

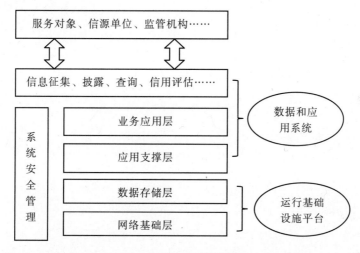

图 5-4-1　PPP 信用信息管理系统总体结构

二、完善信用信息披露机制

树立 PPP 项目全周期信息公开的理念，以法律、法规、标准和契约为依据，构建 PPP 项目全生命周期信用信息披露机制。

除了要及时披露政府、社会资本方、金融机构、中介服务机构的基本情况外，还要根据 PPP 项目的全生命周期的项目识别、项目准备、项目采购、项目建设和项目移交 5 个阶段，建立不同阶段 PPP 各参与方信用信息公开制度，公开项目绩效考核情况、项目公司重要变动等信息。除了项目的一些基本信息外，目前，对 PPP 项目哪些信息需要公开还未形成统一的共识，应逐步扩大公开范围，特别是 PPP 后续建设、运营的信息，部分项目信息的公开社会资本方与政府之间仍存在分歧，可考虑通过设置信息公开程度标准，对及时公开、适时公开、不宜公开、内部公开等信息资源进行分类处理。

完善守信和失信记录，对全国范围内各 PPP 项目中政府、社会资本方、金融机构、中介服务机构存在的违法违规等各项失信行为加以系统性记录，并进行公开，让失信的政府、社会资本、金融机构、企业法人、政府主要负责人在各个方面受到限制，从而倒逼他们去履约。同时对于成功 PPP 项目中的守信行为、典型做法加以宣传，以此发挥示范效应。

三、开发信息平台多项功能

完善 PPP 信用信息平台功能设置，除了向社会提供数据采集存储功能和查询共享功能外，还应开发异议受理、投诉受理、多元化应用、和信用评价功能。

为保障信息主体权益，当信用信息主体主体认为平台公布的信用信息存在错误、遗漏，或有不同意见时，可以通过在平台相关界面上直接反应并要求核实，相关部门核实具体情况后，给予回复，若确实存在错误或遗漏的，需及时进行修改并重新发布。

广泛接受社会各方监督。社会公众或 PPP 参与方可通过平台对 PPP 项目操作失信行为进行举报和投诉，平台会在核实情况后予以公开公布，并将相关违法违规的情况转交给有关组织处理。

延伸应用多元化，在法律法规允许范围内，平台数据资源可以有条件的向第三方应用平台开放，以更好地培育和规范 PPP 信用服务市场。充分利用信用信息数据，与信用评级机构进行合作，建立信用评价模型，对政府、企业、中介服务机构、金融机构开展多维度、多视角的信用评级工作，并将评级结果公开，为 PPP 项目的操作提供更有价值的参考。

第 5 节　实施与 PPP 相关的信用支撑服务

一、规范信用评级行业发展

作为重要的服务性中介机构，信用评级机构在我国债券市场上发挥着重要作用。PPP 资产证券化运作程序复杂，对信用评级行业发展也提出了更高的要求。针对我国目前信用评级行业存在的问题，对规范信用评级行业发展有以下几点建议。

第一，高度重视信用评级行业发展。当前社会信用缺失的严峻形势，已经成为制约我国经济增长、影响资源配置效率的重要因素之一。随着我国国际化进程的加快，如何进一步提高我国资本市场和金融市场的透明性，有效防范金融风险成为亟待解决的重要问题，建立适应市场经济发展要求的社会信用制度，是解决问题的根本措施，因此，迫切需要包括信用评级行业在内的信用服务行业加快发展。政府要在充分认识信用评级行业作用的基础上，对信用评级行业发展给予充分的重视，进一步明确发展方向与发展模式，以充分发挥信用评级行业在防范信用风险、维护良好信用秩序等方面的重要作用。

第二，加强信用评级机构和从业人员管理。信用评级机构和从业人员应诚信执业，遵守职业道德，公平、诚实地对待受评级机构或受评级证券发行人、投资者及社会公众。通过举办学习班、进行从业资格认定考试来加强评级人员业务与道德素质的培养，促进信用评级的专业性的提高，控制评级质量。

第三，扩大评级业务服务范围。紧跟潮流，大力吸收国外信用业的管理理论和方法，为社会各层面提供商业化、专业化的服务，积极拓展国际业务，逐步培育与国际接轨的商业信用服务公司。

第四，规范行业准入和退出机制。建立信用评级业务许可制度，严格规范市场准入标准。我国信用评级行业发展相对滞后，只有少数资信评估机构达到一定规模，在资本市场上发挥了重要的作用。为避免信用评级机构一哄而起、恶性竞争，监管部门有必要建立信用评级业务许可制度，对资信评估机构保留一定的垄断性，鼓励和推动机构之间的兼并以提高评级机构的技术实力和市场话语权，以确保信用评级结果的质量，进一步提升评级机构的权威性。加强评级机构管理，实行"退市"制度，建立评级结果复审、评价制度，对违规操作、评级结果违约率过高的评级机构，取消其评级业务资格。

二、加强中介服务机构管理

PPP 中介机构服务质量对加快 PPP 项目实施具有决定性作用，应加强中介服务机构管理，积极发挥各类中介服务机构在资产评估、成本核算、经济补偿、决策论证、合同管理、项目融资等各个环节方面的积极作用，提高项目决策的科学性、项目管理的专业性以及项目实施效率。针对当前我国 PPP 中介服务机构的问题，有以下几点建议。

第一，规范市场秩序。扩大市场参与者群体，包括各类律师事务所、会计事务所、研究机构、咨询公司等，为 PPP 模式发展提供更加全面多样的服务。维护 PPP 咨询服务市场秩序，遏制低价恶性竞争，促进 PPP 咨询服务业的持续、健康、快速发展，同时，鼓励形成行业领先的标杆龙头企业，发挥其在 PPP 咨询市场的导向和示范作用。

第二，统一行业标准。由于各地对 PPP 的认识及理解不一，导致门槛及标准五花八门，对 PPP 发展不仅没有促进作用，甚至容易带来误导。统一行业标准，有助于营造良好的市场竞争环境，激发市场活力和创造力，建立有序竞争的市场关系。根据人力资源、业绩水平等方面的条件设置"准入门槛"，加强入库咨询机构行为的监督，对有违法违规、未尽职履职行为对项目造成严重损失的行为予以清退，努力提升机构职业道德和服务质量，为 PPP 模式提供优质的 PPP 服务机构。

第三，加强服务质量的考核。根据合同履行的完整性、实施方案的合规性、数据测算的可靠性、风险分配的有效性、PPP 模式的科学性和项目合作的全面性六大要求，制定服务质量评价考核指标，量化中介服务机构的服务效果。同时，及时公布评价结果，逐步形成全国咨询机构的"黑名单"，特别是对保底承诺、明股实债等方式变相融资，将不符合要求的项目伪装成 PPP 项目的咨询机构，严格限制其市场准入。

三、加强人才队伍建设

PPP 项目结构复杂、主体众多，在实际操作中需要各方面的智力支持。随着我国 PPP 模式的快速发展，PPP 人才短缺的问题愈发凸显出来。加强 PPP 人才队伍建设，有利于推动 PPP 持续发展。

采用外聘与"自我培养"相结合的模式。充分利用好财政部与发改委 PPP 专家库资源，面向社会公开征集财务、金融、法律、工程等方面专业素质高、职业道德好的专业人才，为 PPP 项目建设中可能出现的各项风险做出科学的预测与指导，为政府与社会资本方创造互利共赢的良好合作环境。政府部门和企业可设立 PPP 人才管理库，加强 PPP 项目的学习锻炼，不断提升理论水平与 PPP 实践操作技能。

可以根据人才的专业特性开展转岗培训，不断适应和满足 PPP 项目的发展需求。启动高校 PPP 人才培训活动。高校教育资源丰厚，长期对 PPP 进行了专业研究，理论体系更为完善，在 PPP 人才培养上大有可为。政府部门与高校应尽快对 PPP 师资力量、市场人才需求进行全面的评估，合理布局专业设置招生开课。政府和企业也应从项目的实际需求出发，与高校建立合作关系，采取校企合作、专业与项目对接、定向委培等多种形式，为高校 PPP 人才培养提供资金等多层面的支持。

第 6 部分

正本清源篇
——论中国 PPP 发展的市场环境

摘要：当前，我国 PPP 发展的市场环境还不够完善，存在市场准入门槛高、退出机制不完善、政策体系不健全、思想观念不解放等一系列问题，严重制约了我国 PPP 模式的进一步推进和发展。

本部分首先对 PPP 市场环境进行概念的界定，PPP 发展市场环境，即指 PPP 项目推进过程中，受政府和社会资本方两大 PPP 参与主体控制之外的，影响 PPP 项目筹备、建设、经营、管理等各方面活动开展的外部市场因素，主要包括市场准入门槛、退出机制、市场监管情况、市场竞争情况、行业制度建设情况、市场舆论与观念、市场中介服务情况等。其次，对 PPP 市场环境进行现状梳理，并从 PPP 市场舆论环境、PPP 市场竞争环境、市场监管环境等方面具体分析 PPP 市场环境目前存在的问题。最后，提出规范 PPP 发展市场环境建设的建议，包括通过加大监督惩处力度，减少违纪违规行为；加强 PPP 使命的正面宣传和舆论引导；平衡好不同利益主体关系，促进 PPP 模式的长期均衡发展；构建良好的 PPP 市场环境，促进 PPP 长期健康发展。

关键词：市场环境；市场监管；市场竞争；市场舆论

当前，我国经济发展已进入了 GDP、财政收入中低速增长的新常态时期，经济运行呈现"L"型增长态势。面对经济增长新常态，为了实现经济增长和效益的双双回升，我国坚定不移地推进经济结构战略性调整，部署了一系列促进经济稳中向好、推进供给侧结构性改革等方面的行动与措施，其中一项重要的任务就是准确把握新形势新任务和新要求，进一步营造良好的市场环境。2017 年 4 月 25 日，习近平总书记主持召开中共中央政治局会议时特别强调，要营造良好市场环境，加强制度建设，扩大开放领域，改善投资者预期。要求主动适应经济发展新常态，贯彻落实新发展理念，坚持以推进供给侧结构性改革为主线，以商事制度改革为抓手，放宽市场准入、创新市场监管、强化消费维权，着力营造宽松平等的准入环境、公平有序的竞争环境和安全放心的消费环境，促进经济社会平稳健康发展。

对于 PPP 而言，在财政运行缩紧、实业产能过剩、政府融资平台约束加大、房地产增速下滑等新常态背景下，PPP 模式作为吸引、拉动社会资本参与城市基础设施建设和公用事业，推进新型城镇化建设、稳定地方经济增长的重要手段，其健康发展自然也离不开良好的市场环境。自 2013 年，我国把 PPP 作为推进国家治理体系和治理能力现代化的一项重要体制机制改革以来，经过 5 年多的发展，我国 PPP 大市场已初步建立，PPP 已成为许多地方政府稳增长、促改革、调结构、惠民生、防风险的重要抓手。但是，在 PPP 市场发展呈现勃勃生机的同时，必须面对和承认的是，我国 PPP 发展的市场环境还不够健康，存在市场准入门槛高、退出机制不完善、政策体系不健全、社会观念不够解放等一系列问题，这严重制约了我国 PPP 模式的进一步推进和发展，构建 PPP 发展良好的市场环境势在必行。

第 1 章

中国 PPP 发展中市场环境建设的内涵和主要内容

第 1 节　中国 PPP 发展中市场环境的概念界定

市场环境是指在经营活动中，影响产品、服务的生产和销售的一系列外部因素，一般是经营活动所处的社会经济环境中企业不可控制的因素。这些因素与企业的市场营销活动息息相关，市场环境的变化，既可以带来市场机会，也可能构成市场威胁。构成市场环境的因素包含政治法律、经济技术、社会文化、自然地理和竞争等各个方面。

由于政府也是 PPP 项目中的重要参与者之一，因此，不同于一般的市场环境，PPP 发展中的市场环境也应当不由政府直接控制。可以说，PPP 发展中的市场环境是指，在 PPP 项目推进过程中，不受政府和社会资本方两大 PPP 参与主体直接控制的，会对 PPP 项目筹备、建设、经营、管理等各方面活动，以及 PPP 项目识别、准备、采购、执行、移交等各个阶段产生影响的外部市场因素。构成 PPP 发展市场环境的因素主要包括市场准入门槛、市场退出机制、市场监管情况、市场竞争情况、制度建设情况、市场舆论与观念、市场中介服务情况等，它们共同作用于 PPP 项目的全流程。PPP 发展中的市场环境具有动态性、复杂性、竞争性、开放性、不可控性等特点。

市场准入门槛是指某项产品或服务进入一个市场所必须达到的最低标准。构建公平竞争的市场环境，需要依据不同行业的特征制定合理的市场准入门槛。市场准入门槛对一个产业的发展具有重要作用，它决定了一个产业的组织形式，以及一个产业的平均企业规模，是政府规制产业的重要手段。在 PPP 领域，PPP 市场准入门槛主要是针对社会资本而言的，是指社会资本能够进入 PPP 市场所必须达到的最低标准。这个准入门槛主要是体现在项目招投标过程中的，包括行业经验、公司规模、企业性质、荣誉及资质要求、企业注册地、信用评级等各个方面，有些门槛是具有普适性的，有些则是地方政府根据项目及自身要求另外拟定的。

准入与退出相伴相生，畅通的退出渠道、完善的退出机制是社会资本参与 PPP 项目的重要保障。PPP 模式中，社会资本退出的方式有公开上市、股权转让、股权回购、资产证券化、合同期满自动退出等方式。PPP 市场监管主要包括市场主体准入和市场行为两个方面。市场监管应遵循公开、公平、公正的"三公"原则，保护 PPP 项目各参与者的合法利益不受侵犯，这是保护各参与方利益、打击 PPP 市场乱象、净化市场环境的基础。

第 2 节　中国 PPP 发展中市场环境建设的主要内容

广义的市场环境是一个较为宏观的概念，包含政治法律、经济技术、社会文化、自然地理和竞争等各个子环境系统。由于政策环境、法律环境、金融环境、信用环境都分别对 PPP 有着重要影响，所以在本书前面章节已单独讨论，本部分仅研究狭义的 PPP 发展市场环境，即从市场准入门槛、市场退出机制、市场监管、市场竞争、制度建设、市场舆论与观念、市场中介服务等几个方面着手。这几个方面本身也都有着千丝万缕的联系，制度建设是根本，规范着市场环境的方方面面；市场监管依政策而行，监督市场准入门槛和退出机制的制定、执行情况，以及市场竞争是否公平有序；市场舆论与观念是社会公众对 PPP 市场监督的途径；市场中介服务则是 PPP 的智库和服务商，是 PPP 市场环境顺畅运行的润滑剂。

本节主要采用实证分析（Positive Analysis）和规范分析（Normative Analysis）相结合的研究方法，理论联系实际，首先论证了 PPP 发展市场环境的内涵，接着阐述了我国 PPP 发展市场环境的现状及存在的主要问题，进而提出了构建中国 PPP 发展良好市场环境的建议。由于市场环境本身具有动态性、复杂性和不可控性，PPP 发展市场环境也是在不断动态变化的，因此，在以后的相关研究中，还必须运用动态分析的方法，追踪市场环境的变化情况。

第 2 章

中国 PPP 发展的市场环境现状分析

第 1 节 当前中国经济社会发展的市场环境现状

党的十八大以来，我国持续深化市场监督管理改革，经济社会发展的市场环境得到不断改善，市场环境总体欣欣向荣，主要体现在以下几点。

一、市场准入门槛放宽，市场准入环境更加宽松便捷

2014 年，国务院下发了《国务院关于促进市场公平竞争维护市场正常秩序的若干意见》（简称《意见》），要求放宽市场准入，改革市场准入制度。《意见》的出台对激发市场主体活力、增强经济发展内生动力、解决当前市场准入不统一、退出不畅、政府干预过多等问题产生了积极的作用。

近年来，我国认真贯彻落实党的十八届三中全会精神以及《意见》，通过实行负面清单模式、推进商事制度改革、完善市场主体破产制度等放宽市场准入门槛手段，使得市场准入环境更加宽松便捷，不断提高工商登记注册水平，降低投资创业制度性成本，为推进"大众创业、万众创新"提供了重要动力。截至 2017 年底，我国实有市场主体已达到 9814.8 万户。其中 2017 年，我国新设市场主体就有 1924.9 万户，同比增长 16.6%，比上年提高 5 个百分点，平均每天新设 5.27 万户。

二、市场监管成效显著，市场竞争环境更加公平有序

"十二五"时期特别是党的十八大以来，党中央、国务院高度重视市场监管工作，明确把市场监管作为政府的重要职能。各地区、各部门按照简政放权、放管结合、优化服务改革部署，以商事制度改革为突破口，市场监管改革创新取得显著成效。

第一，商事制度改革取得突破性进展。针对百姓投资创业面临的难点问题，转变政府职能，减少行政审批，大力推进"先照后证"和工商登记制度改革。

第二，市场监管新机制逐步建立。精简事前审批，加强事中事后监管，充分利用云计算、大数据等现代网络信息技术，不断改革创新市场监管方式，基本建立了以信息公示为基础、以信用监管为核心的新型市场监管机制。

第三，市场监管体制改革取得初步成效。针对权责交叉、多头执法等问题，推进行政执法体制改革，整合执法主体，相对集中执法权，推进综合执法。

第四，市场监管法律法规体系逐步完善。制修订公司法、消费者权益保护法、特种设备安全法、商标法、广告法等，基本形成比较完备的市场监管法律法规体系。

第五，市场秩序不断改善。强化生产经营者主体责任，依法规范生产、经营、交易行为，加强质量标准管理，产品质量监督抽查合格率不断提高。

三、消费维权力度加大，市场消费环境更加安全放心

自 2013 年 10 月新《中华人民共和国消费者权益保护法》出台以来，国家工商总局及全国工商系统、消协组织、市场监管部门等不断加大流通领域监管行政执法力度，以"诉转案"为重点，将监管执法和查办案件贯穿消费维权工作始终，消费维权工作取得了显著成效，形成了协同共治的消费维权机制，消费环境持续优化，消费潜力充分释放，市场消费环境更加安全放心。针对市场上频发的消费纠纷，各地工商和市场监管部门充分发挥全国企业信用信息公示系统作用，及时将有关行政处罚信息录入公示系统向社会公示，有效规范了消费活动。

与此同时，国家工商总局还制定出台了《合同违法行为监督处理办法》《侵害消费者权益行为处罚办法》等部门规章，对经营者利用合同格式条款免除自身责任、加重消费者责任、排除消费者权利的行为做出禁止性规定，明确规定经营者以预收款方式提供商品或者服务的，应当与消费者约定责任义务等内容。2017 年全年，工商和市场监管部门共受理消费者诉求 898.6 万件，同比增长 11.2%。其中，投诉 240 万件，举报 39.8 万件，咨询 618.7 万件。受理消费者投诉 240 万件，增长 44.0%；其中，已办理 221.1 万件，办结率 92.1%；调解成功 143.3 万件，增长 25.5%，调解成功率 59.7%；涉及争议金额 51.7 亿元，增长 27.3%；为消费者挽回经济损失 35.7 亿元，增长 95.6%。全国市场消费环境满意度继续提高，为扩大消费和促进市场经济发展创造了有利条件。

第 2 节 中国 PPP 发展的市场环境现状

一、市场准入门槛现状

截至 2017 年 12 月底，财政部全国 PPP 综合信息平台已收录项目 14424 个，计划投资额 18.2 万亿元，覆盖交通、市政、水利、环保等 19 个行业。从规模和广度上看，中国已经是全球最大的 PPP 市场。值得注意的是，尽管国际上 PPP 中所谓的社会资本一般仅指私人资本，然而我国 PPP 的社会资本却包含央企、国企以及民营资本。所以有观点认为，中国的 PPP 不是真正的 PPP（Public-Private Partnership），而是 PSP（Public-Social Capital-Partnership）[1]。其实按照这样的设置，我国的 PPP 市场准入门槛其实是降低了的，因为参与主体的范围更大。但在实际操作中，很多声音却反映 PPP 的准入门槛太高了。目前，社会资本方的实际构成确实是以央企和国企为主，民营资本的参与度持续低迷。截至 2017 年 12 月底，财政部、项目部民营资本的参与率为 34.7%，远低于民营资本在全社会固定资产投资 60.4%的比重，参与率明显不够。

这一现象无疑与 PPP 引导民营资本参与提供城市公共服务、缓解地方政府财政压力的初衷不符。造成这种局面的原因显然不是民营资本都不愿意参与 PPP 项目，而是我国 PPP 市场的实际准入门槛过高，民营资本很难真正进入 PPP 领域与央企、国企同台竞争。虽然大部分门槛是出于工程技术的专业要求设置，但也不乏有些地方政府因为担心国有资产流失，在一些 PPP 项目招投标时，在资质条件、工程业绩、专业要求、企业规模等方面设置了过高的壁垒和门槛，把民营企业挡在门外。

例如，某省将 PPP 项目的招投标社会资本标准设置为注册资本 100 亿元，总资产 500 亿元，导致许多想进入 PPP 领域的民营企业"碰了钉子"。有的地方在 PPP 项目招投标时甚至直接宣称优先考虑央企、国企。一些地方的城市道路等 PPP 项目，技术门槛并不是很高，招投标中却明确提出不少高要求，有的要求"有 20 年以上行业经验"，有的要求"取得多项国际证书"，还有的要求"行业顶级资质"，等等。一个工程标的不大的海绵城市 PPP 项目，招投标时却要求投标企业具备市政特级资质[2]。

---

[1] 东吴证券：《我国的 PPP 模式脱离了 PPP 的本义，实际上是 PSP 模式！》。访问网址：http://finance.qq.com/a/20150312/042874.htm。访问日期：2015 年 3 月 12 日。

[2] 中国新闻网（北京）：《民企对 PPP 项目观望多出手少 准入门槛成阻碍之一》。访问网址：http://money.163.com/16/0718/07/BS8847DP00252G50.html。访问日期：2016 年 7 月 18 日。

二、市场退出机制现状

畅通的退出渠道、完善的退出机制是 PPP 模式中确保社会资本安全，增强社会资本投资者信心的重要保障。当前 PPP 社会资本方的退出机制已被列入中央及各部委关于 PPP 机制的应有内容，成为 PPP 合同及文本的重要组成部分。2014 年 11 月《国务院关于创新重点领域投融资机制鼓励社会投资的指导意见》（国发〔2014〕60 号）明确提出，政府要与投资者明确 PPP 项目的退出路径，保障项目持续稳定运行。随后财政部、发改委等部委以及地方政府部门也出台一系列相应文件对于退出机制的重要性、规范性进行强调和指导。

目前，我国 PPP 模式中社会资本退出渠道理论上有到期移交、股权回购、售后租回、IPO 上市、资产证券化、股权交易等。在实际操作中，社会资本方的正常退出机制还存在明显的匮乏和不足。由于 PPP 市场现有退出渠道各有局限，尤其是融资合同的股权变更限制等内容，使得社会资本方很难以正常方式退出。

三、市场监管现状

自 PPP 浪潮在我国兴起以来，财政部已初步构建了集政策、管理机构、信息平台三位于一体的 PPP 市场监管体系，为 PPP 项目的开展指明了目标、明确了方向和边界，并且取得了较好的监管成效。同时，发改委等中央部委也出台了一系列指导性文件，致力于完善 PPP 市场监管体系。PPP 跑马圈地的时代已经过去，现在已经进入了减速提质的阶段，中国 PPP 市场的强监管时代已经到来。具体来说，我国 PPP 市场的监管现状可以总结为以下几点。

第一，监管政策和文件不断出台。从《国务院关于加强地方政府性债务管理的意见》（国发〔2014〕43 号）、《关于进一步规范地方政府举债融资行为的通知》（财预〔2017〕50 号），到《地方政府土地储备专项债券管理办法（试行）》（财预〔2017〕62 号）、《政府采购货物和服务招标投标管理办法》（财政部令第 87 号）、《关于规范政府和社会资本合作（PPP）综合信息平台项目库管理的通知》（财办金〔2017〕92 号）、《关于加强中央企业 PPP 业务风险管控的通知》（国资发财管〔2017〕192 号）等一系列监管政策文件的出台，监管内容越来越具体，操作指导性越来越强，标志着我国 PPP 市场监管不断加强。尤其从财政部等六部委 2017 年 6 月份印发的《关于进一步规范地方政府举债融资行为的通知》（财预〔2017〕50 号）、财政部发布的《关于坚决制止地方以政府购买服务名义违法违规融资的通知》（财预〔2017〕87 号），以及财政部等三部委发文对 PPP 资产证券化做出规范来看，我国 PPP 市场已经进入了强监管时代。

第二，专门的 PPP 监管机构已经成立。目前财政部、发改委等中央部委都已经成立了专门的 PPP 监督管理机构，负责 PPP 业务的监管。为更好地促进 PPP 健康有序地发展，财政部在 2014 年 12 月特别成立政府和社会资本合作（PPP）中心，承担 PPP 工作的政策研究、咨询培训、信息统计和国际交流等职责。在中央部委的带头领导下，各级地方政府也纷纷成立了当地专门的 PPP 中心，管理监督当地 PPP 业务的开展。

第三，县市到中央的 PPP 综合信息平台已经建立。2015 年财政部上线了由对外的信息服务平台和对内的项目管理平台两部分组成的 PPP 综合信息平台系统。信息服务平台以外网形式对社会发布 PPP 政策法规、工作动态、PPP 项目库、PPP 项目招商引资、采购公告以及知识分享等信息。内部管理平台用于对全国 PPP 项目进行跟踪、监督，为开展 PPP 工作或 PPP 项目提供技术支持。PPP 综合信息平台统一了县、市、省、中央四级财政部门，能确保发布统一、规范、权威的信息，不仅方便 PPP 各参与方掌握信息、进行决策，也有利于政府全面、准确地了解 PPP 运行的实际情况，提高政策制定的针对性、有效性，引导 PPP 市场健康规范发展，确保 PPP 项目开展公开透明、有序推进。

四、市场竞争现状

公平的竞争环境是市场环境的重要组成部分，也是 PPP 模式有效运行的前提。PPP 是充分利用市场的竞争机制、效率优势，以较小的成本提供质量更高、价格合理的公共产品。如果社会资本参与 PPP 项目竞争不充分，将会影响 PPP 项目发挥应有的效果。近年来，为给予各类投资主体公平参与机会，发改委积极完善政策措施，要求各地在遴选社会资本参与 PPP 项目时，要合理设定投标资格和评标标准，消除隐性壁垒，确保一视同仁、公平竞争，吸引了央企、国企、民营企业、外企等社会资本在 PPP 的舞台上同台竞技。

然而实际情况却是，央企和国企在 PPP 的竞争舞台上鹤立鸡群，由于种种原因，PPP 并没有形成一个充分市场化竞争的状况。从成交规模占比和成交项目个数占比两个指标来看，民营企业在 PPP 领域中的市场份额甚至呈现出了持续下降的趋势。从 2015 年 12 月到 2017 年 7 月，民营企业以联合体和牵头人参与的总规模占比从 47.80% 下降到了 37.20%，个数占比则从 60.50% 下降至 56.22%。如果单独考虑民营企业作为牵头人的成交数据，民营企业成交规模占比最高曾达到 36.20%，而截至 2017 年 7 月，这一指标已下降到 25.00%；成交个数占比最高曾达到 55.80%，截至 2017 年 7 月，成交个数占比也下降到了 47.90%[①]。

这从一定程度上反映了 PPP 市场环境存在行业垄断现象。当前在基础设施、公共服务设施等领域推进 PPP 模式时，大部分 PPP 项目依旧通过政府关系、关联渠道等方式获得，导致我国一些地区的 PPP 领域存在垄断现象。另外，民营企业以往参与基础设施项目经验较少，市场竞争力相对较弱。在存在垄断和不公平竞争的情况下必然会进一步加剧目前"国企强民企弱"的局面，使得 PPP 领域的国企垄断现象加深，进一步影响民营企业对 PPP 项目的热情与参与度。

目前，PPP 的市场价格形成机制也尚不完善。PPP 进入的基础设施和公用事业领域，具有公共产品和公共服务非竞争性及非排他性，依靠市场难以形成合理的价格，因此当前 PPP 市场价格形成机制不够完善。由于 PPP 领域成本和产出有较大的调整空间，许多企业以远低于市场平均价格的方式参与竞争，不仅扰乱了 PPP 市场竞争秩序，而且还可能会造成 PPP 项目无可挽回的后果。2015 年以来，PPP 市政污水及垃圾处理领域出现了数次超低价中标事件，引起了社会的广泛关注和质疑。

五、制度建设现状

自党的十八届三中全会明确提出"允许社会资本通过特许经营等方式参与城市基础设施投资和运营"，PPP 在我国正式进入全国推广阶段。伴随着 PPP 模式在我国的大力推广，各种 PPP 行业制度文件纷至沓来，国务院、发改委、财政部等领导机关发布了多项 PPP 相关政策。

当前我国 PPP 相关政策具有数量多、行业覆盖面全、操作性强等特点。数量多体现在：2014 年中央出台了 28 部 PPP 相关政策，2015 年达到 58 部，2016 年将近 20 部，2017 年甚至多以百计。行业覆盖面全体现在：PPP 政策的发文主力除了国务院、财政部和发改委三大巨头，还包括工信部、住建部、科技部、国土资源部、水利部、交通运输部、农业部、环境保护部、民政部、中国人民银行等。在国家各部委的带领下，地方政府的各个部门也都相继颁布了一系列 PPP 相关政策。发文主力部门的转变意味着，现阶段的 PPP 政策旨在解决我国各行各业领域内的基础设施建设融资和运营问题。操作性强体现在：当前阶段的 PPP 政策多是针对 PPP 项目实践的具体指导和应用细则。国家相关部委近年来发布了《政府和社会资本合作模式操作指南（试行）》

---

① 中国贸易金融网：《警惕｜民企 PPP 市场份额持续下滑，成交规模从 36% 跌至 25%》。访问网址：http://www.sinotf.com/GB/News/1001/2017-09-16/xMMDAwMDI3MTAxMw.html。访问日期：2017 年 9 月 16 日。

《基础设施和公用事业特许经营管理办法》《物有所值评价指引（试行）》《基础设施和公共服务领域政府和社会资本合作条例（征求意见稿）》等多项实操性很强的规范性文件。通过这些具体政策和应用细则，中央和地方政府对我国基础设施建设和各行业公共服务领域 PPP 项目的开展进行了操作指导，覆盖了"识别—准备—采购—执行—移交"的全流程。

六、市场舆论现状

为引导社会资本树立信心，积极扩大 PPP 项目资金来源，近年来，发改委、财政部 PPP 中心等部门积极通过多个渠道、多种方式，加强 PPP 政策和相关工作宣传解读，打造良好的 PPP 市场舆论环境，引导各界树立正确的 PPP 有关理念认识。如 2016年 10 月，发改委召开的民营企业投资 PPP 项目推介研讨会，加强了宣传工作，持续推动媒体传播、保持舆论热度。据统计，海内外 120 余家权威媒体参与了此次推介研讨会的报道，共形成新闻信息近 9 万条，对此次会议的意义均给予了充分肯定。

发改委、财政部等部委官网，地方政府网站，以及 PPP 相关的微博和微信公众号等，一直大力加强 PPP 相关政策的宣传和解读，引导民间资本建立科学合理的预期，让社会资本及时了解国家政策，借鉴其他企业的经验，更好地参与 PPP 项目。当然，由于 PPP 在我国起步较晚，当前的市场舆论环境还存在明显的不足之处。社会大众对 PPP 在深化政府投融资体制改革和推进政府项目投融资机制运行方面的重要性认识不足，导致 PPP 项目遭受过高的社会舆论压力，影响项目的顺利开展。

七、市场中介服务现状

PPP 项目涵盖的领域广，项目实施较为复杂，在 PPP 的全生命周期中所需的核心文本众多，包括实施方案、物有所值评价报告、财政承受能力论证报告、资格审查文件、采购文件、响应文件、评审文件、谈判文件、项目合同等，往往需要咨询机构等中介服务的参与项目才能得以顺利实施。目前 PPP 咨询机构除了传统咨询公司外，还包括资产评估公司、项目管理公司、设计咨询、工程监理公司等。在 PPP 模式推广前期，由于 PPP 项目主体对 PPP 咨询服务的认识不足、重视不够，缺乏聘请专业第三方咨询机构的意识，财政部还专门发文支持和规范 PPP 咨询机构的发展。2016 年 4月，财政部发布紧急通知，要求相关部门对全国 PPP 综合信息平台项目库已进入准备、采购、执行等阶段的 1000 多个项目补充第三方中介机构信息，希望借此强化 PPP 咨询机构的功能。

伴随着社会资本利用 PPP 模式参与新一轮基建投资的浪潮，PPP 咨询服务也随之快速爆发。数据显示，自 2015 年起短短 3 年时间，PPP 咨询机构从 40 多个急剧增长至 2000 多个，数量增长近 50 倍，PPP 中介服务市场呈现一片繁荣景象。然而，在 PPP 咨询机构激增的背后，PPP 市场中介服务环境依旧存在很多乱象。针对这些乱象，2017 年 3 月底，财政部印发《政府和社会资本合作（PPP）咨询机构库管理暂行办法》（简称《办法》）。按照《办法》规定，5 月 1 日开始，财政部对违规的情况列了 10 条规则，并且规定违反一条，将被清退出机构库。上述办法能够消除各地 PPP 机构库的壁垒，形成全国统一的咨询机构评价体系，便于政府择优选择 PPP 中介，减少项目失败的情况发生。

第3章

中国 PPP 发展中市场环境存在的问题

PPP 市场环境中存在着多种乱象，包括市场舆论环境方面、市场监管不足、中介服务机构道德素质不高。整个市场监管的市场主体之间也存在一定的问题，包括政府自身契约水平不高、社会资本方和中介结构都缺少相应的道德约束和监管法律体系。

概括而言，当前中国的 PPP 市场出现的社会乱象包括以下十二个方面：一是变相包装，伪 PPP 项目充斥市场；二是设置壁垒，隐形阻击民营资本进入；三是浪费资源，重复建设机构库和专家库；四是漠视政策，躲避正常公开招标程序；五是避实就虚，利用政府短板跑马圈地；六是政企合谋，绕开公正公开招标程序；七是无序竞争，恶意低价中标扰乱市场；八是误导舆论，过度神化泛化 PPP 模式；九是真假难辨，PPP 咨询专家一夜爆棚；十是资源错配，基金遍地多半无法落地；十一是地方保护，隐形设槛劣币驱逐良币；十二是变相捞钱，培训授资格评比排名次等。这些现象如不遏制，会把中国的 PPP 推向歧路末端。

第 1 节　PPP 项目准入门槛过高

由于 PPP 项目资金门槛较高，启动项目时企业需要进行大量融资，而相对于大型的央企和国企，民营企业在银行贷款等融资方面仍处于劣势，并且金融机构对民营企业的融资行为较为谨慎，也使得民企融资难上加难。通常情况下，银行对社会资本的 PPP 项目准入要求都默认的是：央企、地方国企优先选择，其次是上市公司、大型民营企业及经验丰富、财务状况良好的企业，对中小民营企业的态度则是谨慎介入。

另外，除了项目招投标时的高门槛和资金要求门槛，PPP 市场环境还存在着无形的准入障碍。由于城市基础设施行业长期以来都是以政府财政投资为主，民间资本介入的较少。鉴于这种长期以来的模式，民间资本缺少投资基础设施建设的相关经验，即使现在推行 PPP 模式，但民间资本想要进入还是很难，存在无形的准入障碍。

第 2 节　市场退出渠道不够健全

一方面，PPP 市场上现有的社会资本退出渠道理论上有好几种，但都具有局限性，实际操作时存在不小的障碍和困难。比如，PPP 项目的到期移交最为便捷，但事先约定移交标准较为烦琐，也容易造成争议。采用股权回购方式的话，如果由政府回购，容易造成隐性担保。如果由社会资本回购，则风险较大。售后租回简单易行，但适用范围较窄。IPO 上市和资产证券化则对 PPP 项目现金流和收益等要求较高。股权交易则由于我国股权交易市场还不够完善，依然存在一定的不确定性风险。

另一方面，PPP 股权变更中，政府的豁免股权变更限制和单方审核权也增加了社会资本的退出难度。目前国家和各部委的框架性规定以及财政部《PPP 项目合同指南（试行）》等政策文件对于股权变更的规定存在股权变更限制主体不对称的特点。虽然地方政府具有股权变更豁免的特权，但是在社会资本方进行股权变更时，地方政府往往过分忽视社会资本方的利益安排，以公共利益监督者的身份行使单方面事先审核权。在 PPP 合同中政府方的股权变更限制豁免和单方审核权，无疑增加了社会资本方退出安排的难度。

第 3 节　PPP 市场监管力度不足

一、PPP 市场监管缺少法律依据

PPP 模式没有成功落地的一个重要原因在于，我国 PPP 模式的监管体制不完善，尤其是政府监管的错位、缺位。

到目前为止，还没有专门针对 PPP 市场监管的法律，现有法律也依据的是财政部、发改委等部门制定的法律，难以满足目前的 PPP 市场监管的要求。PPP 整个过程涉及投标、中标、设立 SPV、建设—运营—移交等一系列多个环节，这中间参与的部门众多，法律关系错综复杂，而每一个环节的运行都需要完备的法律来规范双方的行为，政府监管下如果出现其中一个环节的错误，那么对在整个项目的运行都会带来影响。

二、PPP 市场监管政出多门，监管混乱

目前对于 PPP 的监管还没有建立起一套体系，长期以来 PPP 监管流程的不规范

和对 PPP 项目监管的随意性，隐藏着大量的风险和纠纷。一些地方政府部门在项目建设过程中也恣意违约，不遵守合同，给社会资本方带来了很多担忧。

从目前来看，我国地方政府在 PPP 项目中，作为项目的发起者、购买者、推动者和支持者，有效的监管决定了 PPP 项目的失败。政府掌握着较多的经济资源和权力，在项目运行操作过程中很难与社会资本方保持良好的平等的关系。某些地方政府在项目中存在单方面的违约现象，也足以说明了政府的公众满意度低，对公共服务的价格缺少有效的监督，才造成公共利益的缺失。

公共部门对自身监管不足，因为缺少相应的法律约束，私人部门就会为了获得更多的利益向政府工作人员进行贿赂，这种情况在项目前期竞标过程中，就会经常出现，由于项目的不透明性，公共部门对自身监管不够，所以导致私人部门联合行政工作人员，进行权力寻租，以这种方式来获得特许经营权，这样一来，政府部门对项目的监督就会形同虚设。

三、缺乏科学评估机制，风险分担划分困难

政府部门目前对 PPP 项目监管缺少科学的评价体系，对一些公共产品缺少专业的监督标准，导致对 PPP 项目提供的服务绩效难以量化和评价，这也给政府部门的监管增加了难度。

此外，由于在 PPP 项目中政府和社会资本合作的期限较长，因为政策和市场原因导致服务价格和运营风险的变化在所难免。由此，建立起一套科学、合理的 PPP 项目评价体系，对于不断规范政府和社会资本方的合作行为，适时调整 PPP 合作双方的责任和风险，也是非常必要的。

第 4 节　PPP 市场竞争环境不够规范

一、民营资本参与不足，融资方式单一

社会资本在与地方政府的合作中存在着一种不健康的竞争环境，除了社会资本与政府之间存在着竞争，社会资本中的民营资本也与国有资本之间存在着不健康的竞争关系，使项目的可获得性与项目的风险和利益分配出现不合理的现象。对于收益率高的项目，政府自身有着较大的选择权，一般不会轻易将其推向市场，而一些收益率不高的项目，通常风险也较大，政府往往会出于转移风险考虑，将其推向市场，因此民营资本与国有资本参与政府的合作竞争，往往是处于弱势的一方。地方政府所遭遇的

社会资本低价竞争的现象，也是多发生在资金实力雄厚的国有企业中，主要原因在于国有资本的恶性竞标行为。

国有资本比民营资金拥有更多的实力，而且民营资本在社会政府资源方面远不如国有企业，这也是二者之间最大的不平等。所以，目前 PPP 的融资方式依然比较单一，竞争环境还不够公平，应该给予民间资本更多的机会。

民营资本参与 PPP 项目仍然存在顾虑，在现有政策、法律环境还不健全的情况下，民营资本参与 PPP 项目的风险较大，公共服务的定价机制不健全，未来收益也存在着很大的不确定性。在政府存在着资金缺口较大或者政府债务风险较大的情况下，民营资本承担的风险更大。最为突出的就是落地率和民营资本参与率"双低"。一直以来，PPP 的参与主体都是以大型央企和地方国有企业为主，民营企业参与困难。从目前来看，整个 PPP 市场是亟须民营企业的参与的，那样才能形成有效的市场竞争，激发市场的活力。如何能够保证民营企业的平等地位和待遇，现有的市场制度设计层面还存在较大的空白。

中国民生银行研究院研究员吴琦表示，在 PPP 项目的推进过程中，困扰政府已久的两类突出问题尚未得到妥善解决。一是 PPP 项目"融资难、融资贵"的资金约束问题。PPP 项目以基础设施和城市公共服务设施为主，项目普遍具有投入规模较大、运营周期较长、投资回报偏低等特征，且多为非标准化和非证券化项目，难以实现项目的资本运作和资产的有效转让，投资风险不易转移，对于民间资本的吸引力相对不足。二是 PPP 项目"政策扶持不够、运营资源不足"的资源约束问题。PPP 项目运作还存在着市场体制不健全、法律环境不完善、业务模式不匹配等问题，民间资本参与 PPP 项目的主动性受到较大影响。[1]

二、参与方心态不正，PPP 风险频发

从 PPP 项目目前落地的实际情况来看，成功率并不高，PPP 项目自身的性质决定了其存在较多的风险。PPP 项目除了合同规定的政府的责任和义务之外，还有一些道义上的隐性责任。有些地方政府为了能够尽快吸引社会资本方，降低了自身选择合作方的标准，或以一种非理性担保的方式，保证项目尽快签约；或承诺回报过高，引发后期的财政债务负担。

对地方政府而言，由于长期的公共产品和服务设施投入欠账较多，新型城镇化建

---

① 中国政府网，万亿 PPP 的落地率和民间资本参与率"双低"难题仍待解。

设又面临严重的资金压力，地方财政收入早已不堪重负。而 PPP 模式的推广和运用，不仅可以解决政府投资项目的融资和建设问题，同时对于化解地方政府债务危机，提高政府投资项目的投资和运营、管理效率也带来了独特的优势。因此，从多个层面上讲，国家一系列稳增长、调结构、促改革、惠民生的方针政策出台，都有利于 PPP 模式的有效利用和长远发展。地方政府更是不遗余力地给予社会资本各种便利，鼓励其进入各类 PPP 项目中来。因此，在未来的很长一段时间内，PPP 模式还将在中国基础设施和公共服务领域扮演主要的角色。这一点从 2016 年财政部确定的第三批 PPP 试点项目中也能看得出来，共涉及 20 个部委，多达 516 个项目，总投资近 1200 亿元。

然而，在很多地方政府只是简单地将 PPP 作为一种重要的融资手段来使用，忽视了 PPP 另一个重要功能，即可以通过 PPP 引进社会资本在建设、运用和管理等方面的技术和经验，来提供公共产品和服务的效率，也导致 PPP 模式变相走进了 BT 融资的老路。这种以融资为目的的工作取向，不仅使 PPP 项目在合作周期内的不确定性因素急剧增加，同时也使 PPP 合作双方的根本利益产生了冲突。其中所有的根源还是来自政府和社会资本方的双方态度，如果不彻底摒弃以"赌"的心态进行 PPP 合作，那将导致 PPP 模式的变异，也是十分有害的。

所谓"赌"的心态，就是一种只顾眼前不顾长远、只顾自己不顾对别人、只顾过程不顾结果、只顾赚钱不顾信誉的赌短期、赚快钱的行为。具体表现在以下几方面。

第一，赌政策红利。最大的政策红利，莫过于地方政府寄希望于未来，中央政府把 PPP 项目中形成的地方政府债务兜底解决，甚至接盘过去。对于这方面地方政府是有自己的认识的。由于财政部早前就提出了地方每一年度全部 PPP 项目需要从预算中安排的支出责任，占一般公共预算支出比例应当不超过 10%。省级财政部门可根据本地实际情况，因地制宜确定具体比例，并报财政部备案，同时对外公布。并以此控制地方政府实施 PPP 项目的规模。但是在实际执行中，地方上早已越过了这个 10% 的界限，通过政府购买服务和其他变通方式，绕道进行。这些做法，不仅得到了上级政府的默许，到目前为止还没有任何纠正的意思。所以，各个地方群起而仿之，PPP 项目的融资规模一破再破，使财政可承受能力的红线设置变成了摆设。其次赌上级奖补和专项基金支持的红利。因为一旦列入省级、国家级 PPP 示范项目，少则有几十万、近百万前期费用，多则有几百万的奖励，此外如果能够争取到低价的政策支持性基金扶持的话，好处就更为可观。所以政策性红利是不要白不要。另外，社会资本也在赌政策，如列入 PPP 示范项目后，银行等金融机构将执行一系列宽松的信贷审核政策和利率优惠，支持社会资本特别是大型央企和国企进行融资，这些低利率的银行信贷资金，对他们而言可谓是雪中送炭外加锦上添花,极大地调动了他们参与 PPP 项目的积极性和热情, 也为他们额外获取政策红利, 创造了条件。

第二, 赌工程回报。与地方政府为融资需要推 PPP 项目如出一辙, 社会资本方特别是以工程建设总承包为核心业务的社会资本方, 则更多地把关注点放在了短期的工程建设利润和投资回报上, 他们几乎没有工程项目运营和管理方面的经验, 也缺乏长期与政府合作经营和管理这些 PPP 项目的意愿。一般这些机构都是按照规定把 PPP 项目合作年限设定为 10 年, 以应付政策所规定的 PPP 项目合作的最短年限。然后把宝压在后续财务投资机构或者可替代他的运营机构身上。通常他们的做法是走一步看一步, 先把工程利润挣了再说, 等工程完工移交以后再找新的资金渠道和替代机构, 实现解套。这样一种赌的心态地方政府领导也不是不知道, 有时可能也是心知肚明, 不说破而已。因为几年过去, 目前企业的领导自然可以年年获得财务报表上还算漂亮的业绩数据。10 年过去了, 当政的领导早已不知升迁或去了其他什么地方, 自然那些烦心的事情再也轮不上自己。因此, 你赌我也赌, 结果谁输谁赢或是合作共赢, 只有天知地知、你知我知, 自己心中自有一笔账。

第三, 赌重新谈判。由于社会资本更乐意接受建设和运营风险相对较小的施工总包合同和设备采购合同, 所以对于在运营阶段有太多不确定性的 PPP 项目或者相对于长期性投资回报不高的项目, 他们则要求政府提供一定的担保甚至是补贴以保证其在特许期内能达到稳定的收益。

但是, 由于任何 PPP 项目也都存在不同程度的变动因素影响和风险出现, 在前期很多 PPP 项目合同中, 也是难以全面覆盖、约定非常清楚的。这些来自于项目有关的各种因素所产生的不确定性。像人为因素导致的风险, 如建设风险(主要表现形式有: 土地拆迁及补偿、完工风险、重大事故、质量风险、承包商违约风险、沟通协调风险等)及运营风险(主要表现形式有: 运营商的管理能力、政府违约、特许经营公司违约、环境破坏等); 因为物的因素导致的风险, 如技术风险(技术是否先进适用)、设备稳定性和安全性风险等; 还有环境因素导致的风险, 如宏观环境(主要表现形式有: 法律/政策的变更风险、利率风险、外汇风险及通货膨胀的风险)、市场风险(如市场价格的变动、PPP 项目绩效变动、市场竞争风险)及不可抗力影响等。在 10 年这个还不算短的时间跨度内, 极有可能使双方在 PPP 项目的合作中产生严重的分歧和争议, 由此对 PPP 项目合同条款的修改、收益与风险的分担调整、新的问题解决等, 进行相关磋商甚至启动再谈判机制。这无疑为以赌为赢的合作方, 在短期内获利和成功解套创造了条件, 提供了便利, 这也是地方政府不得不防的。

三、招投标过程问题频出

目前，在 PPP 招投标市场也存在很多问题。首先，对于目前的 PPP 项目的前期筹划就缺少一个明确的目标，其次，在项目的招投标过程中也缺少对项目市场需求的关注，在招投标过程中，如何满足市场需求，能够以合理的价格吸引到社会资本方，成功融资才是关键。另外，PPP 项目在执行的过程中通常缺乏有效的责任人，招标代理机构或招标人通常权限有限，对于大型的项目，代理机构的经验并不充分，加上缺少与政府多个部门的有效沟通、谈判，所以在一定程度上，中介代理机构通常会越权办事，联合其他机构进行"低价竞争"，不仅影响了 PPP 市场的有序竞争环境，也对项目的实际运行带来了负面的影响。在招投标的过程中要加强利益相关方的交流和互动。在整个项目中并没有提供充分的信息披露，增加了交易结构的复杂程度。

第 5 节　PPP 制度有待进一步完善

国家相关部门出台了大量 PPP 相关的政策文件、操作指南，营造了良好的制度环境，支持民间投资，但 PPP 制度仍有待进一步完善。

一是 PPP 法律体系建设不足。虽然自 2015 年以来国家为了支持 PPP 市场的健康发展，出台了一系列的法律文件，但这些文件所形成的法律法规远未达到完善的程度。这种不完善主要表现在两个方面。一方面，缺少强制性的法律规范。当前关于 PPP 项目的法律法规主要以部门规章及国务院、部委规范性文件为主，以指导性为主，效力层次低，对 PPP 项目在其漫长的建设和运营过程中可能出现的各种问题，以及纠纷解决等缺乏具体的操作程序规定，社会资本方的合法权益得不到有效的制度保障。另一方面，个别地方同其他法律法规相冲突，且缺乏相应的细则规范。如 PPP 项目运作过程中经常会出现特许经营权授予的问题，然而其具体的授予方式却容易同我国的《中华人民共和国土地管理法》及相关法律产生矛盾。根据《中华人民共和国土地管理法》及相关法律的规定，土地使用权的取得必须通过招标、拍卖或挂牌等公平竞争的程序取得。如果严格按照这一法律程序，则获取政府授予的特许经营权企业极有可能不能取得相应的土地使用权，从而使 PPP 项目无法进行。

二是配套政策不健全。一方面，政策有冲突，PPP 与特许经营权的关系并未理清，争议解决机制与行政诉讼法存在冲突，以及 PPP 项目在推进过程中，经常遇到 PPP 项目用地与现行土地政策相冲突的问题；现行的《应收账款质押登记办法》仍未将大部分类型的 PPP 项目收益权列入登记范围，导致收益权未能办理质押登记而存在质押无效的风险；PPP 项目回收周期长，短期内没有销项发票用于抵扣，将产生大量进项无法按规定及时抵扣，在营改增背景下 PPP 项目公司的税收的认定与处理等问题，均亟待有关部门通过完善 PPP 法律政策予以解决。另一方面，相关配套政策不衔接，不少规定已经成为影响 PPP 项目推进的政策障碍。而这些政策涉及面广、协调难度大，短时间衔接起来比较难，也是社会资本特别是民营资本参与度不高的重要因素。比如财税方面，各方关注的 PPP 项目税收优惠政策，尚未出台有针对性的具体措施；价格方面，市政公用相关领域价费体系较为模糊，财政补贴机制尚未完善，制约社会资本投资回报的合理测算。很多项目不能产生稳定的现金流，属于非经营性项目范畴，需要政府根据项目产生的社会效益，给予相应的补贴，即"影子付费"，但是现有的市政公用相关领域价费体系和财政补贴机制尚不健全，还未形成城镇供水、供气行业上下游价格联动机制，导致全面的测算难以推进，无法为社会资本提供合理的投资回报。

三是缺少 PPP 标准体系。PPP 项目合同的长期性和复杂性使得高效、规范的操作流程设计非常困难，各地操作流程五花八门；现有的 PPP 绩效评价体系存在诸多问题，如绩效评价标准不统一、评价方法不科学，再加上评价机构缺乏权威性，导致绩效评价结果缺乏约束力。

第 6 节　PPP 市场舆论环境存在误导

一、市场舆论误导，过度神化 PPP 模式

PPP 项目是以公益性项目为主，也存在一些准经营性项目，政府之所以引入 PPP 是为了解决政企关系，解决政府的运营效率，推动政府改革和社会企业改革。其次意义才是吸引社会资本，解决政府的公共服务资金不足的问题。然而，目前很多地方政府以及媒体舆论的片面宣传和报道，仅仅认为 PPP 是一种单纯融资模式，大量开展 PPP 能够提高自身的管理效率，解决公共基础设施的需求问题，这首先在内涵上就存在着理解不足的问题。其次，还存在一些地方政府夸大 PPP 的作用，认为 PPP 是万能的，其实 PPP 在我国只是处于探索阶段，当然也存在着很多问题。从 20 世纪 80 年代开始，PPP 已经深入多个领域，包括，地铁、交通基础设施、水利水务、港口、机场、垃圾处理、污水处理等，但是 PPP 不是解决地方政府债务危机的"灵丹妙药"，它有着自身不可避免的一些不足，也并不是所有的项目都适合 PPP。作为公共产品和服务的供给模式，PPP 是由政府主导的供给模式下的补充。

二、PPP 内涵理解不到位，依靠政策做 PPP

当前除了政府对 PPP 的意义理解存在不足的情况，还存在一些在政策观念上做 PPP 项目的不良现象。从目前来看，中央层面设立融资支持基金投资政府 PPP 项目，确实对社会各界参与 PPP 项目，起到了一定的增强信心的作用。但是从各省基金的设立规模、形式及实际运作效果来看，主要还是政府与金融机构的协同合作、政府机构和政府项目间的投资合作。中央和地方政府真金白银把财政资金投入，以带动金融机构配置 90%的资金，表明中央和地方政府对 PPP 项目的支持态度，同时加入了金融机构的参与，一定程度上也为 PPP 项目的实施增信不少。PPP 基金的投入，在一定程度上减少了政府资本金的筹措压力，而且降低了社会资本参与投资的项目风险。但这些安排及陆续准备安排落地的 PPP 基金，目前还绝大部分处于基金投资项目的初步筛选阶段，并没有多少真正投入 PPP 项目中。

不少冠以 PPP 产业基金名头的基金，也已成为基金中的老大难，有的甚至永远无缘 PPP 项目而成为伪 PPP 基金。社会上绝大部分的 PPP 投资基金，几乎都是奔着短期投资机会和预期较高的投资回报来的。特别是私募性质的基金，其资金来源、设立原则、基金的投资与收益等，几乎无法匹配 PPP 项目固有的长期性和低盈利性，也就无法保障基金的预期回报，因此在基金运作与项目投资上的这种期限错配和回报率错配，导致不少基金的运作非常困难，甚至根本无法落地。

基金是这样，其他如项目前期费用奖励、财政补助等，也不是一种对 PPP 推广和运用能够产生长期、积极作用的举措。相反，这样利用基金，利用政府政策来做 PPP 的行为却滋生了投机取巧、不求根本实效、不顾长远发展的机会主义心态。

三、依靠二级市场逃离 PPP 倾向

因为 PPP 项目的复杂性，决定了它的经济属性也特别复杂。交易对象不仅涉及项目的特许经营权和产权，还有项目公司的股权，甚至涉及无法通过经济价值衡量的社会服务理念和市场运营能力，抑或兼而有之。往往具有经济价值与非经济价值因素间交叉和渗透的买卖行为，有时是无法通过简单一桩交易完成的。如果处理不好，不仅影响的是 PPP 项目，甚至最终影响到社会公众的切身利益。因此，如果 PPP 二级市场真正火了，不少以投机为目标的社会资本大规模逃离 PPP 的机会也就来了。虽然这种情况一般不会实现，但是需要防止其出现。

PPP 二级市场越火，说明 PPP 项目公司原股东的变动性越大，原项目合作方的退出、转让行为越频繁，而这绝对不是地方政府想要看到的。正如《浙江省人民政府办

公厅关于推广运用政府和社会资本合作模式的指导意见》（浙政办发〔2015〕9 号）中"健全退出机制"一节提出的，仅针对在出现不可抗力、违约或者项目终止等情形下，政府方可采取临时接管或移交的退出安排。

交易的标的单一但交易过程牵涉问题多。PPP 二级市场是为 PPP 项目公司的产权、股权或者特许经营权的转让和继承提供交易服务的自由对接平台。而由于当前 PPP 操作中存在的如政府预算、税收安排、融资支持、价格体系等配套政策不完善，以及对于社会资本方退出机制的安排上，仅仅偏重于非正常状态下的临时措施而非灵活退出，因此在预先的 PPP 合同条款上无论出于 PPP 项目的特殊性，还是未来项目的持续运营要求，都难以对 PPP 项目的交易行为做出灵活的安排，以方便成交。或者因为涉及股权转让或者社会资本方发生变更时，一般都需要得到政府方审批同意，这些都为 PPP 项目的正常转让和股权的灵活处置带来了困难。此外，从政府方来讲，采用 PPP 模式是希望通过引入市场机制与社会资本合作，获得政府项目经济效益和社会效益的综合效益最大化。如果政府方简单地将 PPP 项目公司的股权转让等同于一般的股权转让，那么一定很难保障公共产品和公共服务的提供。反之，如果政府希望通过价格和服务等全方位的条件进行抉择，优选 PPP 项目的受让方，那么它最需要的是经过一套完整的采购过程而非采取单一的市场交易行为来完成。

由此可见，在我国目前采用 PPP 模式中，PPP 项目的目标多样性和结构复杂性，导致了 PPP 项目在二级市场的转让也会面临与一般企业融资和项目融资转让不一样的结果。这也极大地增加了 PPP 二级市场火不起来的可能性。如果火了，那对 PPP 的长期、健康发展将是极为不利的。

第 7 节　市场中介服务能力参差不齐

目前，我国 PPP 咨询市场发展迅猛，然而，在 PPP 咨询机构数量增长近 50 倍的增速水平下，咨询机构的专业性备受质疑。目前 PPP 咨询机构除了传统咨询公司外，还包括资产评估公司、项目管理公司、设计咨询、工程监理公司等。从目前市场上反映的问题来看，从事 PPP 咨询、法律、财务、投资等的中介服务机构，在推进 PPP 项目实施和落地方面，确实发挥了积极的促进作用。但是在不少地方，政府领导、实施机构对一些机构的服务能力、水平和质量，仍颇有微词，部分从业机构和人员鱼龙混杂，导致项目运作不规范现象时有发生。因为业务爆发，很多之前没有从事过 PPP 咨询或者没有 PPP 运作经验的机构也开始介入这个市场，他们往往缺乏对 PPP 专业知识的了解，缺乏实际操作项目的经验，专业能力参差不齐。

有一些从事 PPP 的咨询服务机构，缺乏良好的职业道德，在为政府提供 PPP 项目咨询服务时，利用政府在 PPP 专业知识、能力的不足，投机取巧、简单行事，不充分履行勤勉、尽责的义务，简单地把既有的项目方案照搬照抄，对可能出现的风险和问题不进行深入的分析判断或故意视而不见，甚至为了自身快速回款，将项目匆忙落地，置公众的长远利益和政府的形象于不顾，给 PPP 项目后续运作、管理埋下了很多的隐患。由他们设计的方案实施后，会出现项目成本居高不下或者违反行业常理的不正常情况，表现出一些 PPP 项目成本升高或者中标价奇低，这种情况屡见不鲜，使政府陷入被动，受到社会舆论的广泛谴责。如果这些现象不及时改变，不仅直接影响同行业其他咨询和服务机构的名声和形象，还会对健康发展的 PPP 局面造成不利的影响。

另外，PPP 咨询研究机构人才储备不足。近年来，我国 PPP 咨询研究机构快速发展，但与 PPP 实践发展需求相比，还有较大差距。比如，专业咨询与服务人才相对缺乏，缺乏既有一定的理论基础，又懂市场、政策、法律等方面的复合型人才。

第 4 章

中国 PPP 市场环境建设的六项任务

第 1 节　完善市场准入和退出机制，提高民营资本 PPP 参与率

一、降低 PPP 市场准入门槛

规范 PPP 市场准入门槛。打破基础设施领域准入限制，鼓励引导民间投资，提高基础设施项目建设、运营和管理效率，可以激发经济活力，增强发展动力。按照"非禁即入"原则，除国家法律法规明确禁止准入的行业和领域外，一律对民间资本开放，凡是市场能做的，在项目包装、投标人形式、资质业绩等方面，创造条件鼓励引导民间资本进入。不能以不合理的条件对民营企业实施差别待遇或歧视性待遇。在保证质量安全等前提下，支持资金实力强、现代企业制度完善、具备相应 PPP 项目建设运营能力的民营企业独立或以联合体的形式参与 PPP 项目建设运营。在公开、公平、公正竞争下，优先向民营企业推介 PPP 项目，畅通民间资本与建设项目的信息渠道；依法择优选择社会资本，同等条件下鼓励选择民间资本或有民营资本参与的联合体。

支持民营资本参与发起 PPP 项目。适合市场化运作的竞争性项目，鼓励民间资本直接投资建设。支持鼓励民营企业或者民营资本控股的混合所有制企业向地方 PPP 项目管理机构提出新建 PPP 项目及存量项目 PPP 改造。对通过地方 PPP 项目管理机构评估筛选的项目前期工作实施多评合一、联审联办机制。丰富 PPP 项目民营资本参与主体、参与领域、参与方式，支持鼓励以联合体方式参与片区开发等基础设施建设，招引民营企业项目落地。

二、完善 PPP 市场退出机制

构建多元退出机制。针对现有 PPP 社会资本的退出渠道的不足和局限性进行完

善，降低退出风险。例如，完善 PPP 股权交易市场，降低 PPP 股权交易退出风险；构建多元化退出机制，依托各类产权、股权交易市场，通过股权转让、资产证券化等方式，丰富 PPP 项目投资退出渠道，为社会资本提供多元化、规范化、市场化的退出机制，增强 PPP 项目的流动性，提升项目价值，吸引更多社会资本参与。

以股权变更性质实现的创新退出。PPP 退出机制安排方面，可针对具体项目，将限制 PPP 社会资本退出的关注点转向融资能力、技术能力、管理能力等 PPP 项目所需要的重点上来，以此为条件进行退出机制的创新设计，不仅有助于增强政府方对公共产品和服务质量保障的关注，也有利于增加社会资本方的资本灵活性和融资吸引力，进而有利于社会资本更便利地实现资金价值。

以资本市场方式实现的正常退出。建立完善全国性及区域性的 PPP 资产交易平台，解决 PPP 交易解决信息对称和流动性问题，为 PPP 市场退出机制提供可行性路径。对于经营性的 PPP 项目公司，在规范管理、提高效率的基础上，积极参与区域股权交易市场（如上海产权交易市场、浙江股权交易所）、新三板等多层次资本市场，有助于社会资本方在不损及项目公司正常运转的同时，实现低成本、高收益的正常退出。

第 2 节　加强市场监管机制建设，规范 PPP 市场乱象

一、加大监督惩处力度

只要有寻租空间存在，私人部门就会有寻租的动机和激励，政府需要对整个项目进行监管，并采取严厉的措施来约束双方之间的行为。对寻租的惩罚不仅仅是物质上的处罚，对于私人投资者在 PPP 项目执行过程中的出现的违法违规行为，要根据情节轻重在 PPP 项目公共平台上予以曝光，记载，对于情节严重的可以限制其在一年内禁止进入 PPP 领域。对于地方政府而言，如果在 PPP 项目执行、监管过程中出现违纪行为的，根据情节轻重对其依法惩处，可以通过党纪处罚、经济处罚、行政处罚等方式给予其威慑，减少违规现象的发生。

建立起地方政府的信用评价体系，提高政府的公信力，加强地方政府投融资 PPP 和互信守约机制，保证项目的健康发展，对于参与项目的政府机构、社会资本、中介机构等进行信用评价。对恶意违规行为进行相应的处罚，保证项目的有效落地实施。在进行市场监管的同时，要注意将不遵守诚信的机构（包括社会机构和政府机构）等从 PPP 领域剔除，这也是公私合作的基础，也是监管的关键点。

二、提高信息公开程度

PPP 领域的众多违法违规的行为，很大程度上是由于监管部门的监管力度不够，而监管成本过高也进一步导致了监管的低效率。因此，需要畅通监督渠道，增加信息的透明度，才能保证监督的效率，减少监督的成本。另外，还可以发动社会公众积极举报，减少监管成本。所以，可以通过传统媒体和新媒体相结合的方式搭建信息公开平台，让 PPP 相关方能够及时了解到整个项目的全过程的信息，减少信息寻租空间。财政部颁布的《政府和社会资本合作（PPP）综合信息平台信息公开管理暂行办法》（财金〔2017〕1 号，简称《PPP 信息公开办法》），于 2017 年 3 月 1 日开始施行。《PPP 信息公开办法》对 PPP 信息公开的很多问题都予以规范，《PPP 信息公开办法》采取了 PPP 项目全流程公开的方式，有利于把公众注意力从 PPP 融资功能拉回项目实施操作本身，有助于 PPP 实现政府合理配置资源的既定政策目标。尽管《PPP 信息公开办法》从目前运用的实际来看可能仍存在不足，但财政部几乎是在 PPP 信息公开规范空白的情况下制定并发布的，在既有法律框架内规范 PPP 这种公私合作的行为。

三、建立健全 PPP 监管体系和绩效评价体系

PPP 监管机构的综合监管主要体现在两个方面：一是监管机构的职能职责分配合理，权利充分，能够将 PPP 项目进入监管、价格监管、质量监管等相关职能相对集中在一个公私合作监管机构，并实现权责对称；二是监管机构的监管范围还需要进一步扩大。包括制定和修改相关监管政策实施对不同行业 PPP 项目的全程监管，如质量监管、运营绩效监管、进入和退出监管等。

PPP 的监管需要建立科学的评价体系和跨部门协调机制，通过设立部门的协调委员来对 PPP 项目涉及部门交叉的事情进行综合协调，避免出现职责不清晰的"监管真空"和"监管重叠"问题，以此来减少项目的政策冲突，实现信息共享和人员有效流动和沟通。

在 PPP 项目的监管方面可以从监管政策、监管治理和监管绩效体系来衡量。监管的绩效评价内容可以包括经济效益、社会效益和可持续发展三个维度。而经济效益主要是从和企业合作层面、社会资本利用的经济效益方面来衡量；社会效益主要是从项目的社会责任、政府对项目监管的满意度、产品或服务的覆盖率等方面来衡量；可持续发展是从 PPP 项目运营的整体水平、项目资源环境保护以及项目的组织运营结构等方面来衡量。

第 3 节　营造 PPP 公平竞争环境，消除保护主义和市场壁垒

一、营造民营资本良好投资环境

紧紧围绕供给侧改革的主线，下力气解决制约民营资本投资的突出问题，积极营造民营资本良好投资环境，努力促使民间投资持续稳定健康发展。一是持续推进"放管服"改革，提高民间投资便利程度，进一步放政减权，取消不必要的行政审批事项，加强产权保护力度，打造新型政商关系，不断激发民间投资活力。二是积极推进国有企业混合所有制改革试点，鼓励民营企业参与国有企业改革、参股混合所有制企业。三是进一步降低民营企业负担，贯彻落实中央经济工作会议关于降低企业成本有关要求，综合施策降低企业各类成本，尽最大可能为企业减负松绑。四是加强对民营企业金融支持，发挥好投融资合作对接机制作用，创新投融资方式，为民营企业提供多样化的金融服务和融资支持。

二、打破垄断和壁垒

进一步降低重点领域和行业民间资本投资门槛，消除对民营企业各种形式的不合理规定和隐性壁垒，禁止排斥、限制或歧视民间资本的行为，确保民营企业能在更多领域与国企、央企公平竞争；打破不合理的垄断和壁垒，营造权利公平、机会公平、规则公平的 PPP 市场竞争环境，通过降低投资门槛、市场公开招投标等方式，鼓励民营资本参与基础设施及公共服务 PPP 项目；对于前景较好、收益较为确定的 PPP 项目，地方政府应在项目设计时充分引入多家企业进行公平竞争，确保真正有营运能力、效益高的企业能够参与 PPP 项目；完善 PPP 市场价格竞争机制，合理确定基础设施和公用事业价格和收费标准，通过适当延长合作期限、积极创新运营模式、充分挖掘项目商业价值等，建立 PPP 项目合理回报机制，吸引民间资本参与，努力消除 PPP 价格恶性竞争问题。

三、优化政府服务

提高地方政府在推进 PPP 模式过程中服务意识和水平，因地制宜明确政商交往"正面清单"和"负面清单"，着力破解"亲"而不"清"、"清"而不"亲"等问题，加强与民营资本的沟通，建立健全政府与民营企业常态化沟通机制，倾听民营企业呼声，帮助解决民营企业参与 PPP 项目中的实际困难。针对地方政府与民营资本合作经

验少、合作探索成本高的等问题，地方政府应进一步优化、明确地方推进 PPP 的优惠政策，简化审批行政流程，逐项检查各项政策措施在本地区、本领域落实情况，对尚未有效落实的政策措施，要认真分析原因，抓紧研究解决办法，确保政策尽快落地。此外，地方政府应解放观念，在 PPP 项目社会资本方的选择上摒弃对民营企业的偏见，适当地对民营企业"开绿灯"，帮助民营企业更好地参与 PPP 市场竞争。

第 4 节　优化市场舆论环境，加强 PPP 正面宣传

一、舆论媒体加强积极宣传

舆论环境作为 PPP 市场环境中的重要，它能够从正面积极宣传和引导 PPP 的真正内涵和存在的风险问题，让 PPP 相关参与方能够清楚认识到 PPP 的本质。既要正确认识推广 PPP 模式，对我国政府投融资体制改革，产生的根本性和长期性作用，又要避免把 PPP 过于神秘化、夸大化和泛化。PPP 模式的推广和运用，牵涉面广，涉及问题多，操作过程复杂，相关媒体部门应积极做好政策的宣传和舆论引导工作，应充分利用广播、电视、报刊、网络等多种媒体，大力宣传 PPP 理念、政策，介绍全国及地方 PPP 工作开展情况、示范项目成功经验，营造良好的舆论氛围，增强社会和公众对 PPP 的理解和共识。

二、政府部门加强舆论引导

各市、县（市、区）政府和省有关部门要广泛宣传推广 PPP 模式的意义，做好政策解读，加强舆论引导，主动回应群众关切，充分调动社会参与的积极性。政府部门要大力宣传 PPP 在深化政府投融资体制改革和创新政府项目投融资机制中的长期作用，抛弃一哄而上的短期观念，辩证看待 PPP 模式在拉动经济增长、调整经济结构、化解政府债务中的有限作用；要淡化 PPP 在政府项目中的资金融通、财政减负作用，避免夸大宣传，把全部的注意力集中到提高政府资金的投资效率和提高政府项目运营效率上来，营造积极向上的 PPP 舆论环境，加强 PPP 作用的正面宣传，形成正面的舆论向导。同时，要按照规定主动做好有关政策和实施过程的信息公开，自觉接受社会监督。

第 5 节　规范 PPP 市场中介服务，提升咨询机构专业水平

一、规范对 PPP 中介服务市场的管理

规范对 PPP 中介服务市场的管理包括制定规范的服务标准、收费标准和服务要求，并据此设定中介服务的绩效目标，作为后期绩效评价的基础。媒体要加大宣传力度，保证采购标的的采购需求、项目评审、技术指标等有前期充分的论证，因为 PPP 项目大多是基础设施的公益性项目为主，人民群众的需求是项目开启的首要意义，在项目前期，可以引入公众的合理化建议，不仅可以拓宽 PPP 项目的信息渠道，也可以保证真正的使用者的参与权，而不是以个人喜好或关系选择中介服务机构。

二、完善 PPP 中介服务机构招投标流程

在规范 PPP 中介服务机构招投标流程基础上，通过招投标过程的公开、公平和公正选择，让优秀的中介机构为政府服务。由于 PPP 项目的周期较长，因此，需要对 PPP 项目实施的时间、地点、目标等内容进行公示，除了吸纳群众的意见，也要吸收专业人士的建议，经过合理地论证，保证咨询机构的专业性和及时性，能够使 PPP 项目实施符合预期的要求。

三、加强对专业中介服务机构和专业人员的业务培训，提高专业素养

加强各类中介服务机构业务人员的道德素质和业务能力的提升。工作人员的素质的高低将会直接影响到咨询和服务过程的质量，可以通过多种形式和平台让更多的业务人员参与培训，让更多的人员了解 PPP 项目实施中存在的风险点，通过案例分享的方式，让从业人员对成功的案例进行学习交流，让从事咨询和服务工作的人员能够不断提高自身专业素养。

四、建立 PPP 中介服务绩效评价体系

对于 PPP 项目咨询服务而言，政府的服务合同中应明确具体咨询要求和服务内容，并据此设定咨询服务的绩效目标，作为后期绩效评价的基础。绩效目标的设定，更为清晰地阐述了政府需求，也更直接地明确了中介机构服务效果。鉴于 PPP 模式涉及的行业差异较大，且国内不同地区的经济社会发展状况也不尽相同，建议评价指标体系可包括"共性指标"和"个性指标"，既可以通过"共性指标"突出政策制定部门对于 PPP 项目的整体要求把握，也能通过"个性指标"平衡不同行业和不同地区 PPP 项目开展和咨询服务的实际情况。针对 PPP 咨询服务的特殊性，建议在评价指标

设计中，应从以下几方面突出绩效评价要点。

第一，合同履行的完整性。这是评价中比较基础的部分，主要关注中介机构是否严格按照政府采购的要求按时完成咨询任务。

第二，实施方案的合规性。由于 PPP 模式涉及面较广，实施机构不一定对相关政策全面了解，中介机构应协助政府合法合规地推进 PPP 项目开展。

第三，数据测算的可靠性。这对中介机构提出的不仅仅事关财务数据计算准确性的要求，更主要的在于行业的了解乃至整体技术、经济和社会环境的把握，相应对中介机构提出了较高的综合素质要求。

第四，风险分配的有效性。中介机构应针对项目个体设计不同的风险分配方案，按照风险分配优化、风险收益对等和风险可控等原则，帮助实现 PPP 项目的风险有效分配。

第五，PPP 模式的科学性。中介机构应结合项目行业特点和地区差异以及政府和社会资本在不同生产管理环节的比较优势，并充分考虑不同 PPP 模式的优劣，尤其是风险分配不同所导致的政府支出和 VFM 差异，在此基础上设计出比较符合实际的、科学的个性化 PPP 方案，以发挥出不同 PPP 模式的特点和优势。

第六，项目合作的全面性。中介机构应优化项目整体实施方案，在帮助地方政府解决投融资缺口的同时，通过公平合理的竞争性程序，选择有比较优势的社会资本进行全生命周期合作，以全面发挥 PPP 模式优势。

后记

　　PPP 在中国说来很"年轻"，却也很悠久。"年轻"到 2013 年底才映入很多人的眼帘，并迅速蹿红；悠久到一百多年前就可以在华夏看到它的身影。在新中国成立以后，20 世纪 80 年代开始，PPP 的理念已开始逐渐进入中国。由于受到国家政策的鼓励和政府相关部门的推动，PPP 模式在中国的发展，也逐渐走过了选择试点阶段（1984—2003 年）、行业推进阶段（2004—2007 年）、短暂停滞阶段（2008—2012 年）和全国推广阶段（2013 年至今）。

　　在全国推广阶段，PPP 经过几年的蓬勃发展，不仅初步完成了政策框架的搭建，同时也完成了 PPP 各主管机构的责任安排。此外，目前我国的 PPP 市场规模基本形成，市场参与主体充分、项目运作体系稳定。在 2017 年以来不少重磅政策文件的影响下，一个规范的 PPP 市场正在逐步走来。随着一系列政策的陆续落地，可以预料，中国 PPP 的发展从 2018 年开始，将逐步迎来全新的理性发展新阶段。

　　在本书即将面世之际，恰逢 PPP 迎来规范发展的曙光。全流程管理、全社会监督、全过程信息及时公开愈发得到重视，落实专家责任、科学平衡收支、合理筛选 PPP 项目、对所有的采购乱象进行整治等正在逐步推行，这些整肃对 PPP 发展的生态环境建设具有重要的意义。我们有理由相信，随着社会各界对 PPP 认识的不断深入，中国PPP 的未来一定会在理性发展中逐步走向成熟。

　　《论中国 PPP 发展生态环境》一书，就是在这些期许中诞生的。从 2016 年 1 月开始组织动笔，2017 年 8 月 31 日，我们又面向社会公开招募各方指导专家，这在我国PPP 业界引起了广泛关注和强烈反响。来自不同地区、不同行业的近百名 PPP 专家争相申请，大部分专家来自与 PPP 紧密相关的各行各业，包括政府部门、高等院校、研究院所、建设单位、咨询机构、金融投资机构、律师事务所和会计师事务所等。经过我们的严格筛选，最终确定了 43 名专家。其中，仅发改委或财政部 PPP 专家库入库的专家人数比例，就占到 95%。其中 55%的专家还是发改委和财政部 PPP 专家库"双库专家"。

从 2017 年 10 月 1 日，这 43 名专家以不同方式，支持和参与了这项研究。其中，丁国峰、张建红、尹昱三位专家，在百忙之中还亲自撰写上千字的文稿；吕婧、靳林明、刘敬霞、曹珊、连国栋、郑大卫等专家，积极投身于本书部分内容的修改工作。李开孟博士的不少观点也被选择录入书中。还有不少专家对研究框架的优化和完善、报告写作和修改等也都提出了不少建设性的指导意见和建议。我们也尽可能地把他们的智慧融入本书的字里行间。正因为有他们的参与，才使《论中国 PPP 发展生态环境》一书更具魅力和有吸引力。也请大家记住这些顾问和指导专家的名字，他们是中国城投网暨中国现代集团高级顾问：王守清（清华大学）；中国城投网暨中国现代集团特聘专家（按姓氏笔画排名）：丁国峰（昆明理工大学法学院）、丁爽爽（中国建设银行总行）、尹昱（中国建设银行山东省分行）、叶继涛（上海弘鲲商务咨询有限公司）、冯涛（河南大鑫律师事务所）、许玲（四川省发改委）、吕汉阳（国资委机械工业经济管理研究院）、吕婧（原国土资源部土地整治中心）、任宇航（北京市基础设施投资有限公司）、刘万里[盈科（长春）律师事务所]、刘飞（上海市锦天城律师事务所）、刘穷志（武汉大学）、刘昆[中国新兴（集团）总公司]、刘敬霞（北京市京都律师事务所）、闫拥军（北京市盈科律师事务所）、孙洁（中国财政科学研究院）、纪鑫华（上海市财政局）、李飞（北京明树数据科技有限公司）、李开孟（中国国际工程咨询公司）、李茂年（华夏幸福基业股份有限公司）、李炜[毕马威企业咨询（中国）有限公司]、连国栋（山西万方建设工程项目管理咨询有限公司）、肖光睿（北京明树数据科技有限公司）、吴亚平（国家发展改革委投资研究所）、宋金波（大连理工大学）、张迪（黑龙江科技大学）、张建红（中国国际工程咨询公司）、张继峰（北京云天新峰投资管理中心）、陈传（成都罗卡基建商务信息咨询有限公司）、罗桂连（中国国际工程咨询公司）、周兰萍[北京市中伦（上海）律师事务所]、郑大卫（上海浦东发展银行总行）、唐琳（中建一局集团第二建筑有限公司）、诸大建（同济大学）、黄华珍（德恒律师事务所）、曹珊（上海市建纬律师事务所）、曹富国（中央财经大学）、傅晓（英国长江国际律师事务所）、靳林明（世泽律师事务所）、熊伟（同济大学）、薛起堂（北京市惠诚律师事务所）、薛涛（E20 环境平台）。

今天，我们的书终于能够与各位专家、读者见面，首先感谢的还是以上这 43 位专家学者的大力支持和无私奉献。其次，特别感谢中国电力出版社在本书的出版和发行过程中所给予的大力支持和帮助。

　　构建良好的 PPP 发展生态环境，是实现中国 PPP 模式长期发展、行稳致远的根本要求，也是社会各界共同努力的方向。但是"路漫漫其修远兮"，在中国 PPP 发展的道路上，一定还存在许多困难和问题要克服。我们也衷心希望各位读者能够在阅读本书获取营养的同时，能够理论联系实际，以匠心精神不断完善、探索和发现新的未知，与我们共同将中国 PPP 的研究推向新的高度，为创建一个健康、有序、可持续发展的中国 PPP 发展生态环境而努力！

著者

2018 年 6 月